Deepen Your Mind

序

記得在上大學時，物理課的教材非常難懂，我非常煩惱。例如分析力學、量子力學、電磁學、熱力學和統計力學等，雖然使用的教材可以説都是名著等級的，卻不像高中教材那樣通俗易懂。

當時我非常希望能在學術研究上有所作為，所以絞盡腦汁地去了解那些知識，但進展並不順利，於是慢慢地就放棄了，開始每天沉浸在社團活動和兼職工作中。這當然也是因為自己還不夠努力，但要説為什麼會變成這樣，現在想來有兩個原因。

第一個原因是我在上大學時沒有掌握正確的學習方法。考上所究所之後，在神經網路和統計學相關的討論課上，在學長和導師的嚴格要求下，我開始不斷地去深究數學式。為了了解那些式子是如何推導出來的，除了自己認真思考之外，我還會向他人請教，或查詢相關的書和文獻。總之，我會在下周上討論課之前一直研究那些式子。我發現透過堅持不懈地努力，一開始不了解的數學式後來也基本上能了解了。不要思考一小時就放棄，而要用一周的時間去研究——我認為，要想真正了解數學式，就必須有這種覺悟。

第二個原因是大學時的教材跟我當時的水準不符合。當時我一直認為了解不了教材是自己能力不夠，但現在回想起來，我意識到那是錯誤的想法。在沒有儲備足夠的基礎知識的情況下就去讀高難度的專業書，當然難以了解其中的內容。也就是説，要想讀懂大學教材，應該先去讀一些過渡性的書。不執著於難懂的書，先找到符合自己當前水準的書才是正道。

現在深度學習備受矚目，機器學習的熱潮已經到來。在這一背景下，市面上出現了很多針對初學者的書，這些書往往只包含機器學習的基本數學式。與此同時，也有很多非常好的專業書。但遺憾的是，印象中很少有適合初學者在學習專業書之前閱讀的書。這時我剛好獲得了一個寫書的機會。於是，我決定為那些想要透過數學式透徹了解機器學習的讀者寫一本適合在學習專業書之前閱讀的書。

本書首先整理了最基礎的數學知識，然後盡可能簡潔地介紹了機器學習的相關問題、數學式及其推導過程，並將透過數學式了解機器學習的想法貫穿全書。因此，透過閱讀本書，讀者應該能掌握足以閱讀專業書的基礎知識。但限於本書的篇幅，有些地方可能解釋得不夠完善，或不容易了解，如果這時大家還能堅持不懈地讀下去，我將倍感榮幸。

這次有幸出版了本書的第 2 版。在第 2 版中，我以新版的 Python 3.7.3 進行了修訂，並修改了難以了解的敘述，更新了一部分圖表和數學式，還新增了第 10 章，簡短地整理了本書要點。

最後，向那些對第 1 版發表評價的讀者，以及對第 2 版列出審讀意見的各位表示衷心的感謝。

伊藤真

前言

✐ 本書原始程式的測試環境

本書原始程式的測試環境如下所示，已確認原始程式可正常運行。

- OS: Windows 10
- Python: 3.7.3
- Anaconda: 4.6.11
- Jupyter Notebook: 5.7.8
- TensorFlow: 1.13.1
- Keras: 2.2.4

✐ 下載原始程式檔案

本書的原始程式檔案可以從以下網址下載 [1]：

https://deepmind.com.tw/

✐ 注意

原始程式檔案的版權歸作者及出版方所有。未經允許不得散佈，也不得轉載到網路上。

我們可能會在不提前告知的情況下終止提供原始程式檔案，請知悉。

---

[1] 請至深智數位官網「資源下載」處下載本書原始程式檔案等。另外，關於書中提到的相關連結，請點擊該頁面下方的「相關文章」查看。　　　　　　　　　　——編者注

☑ 免責宣告

原始程式檔案中的內容以截至 2019 年 6 月的法律和規定等為基礎。
原始程式檔案中的 URL 等可能會在不提前告知的情況下發生更改。

雖然我們儘量確保了原始程式檔案的準確性，但是作譯者和出版方均不對內容作任何保證，對於因使用該檔案而產生的後果也不承擔任何責任。

原始程式檔案中的公司名稱、產品名稱分別是各公司的商標和註冊商標。

☑ 關於著作權等

原始程式檔案的著作權歸作者及出版方所有，除個人使用以外，不允許以其他任何方式使用。在未經允許的情況下，禁止透過網路分發。在以個人名義使用時，可以自由更改原始程式和挪用。在以商業目的使用時，請聯繫出版方。

翔泳社
編輯部

目錄

第 3 章 ｜ 資料視覺化

第 4 章 ｜ 機器學習中的數學

第 5 章 │ 監督學習：回歸

第 6 章 │ 監督學習：分類

第 7 章 | 神經網路與深度學習

第 8 章 | 神經網路與深度學習的應用（手寫數字辨識）

第 9 章 | 無監督學習

第 10 章 | 本書小結

## 第 1 章

學習前的準備

本章將介紹一下機器學習及本書的方針，並對開發環境的安裝及用法進行簡單說明。

1.1 ‖ 關於機器學習

機器學習是一種從資料中複習規律的統計方法。機器學習中有各種用於複習規律並進行預測或分類的模型（演算法），被廣泛應用在手寫文字辨識、物件辨識、文字分類、語音辨識、股價預測和疾病診斷等領域（圖1-1）。因驚人的圖型辨識精度而爆紅的深度學習也是機器學習的一部分（圖1-2）。深度學習是神經網路模型的一種形式，模擬了人腦中神經細胞的活動。

圖1-1 什麼是機器學習

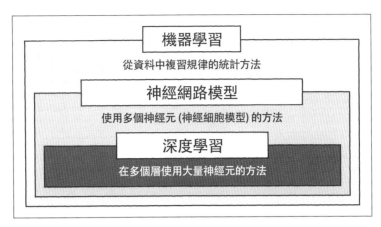

圖 1-2　機器學習、神經網路模型和深度學習的關係

如今我們正迎向一個非常美好的世界：匯集了包括深度學習在內的各種機器學習模型的函數庫不斷問世，並且向所有人免費公開。透過這些函數庫，我們可以輕鬆地製作出十分厲害的軟體。即使不了解模型中的計算原理，我們也可以大膽嘗試，如果可以得到預期的結果，就有可能製作出有用的東西。

話雖如此，但肯定也有人希望充分了解機器學習的原理和理論。首先，了解原理本身就是一件令人興奮的事情。其次，掌握了原理，在面對問題時就可以選擇更加合適的模型，在執行結果不理想時也能找到更加合適的對策。更厲害的是，我們甚至能獨自開發出符合自身目的的獨創模型。

在市面上關於機器學習理論的書中，克里斯多夫‧M. 畢曉普（Christopher M. Bishop）的 Pattern Recognition and Machine Learning 相當經典。我在上大學時看了很多機器學習相關的書，要說講得最好的，那一定是這本。

但是，要看懂這本書絕非一件簡單的事。經常有人因為想學習理論而讀了這本書，結果剛開始時還幹勁十足，後來就半途而廢了。讀這種偏數學的書，跟讀小說完全不同。我覺得讀這本書就像登山，要想進入精彩的理論世界，你需要準備好數學「裝備」，然後一步一步地踏著數學式向上攀登。如果漫不經心地光著腳攀登，那你可能很快就會掉落懸崖。

1.1.1 學習機器學習的竅門

在多次不辭辛苦地挑戰機器學習這座高山之後，我複習出了兩個竅門。第一個竅門是假設維度 D 為 2，這樣可以讓乍看之下很難的數學式變得簡單一點。

數學式通常定義為通用形式，以適用於所有情況。比如，維度通常用符號 D 表示。對於數學式，我們可以先令 $D=2$，然後在這種情況下去思考。其實，也可以令 $D=1$，或令 $D=3$。此外，不只是 D，也可以將資料量 N 等變數替換為 2。總之，把變數替換為一個很小的實數之後，了解起來就很簡單了。也就是說，可以先用這種方法充分了解數學式，再去考慮一般情況下的 D。

第二個竅門是編寫程式，以確認自己有沒有真正了解。

有些人看完數學式後覺得了解了，可是要寫程式時卻不知如何下手，然後就會發現自己其實並沒有完全了解。我認為，編寫程式是一種驗證自己是否真正了解數學式的方法。另外，即使無法了解數學式，透過執行別人編寫好的（與數學式對應且可執行的）程式，也可以幫助自己了解（圖 1-3）。

圖 1-3　了解數學式的竅門

在編寫程式時，不要以為得出結果就大功告成了，還要繪製圖形，重現計算過程，這一點非常重要。將數值和函數視覺化，不僅可以讓自己很有成就感，還有助正確了解計算過程，發現程式缺陷。

但是，人的時間是有限的。即使最終了解了，但如果花費了太多時間，那也就沒有什麼意義了。如果為了準備數學「裝備」而從指數、對數、導數、矩陣、機率和統計等一一學起，那麼光是這些就需要花費幾年的時間，很不現實。此外，在攀登機器學習這座高山時，假如你想把各種各樣的方法和概念全都了解，那麼你可能會因為追尋絕佳景色的道路過於漫長而中途放棄。

我曾登過幾座「山」，並有了一些發現，比如「這樣做的話可能很快就可以了解」、「這一點雖然很有意思，但並不是重點」。因此，我想或許我可以指導那些想攀登機器學習這座高山的人準確掌握機器學習的原理，讓他們能用最短的時間看到機器學習世界中的絕佳景色。恰巧此時，我獲得了一個寫書的機會，於是就有了這本書。

1.1.2 機器學習中問題的分類

機器學習中的問題大致可以分為三種，分別是監督學習的問題、無監督學習的問題和強化學習的問題。監督學習要求對於輸入列出對應的輸出；無監督學習要求發現輸入資料的規律；強化學習則要求像西洋棋那樣，找出使最後結果（準確地說是整體的結果）達到最佳的動作。

在本書中，我們將以上一節介紹的兩個竅門為宗旨，先帶領大家一步一步地攀登最基礎的監督學習這座山，然後帶領大家了解無監督學習這座山的一角。為此，我們將首先學習一些必要的程式設計知識和基礎的數學知識。強化學習這座山也很有意思，我們以後有機會時再去探索吧（圖 1-4）。

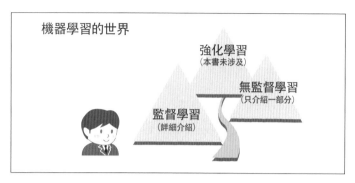

圖 1-4　本書的內容

1.1.3 本書的結構

本書的具體結構如下所示。

- 第 1 章接下來的部分將介紹機器學習中最常用的程式語言 Python 的安裝方法。
- 第 2 章和第 3 章將介紹了解機器學習所需的程式設計基礎知識。
- 第 4 章將對後面幾章會用到的數學知識進行整理。大家也可以先跳過第 4 章，必要時再回過頭來閱讀。
- 從第 5 章開始就是真正的登山了。第 5 章將透徹地講解基礎中的基礎，即監督學習中的回歸問題。所謂回歸問題，就是根據輸入資料輸出對應的數值的問題。
- 第 6 章將講解監督學習中應用最多的分類問題。所謂分類問題，就是輸出類別（種類）的問題。這裡也將匯入一個非常重要的概念——機率。
- 第 7 章將介紹用於求解分類問題的神經網路（深度學習）。
- 第 8 章將編寫手寫數字辨識的程式。
- 第 9 章將介紹另一座山，即無監督學習的聚類演算法。
- 第 10 章將對本書中最重要的概念和數學式進行整理。

在編寫本書的範例程式時，相比執行速度和程式量，我更注重易讀性

（第 2 章及其後各章的原始程式都可以從本公司官網 (https://deepmind.com.tw) 下載）。

在一般情況下，數學式的索引是從 1 開始的，但本書中是從 0 開始的。之所以這麼決定，是為了與「Python 中陣列變數從 0 開始」保持一致，我認為這樣更便於讀者了解。

1.2 安裝 Python

本書將使用 Python 來深入講解機器學習。Python 有 2.x 和 3.x 版本，有一部分程式兩者不相容。本書將使用最新的 3.x 版本。下面介紹在 64 位元的 Windows 10 上安裝 Python 3.x 的步驟。

這裡推薦使用 Anaconda 安裝 Python。Anaconda 是 Anaconda 公司（以前叫 Continuum Analytics 公司）提供的版本。它不僅可以用於安裝 Python，而且可以用於安裝數學和科學分析中常用的函數庫。

本書將以從 Anaconda 的網址下載適用於 64 位元的 Windows 10 的 Anaconda3-2019.03-Windows-x86_64.exe（截至 2019 年 5 月編寫本書時的最新版本）的情況為例介紹（圖 1-5）。

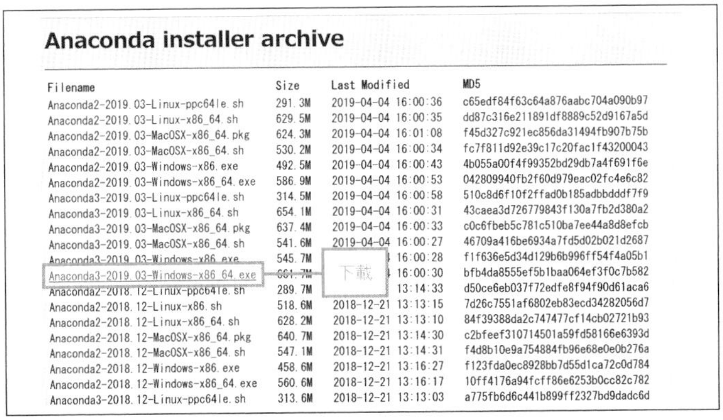

Anaconda installer archive

Filename	Size	Last Modified	MD5
Anaconda2-2019.03-Linux-ppc64le.sh	291.3M	2019-04-04 16:00:36	c65edf84f63c64a876aabc704a090b97
Anaconda2-2019.03-Linux-x86_64.sh	629.5M	2019-04-04 16:00:35	dd87c316e211891df8889c52d9167a5d
Anaconda2-2019.03-MacOSX-x86_64.pkg	624.3M	2019-04-04 16:01:08	f45d327c921ec856da31494fb907b75b
Anaconda2-2019.03-MacOSX-x86_64.sh	530.2M	2019-04-04 16:00:34	fc7f811d92e39c17c20fac1f43200043
Anaconda2-2019.03-Windows-x86.exe	492.5M	2019-04-04 16:00:43	4b055a00f4f99352bd29db7a4f691f6e
Anaconda2-2019.03-Windows-x86_64.exe	586.9M	2019-04-04 16:00:53	042809940fb2f60d979eac02fc4e6c82
Anaconda3-2019.03-Linux-ppc64le.sh	314.5M	2019-04-04 16:00:58	510c8d6f10f2ffad0b185adbbdddf7f9
Anaconda3-2019.03-Linux-x86_64.sh	654.1M	2019-04-04 16:00:31	43caea3d726779843f130a7fb2d380a2
Anaconda3-2019.03-MacOSX-x86_64.pkg	637.4M	2019-04-04 16:00:33	c0c6fbeb5c781c510ba7ee44a8d8efcb
Anaconda3-2019.03-MacOSX-x86_64.sh	541.6M	2019-04-04 16:00:27	46709a416be6934a7fd5d02b021d2687
Anaconda3-2019.03-Windows-x86.exe	545.7M	[illegible] 16:00:28	f1f636e5d34d129b6b996ff54f4a05b1
Anaconda3-2019.03-Windows-x86_64.exe	[illegible]	[illegible] 16:00:30	bfb4da8555ef5b1baa064ef3f0c7b582
Anaconda2-2018.12-Linux-ppc64le.sh	289.7M	[illegible] 13:14:33	d50ce6eb037f72edfe8f94f90d61aca6
Anaconda2-2018.12-Linux-x86.sh	518.6M	2018-12-21 13:13:15	7d26c7551af6802eb83ecd34282056d7
Anaconda2-2018.12-Linux-x86_64.sh	628.2M	2018-12-21 13:13:10	84f39388da2c747477cf14cb02721b93
Anaconda2-2018.12-MacOSX-x86_64.pkg	640.7M	2018-12-21 13:14:30	c2bfeef310714501a59fd58166e6393d
Anaconda2-2018.12-MacOSX-x86_64.sh	547.1M	2018-12-21 13:14:31	f4d8b10e9a754884fb96e68e0e0b276a
Anaconda2-2018.12-Windows-x86.exe	458.6M	2018-12-21 13:16:27	f123fda0ec8928bb7d55d1ca72c0d784
Anaconda2-2018.12-Windows-x86_64.exe	560.6M	2018-12-21 13:16:17	10ff4176a94fcff86e6253b0cc82c782
Anaconda3-2018.12-Linux-ppc64le.sh	313.6M	2018-12-21 13:13:03	a775fb6d6c441b899ff2327bd9dadc6d

圖 1-5　Anaconda 的下載網址（可以下載各種版本的 Anaconda）

下載完成之後，雙擊執行檔案，啟動安裝工具，開始安裝（圖 1-6）。

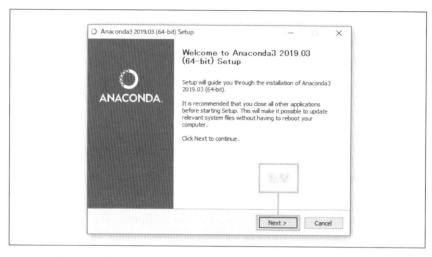

圖 1-6　Welcome to Anaconda3 2019.03(64-bit) Setup 介面

在 License Agreement 介面中確認許可證的相關資訊。點擊 I Agree 按鈕
（圖 1-7）。

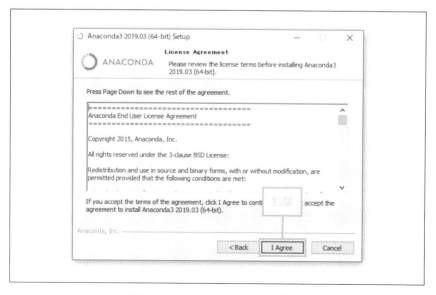

圖 1-7　License Agreement 介面

在 Select Installation Type 介面（圖 1-8）中選擇使用此軟體的使用者範圍，點擊 Next 按鈕（下文將以選擇 Just Me 為例繼續介紹）。

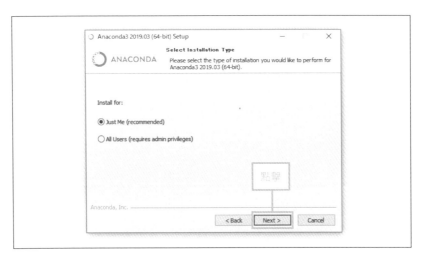

圖 1-8　Select Installation Type 介面

在 Choose Install Location 介面（圖 1-9）中確認安裝位置，然後點擊 Next。Advanced Installation Options 介面（圖 1-10）中的安裝選項是預設的，無須修改，直接點擊 Install 按鈕即可。

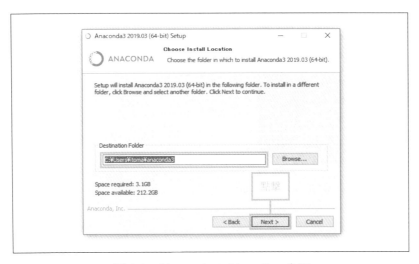

圖 1-9　Choose Install Location 介面

圖 1-10　Advanced Installation Options 介面

Anaconda 成功安裝之後，會顯示 "Thanks for installing Anaconda3!" 介面。點擊 Finish 按鈕，結束安裝（圖 1-11）。

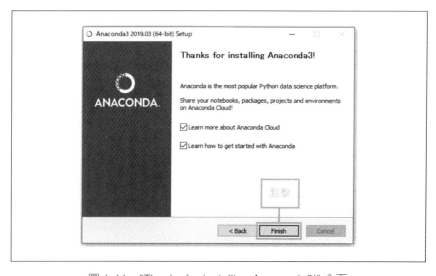

圖 1-11　"Thanks for installing Anaconda3!" 介面

1.3 ▏▎ Jupyter Notebook

Python 準備了各種各樣的編輯器，本書使用其中的 Jupyter Notebook。Jupyter Notebook 可以按順序進行資料分析並執行，特別容易上手。

1.3.1 Jupyter Notebook 的用法

首先從「開始」選單選擇 Anaconda3，然後選擇 Jupyter Notebook 進行啟動。如圖 1-12 所示，瀏覽器被開啟，Jupyter Notebook 啟動。

圖 1-12　啟動 Jupyter Notebook

選擇想要操作的檔案目錄，然後選擇 New → Python 3（圖 1-13）。

圖 1-13　在 Jupyter Notebook 中啟動 Python

瀏覽器會新開啟一個標籤頁，其中會顯示如圖 1-14 所示的用藍色方框標記的輸入框，該輸入框在 Python 程式設計中稱為儲存格。

圖 1-14　Jupyter Notebook 的儲存格

試著在這個儲存格中輸入 1/3，並在選單中點擊「執行」按鈕。點擊之後，儲存格的下方就會顯示計算結果，並自動在下方增加新的儲存格，如圖 1-15 所示。

圖 1-15　第 1 次的計算結果

在新的儲存格內輸入數學式，並點擊「執行」按鈕，即可繼續計算（圖 1-16）。

圖 1-16　第 2 次的計算結果

另外，也可以在一個儲存格內輸入多行指令（圖 1-17）。

```
In [3]:  ▶  a = 1
             b = 7
             a / b

Out[3]:  0.14285714285714285

In [ ]:  ▶  |
```

圖 1-17　同時執行 3 行指令的範例

在按住 Shift 鍵的同時按 Enter 鍵，不用點擊「執行」按鈕，也能得到相同的結果（後文提到該操作時，將以 Shift+Enter 鍵表示）。此外，無論是點擊「執行」按鈕，還是按住 Ctrl+Enter 鍵，都可以執行目前的儲存格。但在這種情況下，執行結束後，目前的儲存格將仍然處於被選中的狀態，並且下方不會自動增加一個新的儲存格。

儲存格有兩種模式，點擊儲存格中 In[編號] 和 Out[編號] 的附近，儲存格的左邊會變成藍色（圖 1-18）。這表示儲存格處於「指令模式」。如果點擊灰色部分，方框就會變成綠色，這表示儲存格處於「編輯模式」。

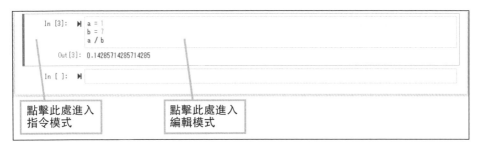

圖 1-18　指令模式和編輯模式

在編輯模式下，可以往儲存格內輸入數學式；在指令模式下，可以對儲存格本身操作，比如刪除、複製或增加儲存格等。如果在指令模式下按 h 鍵，電腦就會顯示各種模式下的快速鍵及其功能一覽（圖 1-19）。

圖 1-19　各種模式下的快速鍵及其功能（部分）

比如，在指令模式下按 l（L 的小寫形式）鍵，儲存格內就會顯示該儲存格的行號。這便於在程式出現錯誤時確認錯誤位置。

另外，在指令模式下按 a 鍵或 b 鍵，就可以在目前的儲存格的上方或下方增加新的儲存格。

1.3.2　輸入 Markdown 格式文字

目前為止的儲存格都是 Code 模式的，所謂 Code 模式，就是用於編寫 Python 程式的程式模式。Jupyter Notebook 不僅可以編寫程式，還可以記錄文字。打開下拉式功能表，選擇 Code → Markdown，即可改成標記模式，開始編寫文字（圖 1-20）。

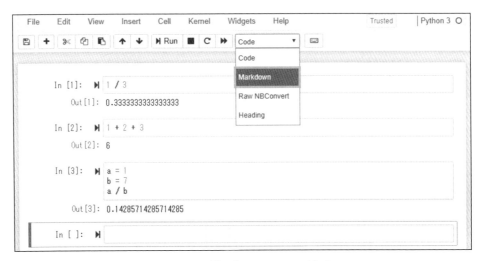

圖 1-20　變更為 Markdown 模式

像這樣改成 Markdown 模式之後，就可以輸入普通文字了（圖 1-21）。
輸入文字並點擊「執行」按鈕，儲存格的方框就會消失，變成清爽的文
字顯示。

圖 1-21　用 Markdown 輸入普通文字

比如，輸入「學習機器學習吧」，並按 Ctrl+Enter 鍵，方框將消失，這
句話將以嵌入文字的形式顯示（圖 1-21）。而如果在字串的開頭增加
鍵，並輸入一個半形空格，這句話就會變成標題（圖 1-22 上）。

圖 1-22　標題文字的輸入

或 ### 將使標題的層級逐漸下降。

點擊「執行」按鈕，文字就會以標題等級的字型顯示出來（圖 1-22 下）。

1.3.3 更改檔案名稱

檔案名稱預設為 Untitled，點擊 Untitled 並輸入檔案名稱，即可將其更改為任意檔案名稱。在創建好檔案之後，點擊磁碟圖示即可保存檔案（圖 1-23）。

圖 1-23　保存檔案

檔案將以「檔案名稱 .ipynb」的形式保存。要想打開已保存的檔案，需要在如圖 1-12 所示的介面中點擊該檔案（與程式碼位於不同的瀏覽器標籤頁中）。

1.4 ‖ 安裝 Keras 和 TensorFlow

本書第 7 章將介紹神經網路模型，在第 7 章的後半部分，我們將使用 Keras 這個強大的機器學習和神經網路函數庫進行講解。Keras 內部使用的是 Google 的 TensorFlow 函數庫。這裡，我們來安裝編寫本書時（2019 年 6 月）最新的 TensorFlow 1.13.1 和 Keras 2.2.4。

從 Windows 的「開始」選單中找到 Anaconda3 下一級中的 Anaconda Powershell Prompt 並啟動（圖 1-24）。

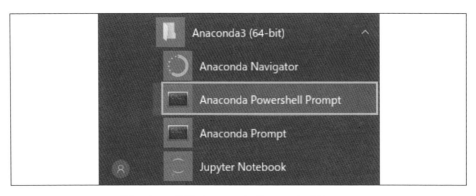

圖 1-24　啟動 Anaconda Powershell Prompt

啟動後，使用 pip install 指令安裝 TensorFlow 1.13.1（圖 1-25）。

```
> pip install tensorflow==1.13.1
```

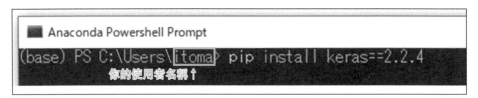

圖 1-25　安裝 TensorFlow

安裝 TensorFlow 之後，使用 pip install 指令安裝 Keras（圖 1-26）。

```
> pip install keras==2.2.4
```

你的使用者名稱↑

圖 1-26　安裝 Keras

返回 Jupyter Notebook，在儲存格內輸入以下程式，並按 Ctrl+Enter 鍵，確認 Keras 是否已成功安裝（從這裡開始，輸入記為 [In]，輸出記為 [Out]）。如果顯示出了如下所示的 "Using TensorFlow backend."，則表示安裝成功。

| In | import keras |

| Out | Using TensorFlow backend. |

然後，在儲存格內輸入以下程式，就可以看到版本 2.2.4 已經正確安裝（請注意程式中 version 的前後分別有兩個連續的半形底線 "_"）。

| In | keras.__version__ |

| Out | '2.2.4' |

## 第 2 章

Python 基礎知識

為便於大家了解第 3 章及其後章節的程式，本章將複習一下 Python 的用法。具體來說，就是進行計算並將結果視覺化所需的最基本的語法和函數知識。如果想了解更詳細的內容，請參考 Python 3 的官方文件。

2.1 ‖ 四則運算

2.1.1 四則運算的用法

在 Jupyter Notebook 的儲存格內輸入以下程式，然後按 Shift+Enter 鍵，答案就會顯示出來。

In	`1 + 2`
Out	3

和其他大多數程式語言一樣，Python 的四則運算也使用 +、-、* 和 /。

In	`(1 + 2 * 3 - 4) / 5`
Out	0.6

2.1.2 冪運算

冪運算使用 ** 表示，比如，28 的運算就是下面這樣的。

In	`2**8`
Out	256

2.2 ║ 變數

2.2.1 利用變數進行計算

和其他大多數程式語言一樣，Python 可以使用字母宣告變數。變數的內部可以儲存數值，我們可以使用變數進行計算。

```
In    x=1
      y=1 / 3
      x + y
```

```
Out   1.3333333333333333
```

2.2.2 變數的命名

變數名稱可以像 Data_1 和 Data_2 這樣用多個字串表示。

```
In    Data_1=1 / 5
      Data_2=3 / 5
      Data_1 + Data_2
```

```
Out   0.8
```

變數名稱中可以包括字母、數字和底線 "_"，但字母要區分大小寫，而且不能以數字開頭。

2.3 ‖ 類型

2.3.1 類型的種類

Python 支援的資料類型有整數、實數（包含小數的數）和字串等。比如，整數是 int 類型，包含小數的實數是 float 類型。在程式出現 Bug 時，類型有助快速修復程式。

Python 中涉及的主要的變數類型如表 2-1 所示。

表 2-1　變數的類型

類型	範例	類型的意義
int 類型	a = 1	整數
float 類型	a = 1.5	實數
str 類型	a = "learning", b = 'abc'	字串
bool 類型	True, False	真假
list 類型	a = [1,2,3]	陣列
tuple 類型	a = (1,2,3), b = (2,)	陣列（元素不能修改）
ndarray 類型	a = np.array([1,2,3])	矩陣

2.3.2 檢查類型

type 方法用於檢查資料類型。比如，輸入以下內容，即可獲取資料類型。

In	`type(100)`
Out	`int`

In	`type(100.1)`
Out	`float`

根據結果可知，100 和 100.1 分別是 int 類型和 float 類型。

如果在變數內輸入 int 類型的資料，那麼該變數將自動變為 int 類型的變數；如果輸入 float 類型的資料，則會變成 float 類型的變數。

In	`x=100` `type(x)`
Out	`int`

In	`x=100.1` `type(x)`
Out	`float`

2.3.3　字串

str 類型用於表示字串。

In	`x='learning'` `type(x)`
Out	`str`

如上所示，程式中單引號或雙引號裡的內容會被辨識為字串。

Python 還可以使用其他很多種資料類型，接下來我們將在每次遇到時對它們的用法説明。

2.4 ‖ print 敘述

2.4.1 print 敘述的用法

在 Jupyter Notebook 中輸入變數名稱並執行，這個變數的內容就會顯示出來。但是，假如這個變數不在儲存格內最後一行，其內容就不會顯示。比如，輸入以下程式之後，就只有儲存格內最後一行，即 y 的內容顯示了出來，儲存格中間的 x 的內容並沒有顯示出來。

| In | ```
x=1 / 3
x
y=2 / 3
y
``` |

| Out | ```
0.6666666666666666
``` |

如果也想顯示其他行的變數內容，就需要使用 print 敘述。

| In | ```
x=1 / 3
print(x)
y=2 / 3
print(y)
``` |

| Out | ```
0.3333333333333333
0.6666666666666666
``` |

2.4.2 同時顯示數值和字串的方法 1

如果想將數值和字串組合在一起顯示，可以使用以下指令。

| In | ```
print('x=' + str(x))
``` |
```

Out	x=0.3333333333333333

上面的 str(x) 用於將 float 類型的 x 轉換成 str 類型。然後，透過 'x='+str(x) 將兩個 str 類型的字串拼接起來。"+" 用在 int 類型或 float 類型的資料中表示加法運算，用在 str 類型中則造成字串拼接的作用。

2.4.3 同時顯示數值和字串的方法 2

還有一種方法可以很方便地將數值和字串同時顯示出來，那就是使用 format，其用法如下所示。

In	`print('weight={} kg'.format(x))`

Out	weight=0.3333333333333333 kg

print() 中的內容是「' 字串 '.format(x)」的形式，意思是「將字串中的 {} 部分替換為 x 的內容」。請注意 ' 字串 ' 和 format(x) 之間有一個 "."。

如果想表示多個變數，需要像下面這樣在字串中指定 {0}、{1} 和 {2}。

| In | ```
x=1 / 3
y=1 / 7
z=1 / 4
print('weight: {0} kg, {1} kg,  {2} kg'.format(x, y, z))
``` |
|----|--------|

Out	weight: 0.3333333333333333 kg, 0.14285714285714285 kg, 0.25 kg

如果像 { 數值 :.nf} 這樣指定，就會顯示小數點後 n 位的數值。比如，當你想顯示 float 類型的小數點後 2 位的數值時，就要用 { 序號 :.2f}。

In	`print('weight: {0:.2f} kg, {1:.2f} kg,  {2:.2f} kg'.format(x, y, z))`

Out	weight: 0.33 kg, 0.14 kg, 0.25 kg
```

2.5 ‖ list（陣列變數）

2.5.1 list 的用法

如果希望將多個資料組合在一起處理，也就是希望使用陣列變數，可以
使用 list 類型。list 用 [] 符號表示。定義 list 的方法如下所示（# 的右側
是註釋）。

| In | `x=[1, 1, 2, 3, 5] # list 的定義`
`print(x) #顯示` |

| Out | `[1, 1, 2, 3, 5]` |

陣列內各個元素的讀取方式為 x[元素序號]。在 Python 中，陣列的元素
序號（索引）是從 0 開始的。

| In | `x[0]` |

| Out | `1` |

| In | `x[2]` |

| Out | `2` |

這裡我們試著輸入以下內容，可以看到 x 為 list 類型，x[0] 為 int 類型。

| In | `print(type(x))`
`print(type(x[0]))` |

| Out | `<class 'list'>`
`<class 'int'>` |

也就是說，可以把這裡的 x 了解為一個由 int 類型建構的 list 類型。我們也可以用 str 類型建構 list 類型。

此外，如下所示，還可以把多個類型混合在一起。

```
In   s=['SUN', 1, 'MON', 2]
     print(type(s[0]))
     print(type(s[1]))
```

```
Out  <class 'str'>
     <class 'int'>
```

對於 list 中的元素，可以像「x[元素序號]= 目標值」這樣更改元素值。

```
In   x=[1, 1, 2, 3, 5]
     x[3]=100
     print(x)
```

```
Out  [1, 1, 2, 100, 5]
```

可以用 len 獲取 list 的長度。

```
In   x=[1, 1, 2, 3, 5]
     len(x)
```

```
Out  5
```

2.5.2 二維陣列

另外，在一個 list 類型中創建另一個 list 類型，就可以組成一個二維陣列。

```
In   a=[[1, 2, 3], [4, 5, 6]]
     print(a)
```

```
Out  [[1, 2, 3], [4, 5, 6]]
```

如下所示，元素的讀取方式為「變數名稱 [i][j]」。

In	`a=[[1, 2, 3], [4, 5, 6]]` `print(a[0][1])`

Out	`2`

透過加深內部元素的層次，還可以創建三維或四維陣列。

2.5.3 創建連續的整數陣列

比如，要生成從 5 到 9 的連續的整數陣列，可以使用「range(起始數字，結束數字 +1)」。

In	`y=range(5, 10)` `print(y[0], y[1], y[2], y[3], y[4])`

Out	`5 6 7 8 9`

y 雖然和 list 類型相似，但是二者實際上有一些不同。y 是 range 類型的變數，range 類型是一種記憶體節省型的資料類型。y 的輸出結果如下所示，並不會顯示為 [5, 6, 7, 8, 9]。

In	`print(y)`

Out	`range(5, 10)`

range 類型和 list 類型讀取元素的方法是一樣的，但是 range 類型的元素值不能更改。比如對於 range 類型，如果像 y[2]=2 這樣直接設定值，就會出現錯誤。

我們可以使用 list 類型將 range 類型轉為可以更改元素值的 list 類型。

```
In    z=list(range(5, 10))
      print(z)
```

```
Out   [5, 6, 7, 8, 9]
```

把起始數字省略，改為「range(結束數字 +1)」的形式，就可以表示從 0 開始的數列。

```
In    list(range(10))
```

```
Out   [0, 1, 2, 3, 4, 5, 6, 7, 8, 9]
```

2.6 ‖ tuple（陣列）

2.6.1 tuple 的用法

表示陣列的類型有兩種，一種是 list 類型，另外一種是 tuple 類型。tuple 類型不同於 list 類型，元素值不能更改。tuple 類型使用 () 表示陣列，比如 (1, 2, 3)。

```
In    a=(1, 2, 3)
      print(a)
```

```
Out   (1, 2, 3)
```

2.6.2 讀取元素

讀取元素的方法和 list 類型一樣。

```
In    a[1]
```

| Out | 2 |

請注意，讀取元素時不可以使用 ()，而要和 list 類型一樣使用 []。tuple
類型的元素值不能更改，所以像 a[1]=2 這樣直接設定值會出現錯誤。那
麼，我們該如何區別使用 list 類型和 tuple 類型呢？

其實，在自己定義變數時，只要使用可以更改元素值的 list 類型，就不
會出現錯誤。後面我們還會介紹函數，當函數中有多個傳回值時，如
果用一個變數接收，那麼函數就會自動將該變數的類型設定為 tuple 類
型。此外，現有函數的輸入有時也會被指定為 tuple 類型。

混淆 list 類型和 tuple 類型會導致出錯，所以請注意二者的區別。我們也
可以借助 type() 獲取資料類型。

| In | type(a) |

| Out | tuple |

2.6.3　長度為 1 的 tuple

如果 (1, 2) 是 tuple 類型，那麼 (1) 是 tuple 類型嗎？不是。因為這裡的
() 只是一個表示運算順序的普通括號。長度為 1 的 tuple 類型的資料應
該寫作 (1,)，與 (1) 的區別在於它加了 ","。

| In | a=(1)
type(a) |

| Out | int |

| In | a=(1,)
type(a) |

| Out | tuple |

2.7 | if 敘述

2.7.1 if 敘述的用法

if 敘述可以將程式的處理流程按照各種各樣的條件分割開。例如下面這段程式，由於第一行中對 x 進行了設定值，令 x=11，所以 if 敘述中的 x>10 為真值（True），程式將執行向右縮排了 4 個空格的程式行（(A1) 和 (A2)）。

```
In   x=11
     if x > 10:
         print('x is ')                  # ... (A1)
         print('        larger than 10.') # ... (A2)
     else:
         print('x is smaller than 11')    # ... (B1)
```

```
Out  x is
         larger than 10.
```

這裡的縮排用於表示 if 敘述中的程式區塊。縮排在 Python 中具有十分重要的意義。順便一提，程式中的 "# ...(A1)" 是註釋敘述。在執行程式時，電腦不會處理 # 之後的內容。

如果把程式第一行中的內容換成 x=9，那麼 if 敘述中的 x>10 則為假值（False），所以執行的就是 "else: " 下面的 (B1)，即 print（'x is smaller than 11'）敘述。

在這段程式中，if 後面的 x>10 是 bool 類型的資料，其結果不是 True 就是 False。直接執行 x>10，其結果如下所示。

```
In   x > 10
```

```
Out  True
```

此外，執行如下所示的程式就可以知道，x>10 的計算結果是 bool 類型。

In	`type(x > 10)`

Out	`bool`

如果 if 敘述右邊的 bool 類型值為 True，則執行 if 下面縮排的程式區塊；如果為 False，則執行 "else:" 下一行中縮排的程式區塊。如果只做一次判斷即可，那麼 "else:" 可以省略。

2.7.2 比較運算子

">" 稱為比較運算子，if 敘述中用到的比較運算子如表 2-2 所示。這些運算的結果全都是 bool 類型。

表 2-2　比較運算子

比較運算子	內　　容
a == b	a 與 b 相等
a > b	a 大於 b
a >= b	a 大於等於 b
a < b	a 小於 b
a <= b	a 小於等於 b
a != b	a 不等於 b

如果需要同時執行多個條件陳述式，可以使用 and（且）和 or（或）。比如，在使用「同時滿足 10<x 和 x<20 時」這個條件的情況下，就要使用 and 把 10<x 和 x<20 連接起來。

In	`x=15`
	`if 10 < x and x < 20:`
	`    print('x is between 10 and 20.')`

Out	`x is between 10 and 20.`

2.8 || for 敘述

2.8.1 for 敘述的用法

for 敘述用於迴圈操作。

```
In   for i in [1, 2, 3]:
         print(i)
```

```
Out   1
      2
      3
```

for 敘述的書寫形式為 "for 變數 in list 類型 :"。list 類型有多少個元素，for 敘述下面縮排的內容就執行多少次。在每次迴圈執行時期，list 類型的元素都會被依次輸入到「變數」當中。我們也可以使用 tuple 類型和 range 類型取代 list 類型。

比如我們想把 list 類型中的變數 num 的元素全部乘以 2，就可以使用 for 敘述編寫以下程式。

```
In   num=[2, 4, 6, 8, 10]
     for i in range(len(num)):        # len(num) 是 num 的元素
         num[i]=num[i] * 2
     print(num)
```

```
Out   [4, 8, 12, 16, 20]
```

程式中的 for i in range(len(num)) 可以使 i 在從 0 到 "num 的長度 -1" 的範圍內變化，並依次替換 num[i] 內的值。

2.8.2 enumerate 的用法

在 Python 中，可以使用 enumerate 像下面這樣優雅地實現與前面相同的功能。

```
In    num=[2, 4, 6, 8, 10]
      for i, n in enumerate(num):
          num[i]=n * 2
      print(num)
```

```
Out   [4, 8, 12, 16, 20]
```

這裡，num 的 index 和 num[index] 的值會被分別指定給 i 和 n。但是為了讓學習其他語言的讀者也能輕鬆了解，本書將不再使用 enumerate。

2.9 向量

關於向量的數學意義，我們會在第 4 章說明，這裡介紹一下 Python 中向量的處理方法。首先，list 類型的資料可以用作向量嗎？比如，輸入 [1, 2]+[3, 4] 之後，傳回的結果會是 [4, 6] 嗎？我們測試一下。

```
In    [1, 2] + [3, 4]
```

```
Out   [1, 2, 3, 4]
```

傳回結果和預測結果有出入。這是因為，list 類型會像 str 類型一樣將 "+" 運算子解釋為拼接。

2.9.1 NumPy 的用法

在 Python 中，要想表示向量和矩陣，需要匯入 NumPy 函數庫，以擴充 Python 標準函數庫的功能。

我們可以用 import 輕鬆匯入想要的函數庫。這裡匯入用於進行矩陣計算的 NumPy 函數庫。

| In | `import numpy as np` |

很簡單吧？其中的 as np 是「用 np 代表 NumPy」的意思。這可以由使用者根據自己的喜好決定，你也可以不用 np，而用 npy 代表 NumPy。

但將 NumPy 省略為 np 已成為慣例，所以本書也這樣使用。在後文中，NumPy 的功能就可以用 np."function" 表示。

2.9.2 定義向量

向量（一維陣列）使用 np.array(list 類型) 定義。

| In | `x=np.array([1, 2])`
`x` |
| Out | `array([1, 2])` |

此外，如下所示，如果用 print(x) 輸出 x 的值，元素之間的 "," 就會被省略，輸出結果看起來很整潔（如果是 list 類型，元素之間的 "," 仍會顯示出來）。

| In | `print(x)` |
| Out | `[1 2]` |

接下來，我們確認一下用 np.array 定義的陣列是否是向量。先使用 np.array 定義 x 和 y，並把 x 與 y 相加，結果如下所示。可以看到，這裡的 x 和 y 的確被當作向量處理了。

```
In    x=np.array([1, 2])
      y=np.array([3, 4])
      print(x + y)
```

```
Out   [4 6]
```

執行 type(x) 會出現以下結果，可以看到 x 是 numpy.ndarray 類型，本書後面將 numpy.ndarray 類型簡稱為 ndarray 類型。

```
In    type(x)
```

```
Out   numpy.ndarray
```

2.9.3 讀取元素

讀取元素的方法跟 list 類型一樣，也使用 []。

```
In    x=np.array([1, 2])
      print(x[0])
```

```
Out   1
```

2.9.4 替換元素

替換元素的方法是使用「x[要替換的元素序號]= 目標值」。

```
In    x=np.array([1, 2])
      x[0]=100
      print(x)
```

```
Out   [100 2]
```

2.9.5 創建連續整數的向量

我們可以用 np.arange(n) 生成元素值遞增的向量陣列。生成從 0 到 n-1 的陣列的方法與使用 range(x) 輸出 list 類型陣列的方法是一樣的。執行 arange(n1, n2)，就可以生成從 n1 到 n2-1 的陣列。

```
In    print(np.arange(10))
```

```
Out   [0 1 2 3 4 5 6 7 8 9]
```

```
In    print(np.arange(5, 10))
```

```
Out   [5 6 7 8 9]
```

ndarray 類型和 list 類型類似，我們可以用 ndarray 類型代替 for 敘述中的 list 類型；不同的是，ndarray 類型可以進行向量計算，而 list 類型不可以。

2.9.6 ndarray 的注意事項

在使用 ndarray 類型時，需要注意在複製 ndarray 類型的內容時不能用 b=a，必須用 b=a.copy()。僅執行 b=a，Python 會把「a 中內容的儲存位址的引用」指定給 b。如果執行 b=a 並更改 b 的值，則這個更改也會影響 a 的值。我們可以透過下面這段程式確認一下。

```
In    a=np.array([1, 1])
      b=a
      print('a=' + str(a))
      print('b=' + str(b))
      b[0]=100
      print('b=' + str(b))
      print('a=' + str(a))
```

```
Out   a=[1 1]
      b=[1 1]
      b=[100    1]
      a=[100    1] ——————————— a 發生變化
```

此時，只要把 b=a 替換為 b=a.copy()，a 和 b 就可以成為相互獨立的變數。

```
In    a=np.array([1, 1])
      b=a.copy()
      print('a=' + str(a))
      print('b=' + str(b))
      b[0]=100
      print('b=' + str(b))
      print('a=' + str(a))
```

```
Out   a=[1 1]
      b=[1 1]
      b=[100    1]
      a=[1 1] ——————————— a 不變
```

list 類型也會出現 ndarry 類型中的現象。要想複製 list 類型的資料，可以先寫 import copy，再令 a=copy.deepcopy(b)。

2.10 ‖ 矩陣

2.10.1 定義矩陣

我們可以像下面這樣使用 ndarray 的二維陣列來定義矩陣。

In	
| | ```
x=np.array([[1, 2, 3], [4, 5, 6]])
print(x)
``` |

Out	
| | ```
[[1 2 3]
 [4 5 6]]
``` |

2.10.2 矩陣的大小

矩陣（陣列）的大小可以透過 ndarray 類型的「變數名稱 .shape」獲取。

In	
| | ```
x=np.array([[1, 2, 3], [4, 5, 6]])
x.shape
``` |

Out	
| | ```
(2, 3)
``` |

輸出結果帶有 ()，可知輸出值是 tuple 類型。此時，執行以下程式即可將 2 和 3 分別儲存到 w 和 h 中。

In	
| | ```
h, w=x.shape
print(h)
print(w)
``` |

Out	
| | ```
2
3
``` |

2.10.3 讀取元素

在讀取元素時，各個維度之間需要以下使用 "," 分隔一下。請注意，行和列的索引都是從 0 開始的。

| In | ```
x=np.array([[1, 2, 3], [4, 5, 6]])
x[1, 2]
``` |
|---|---|
| Out | 6 |

2.10.4 替換元素

元素值的替換方法與向量相同，如下所示。

| In | ```
x=np.array([[1, 2, 3], [4, 5, 6]])
x[1, 2]=100
print(x)
``` |
|---|---|
| Out | ```
[[  1    2    3]
 [  4    5  100]]
``` |

2.10.5 生成元素為 0 和 1 的 ndarray

所有元素值都為 0 的 ndarray 可以用 np.zeros(size) 生成。以下程式可以生成長度為 10 的向量。

| In | ```
x=np.zeros(10)
print(x)
``` |
|---|---|
| Out | `[ 0.  0.  0.  0.  0.  0.  0.  0.  0.  0.]` |

然後，令 size=(2, 10)，就可以生成行數為 2、列數為 10，且元素值全都為 0 的矩陣。

```
In    x=np.zeros((2, 10))
      print(x)
```

```
Out   [[ 0.  0.  0.  0.  0.  0.  0.  0.  0.  0.]
       [ 0.  0.  0.  0.  0.  0.  0.  0.  0.  0.]]
```

size 是 tuple 類型。透過 size(2, 3, 4)，可以生成 2×3×4 的三維陣列。我們可以生成任意維度的陣列。如果希望所有元素值都為 1，而非 0，則可以使用 np.ones(size)。

```
In    x=np.ones((2, 10))
      print(x)
```

```
Out   [[ 1.  1.  1.  1.  1.  1.  1.  1.  1.  1.]
       [ 1.  1.  1.  1.  1.  1.  1.  1.  1.  1.]]
```

2.10.6 生成元素隨機的矩陣

我們可以使用 np.random.rand(size) 生成元素隨機的矩陣。生成的矩陣中各個元素值是均勻分佈在 0 ~ 1 的隨機數。但是請注意，這時 size 就不是 tuple 類型了。比如，要想生成 2×3 的隨機數矩陣，需要使用 np.random.rand(2, 3)（使用 np.random.rand((2, 3)) 會導致錯誤）。每次執行程式，生成的矩陣的元素值都不同。

```
In    np.random.rand(2, 3)
```

```
Out   array([[ 0.61172168,  0.20792486,  0.95905162],
             [ 0.86475323,  0.18373685,  0.55318816]])
```

np.random.randn(size) 可以生成由服從平均值為 0、方差為 1 的高斯分佈的隨機數組成的矩陣。此外，np.random.randint(low, high, size) 可以生成由從 low 到 high-1 的隨機整數組成的大小為 size 的矩陣。

2.10.7 改變矩陣的大小

如果想改變矩陣的大小，需要使用「變數名稱 .reshape(n, m)」。我們試著改變下面這個矩陣的大小。

In	
	`a=np.arange(10)` `print(a)`

Out	
	`[0 1 2 3 4 5 6 7 8 9]`

比如，要把如上所示的矩陣改為 2×5 的矩陣，需要像下面這樣寫。

In	
	`a=a.reshape(2, 5)` `print(a)`

Out	
	`[[0 1 2 3 4]` ` [5 6 7 8 9]]`

2.11 矩陣的四則運算

2.11.1 矩陣的四則運算

在使用四則運算 +、−、* 和 / 時，實際進行計算的是對應的各個元素。比如，我們可以輸入以下程式進行確認。

```
In    x=np.array([[4, 4, 4], [8, 8, 8]])
      y=np.array([[1, 1, 1], [2, 2, 2]])
      print(x + y)
```

```
Out   [[ 5  5  5]
       [10 10 10]]
```

2.11.2 純量 × 矩陣

如下所示，用純量乘以矩陣之後，矩陣中所有元素都會受到影響。

```
In    x=np.array([[4, 4, 4], [8, 8, 8]])
      print(10 * x)
```

```
Out   [[40 40 40]
       [80 80 80]]
```

2.11.3 算術函數

NumPy 中有各種各樣的算術函數。比如，可以用 np.sqrt(x) 計算平方根。

```
In    x=np.array([[4, 4, 4], [9, 9, 9]])
      print(np.sqrt(x))
```

```
Out   [[2. 2. 2.]
       [3. 3. 3.]]
```

這也會作用於矩陣中所有的元素。除此以外，NumPy 中還有指數函數 np.exp(x)、對數函數 np.log(x) 和用於四捨五入的函數 np.round(x, 小數點後的位數) 等。

此外，平均值函數 np.mean(x)、標準差函數 np.std(x)、求最大值的函數 np.max(x) 和求最小值的函數 np.min(x) 等也都是對所有元素傳回一個數值的函數。

2.11.4 計算矩陣乘積

關於矩陣乘積，第 4 章會詳細介紹，這裡只說一下方法：矩陣 v 和矩陣 w 的乘積可以用 v.dot(w) 計算。

In	
| | ```
v=np.array([[1, 2, 3], [4, 5, 6]])
w=np.array([[1, 1], [2, 2], [3, 3]])
print(v.dot(w))
``` |

Out	
| | ```
[[14 14]
 [32 32]]
``` |

2.12 ‖ 切片

切片的用法

list 類型和 ndarray 類型都具有切片功能，可以把元素的一部分整理起來表示。在熟練使用這個方法之後，編碼會變得輕鬆許多。切片用 ":" 表示。比如，透過「變數名稱 [:n]」可以一次性讀取從 0 到 n-1 的元素。

In	
| | ```
x=np.arange(10)
print(x)
print(x[:5])
``` |

Out	
| | ```
[0 1 2 3 4 5 6 7 8 9]
[0 1 2 3 4]
``` |

而「變數名稱 [n:]」則會讀取從 n 到尾端的元素。

In	`print(x[5:])`

Out	`[5 6 7 8 9]`

「變數名稱 [n1:n2]」讀取的是從 n1 到 n2-1 的元素。

In	`print(x[3:8])`

Out	`[3 4 5 6 7]`

「變數名稱 [n1:n2:dn]」則每隔 dn 個元素從 n1 到 n2-1 中讀取一個元素。

In	`print(x[3:8:2])`

Out	`[3 5 7]`

執行以下程式，可以實現陣列的反向輸出。

In	`[5 6 7 8 9]`

Out	`[9 8 7 6 5 4 3 2 1 0]`

切片還可以應用在一維以上的 ndarray 類型的資料中。

In	``` y=np.array([[1, 2, 3], [4, 5, 6], [7, 8, 9]]) print(y) print(y[:2, 1:2]) ```

```
y=np.array([[1, 2, 3], [4, 5, 6], [7, 8, 9]])
print(y)
print(y[:2, 1:2])
```

Out	``` [[1 2 3] [4 5 6] [7 8 9]] [[2] [5]] ```

```
[[1 2 3]
 [4 5 6]
 [7 8 9]]
[[2]
 [5]]
```

2.13 ‖ 替換滿足條件的資料

bool 陣列的用法

在 NumPy 中,我們可以從儲存在矩陣的資料中提取滿足條件的資料,並進行替換。

以下定義陣列 x,令 x>3,程式會傳回一個顯示元素值為 True 或 False 的 bool 類型的陣列。

```
In    x=np.array([1, 1, 2, 3, 5, 8, 13])
      x > 3
```

```
Out   array([False, False, False, False, True, True, True], dtype = bool)
```

使用這個 bool 陣列讀取陣列元素,則只會輸出其中滿足 x>3 的元素。

```
In    x[x > 3]
```

```
Out   array([ 5, 8, 13])
```

如下所示,只有滿足 x>3 的元素會被替換為 999。

```
In    x[x > 3]=999
      print(x)
```

```
Out   [  1   1   2   3 999 999 999]
```

2.14 ‖ help

help 的用法

函數具有非常多的種類和各種各樣的功能，即使是同一個函數，在用法上也會有所變化，比如有時可以省略輸入變數等，我們不可能記住所有功能。而透過 help(函數名稱) 可以把函數功能的説明文件顯示出來，非常方便。輸入以下程式，就可以查看 np.random.randint 函數的詳細功能。

In
```
import numpy as np
help(np.random.randint)
```

Out
```
Help on built-in function randint:
randint(...) method of mtrand.RandomState instance
    randint(low, high = None, size = None, dtype = 'l')
     Return random integers from `low` (inclusive) to `high`
(exclusive).
    (……中間省略……)
    Examples
    --------
    >>> np.random.randint(2, size = 10)
    array([1, 0, 0, 0, 1, 1, 0, 0, 1, 0])
    >>> np.random.randint(1, size = 10)
    array([0, 0, 0, 0, 0, 0, 0, 0, 0, 0])

    Generate a 2 x 4 array of ints between 0 and 4, inclusive:

    >>> np.random.randint(5, size = (2, 4))
    array([[4, 0, 2, 1],
           [3, 2, 2, 0]])
```

以 np.random.randint(5, size=(2, 4)) 為例，可以知道執行它之後，程式就會生成元素為 0 和 4 之間的隨機整數、大小為 2×4 的矩陣。

2.15 ‖ 函數

2.15.1 函數的用法

函數可以用於整理一部分程式。對於需要多次使用的程式,用函數封裝之後會比較方便。本書也使用了很多函數。以 "def 函數名稱 ():" 開頭,並將函數的內容縮排,即可定義函數。在執行時期需要使用 " 函數名稱 ()"。

In	
| | ```python
def my_func1():
    print('Hi!')
# 函數 my_func1() 的定義到此為止
my_func1()  # 執行函數
``` |

Out	
	Hi!

如下所示,使用 "def 函數 (a, b):",可以向函數設定值 a、b。在 return 後面寫上變數名稱,即可輸出傳回值。

In	
| | ```python
def my_func2(a, b):
    c=a + b
    return c

my_func2(1, 2)
``` |

Out	
	3

2.15.2 參數與傳回值

向函數傳入的變數叫作參數,函數的輸出叫作傳回值。

參數和傳回值可以是任意類型,傳回值也可以定義為多個值。比如,以一維 ndarray 類型的形式向函數傳入任意資料,輸出資料的平均值和標準差的函數如下所示。

```
In    def my_func3(D):
          m=np.mean(D)
          s=np.std(D)
          return m, s
```

程式中的 np.mean(D) 和 np.std(D) 是 NumPy 定義的函數,分別用於輸出 D 的平均值和標準差。如果想輸出多個傳回值,需要像 "return m, s" 這樣,用 "," 分隔變數。這裡我們準備一份隨機資料,將資料傳入這個函數,並試著輸出結果。執行程式可知,由於使用的是隨機數,所以每次的執行結果都不一樣。

```
In    data=np.random.randn(100)
      data_mean, data_std=my_func3(data)
      print('mean:{0:.2f}, std:{1:.2f}'.format(data_mean, data_std))
```

```
Out   mean:0.10, std:1.04
```

要獲取多個傳回值,需要像 "data_mean, data_std=my_func3(data)" 這樣用 "," 分隔表示。

哪怕傳回值有很多個,我們也可以用一個變數接收。此時,這個傳回值是 tuple 類型,函數的傳回值會儲存在各個元素中。下面這個範例使用的也是隨機數,所以每次的執行結果都會發生變化。

```
In    output=my_func3(data)
      print(output)
      print(type(output))
      print('mean:{0:.2f}, std:{1:.2f}'.format(output[0], output[1]))
```

Out
```
(-0.16322970916322901, 1.0945199101120617)
<class 'tuple'>
mean:-0.16, std:1.09
```

2.16 ‖ 保存檔案

2.16.1 保存一個 ndarray 類型變數

要想把一個 ndarray 類型的變數保存在檔案中,需要使用函數 np.save(' 檔案名稱 .npy', 變數名稱)。檔案的副檔名為 .npy。在讀取檔案時,需要使用 np.load(' 檔案名稱 .npy')。

In
```
data=np.array([1, 1, 2, 3, 5, 8, 13])
print(data)

np.save('datafile.npy', data)    # 保存檔案
data=[]                          # 清空資料
print(data)

data=np.load('datafile.npy')     # 讀取檔案
print(data)
```

Out
```
[ 1  1  2  3  5  8 13]
[]
[ 1  1  2  3  5  8 13]
```

2.16.2 保存多個 ndarray 類型變數

要想把多個 ndarray 類型的變數保存在同一個檔案中，需要使用函數
np.savez(' 檔案 .npz', 變數名稱 1= 變數名稱 1, 變數名稱 2= 變數名稱 2, ...)。

```
In     data1=np.array([1, 2, 3])
       data2=np.array([10, 20, 30])
       np.savez('datafile2.npz', data1=data1, data2=data2)  # 保存檔案
       data1=[]  # 清空資料
       data2=[]
       outfile=np.load('datafile2.npz')  # 讀取檔案
       print(outfile.files)     # 顯示儲存的所有資料
       data1=outfile['data1']  # 取出 data1
       data2=outfile['data2']  # 取出 data2
       print(data1)
       print(data2)
```

```
Out    ['data1', 'data2']
       [1 2 3]
       [10 20 30]
```

用 np.load 方法載入資料之後，已保存的所有變數都會被儲存在 outfile
中，我們可以透過 outfile[' 變數名稱 '] 讀取各個變數。透過 outfile.files
即可查看儲存的所有變數的清單。

## 第 3 章

資料視覺化

資料視覺化十分重要,有助我們了解資料。因此,本章將介紹一下繪製圖形的基本方法。

3.1 ‖ 繪製二維圖形

3.1.1 繪製隨機圖形

在繪製圖形前,我們先使用 import 匯入 matplotlib 的 pyplot 函數庫,並用 plt 代表 pyplot 函數庫。要想在 Jupyter Notebook 內顯示繪製的圖形,需要加上 %matplotlib inline。首先,我們使用程式清單 3-1-(1) 繪製一個隨機圖形。執行這段程式後,會顯示一個圖形。

In
```python
# 程式清單 3-1-(1)
import numpy as np
import matplotlib.pyplot as plt
%matplotlib inline

# 創建資料
np.random.seed(1)                # 固定隨機數
x=np.arange(10)
y=np.random.rand(10)

# 顯示圖形
plt.plot(x, y)                   # 創建聚合線圖
plt.show()                       # 繪製圖形
```

Out

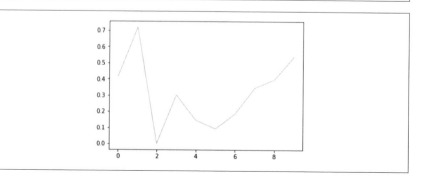

plt.plot(x, y) 用於繪製圖形，plt.show() 用於顯示圖形。雖然在 Jupyter Notebook 中，即使沒有 plt.show()，圖形也會顯示出來，但為了使程式也適用於其他編輯器，本書的程式中將保留它。

3.1.2 程式清單的格式

這裡先來規定一下程式清單的編號規則。本書將以 3-1-(1)、3-1-(2)、3-1-(3) 或 3-2-(1) 的形式給程式清單編號。第 1 個和第 2 個數字（章號 - 序號）相同的程式清單相互連結（具有相同變數），它們將按照第 3 個數字的順序依次執行。也就是說，程式清單 3-1-(1) 中創建的變數和函數有時會用在程式清單 3-1-(2) 和程式清單 3-1-(3) 中。而像 3-2-(1) 這樣序號發生改變的程式清單，則不會使用此前用過的任何變數與函數。

此外，要想從記憶體中刪除截至目前的歷史記錄，可以像下面這樣寫。

| In | %reset |

執行之後，程式會輸出以下內容，按 y 鍵確認即可。

| Out | Once deleted, variables cannot be recovered. Proceed (y/[n])? |

3.1.3 繪製三次函數 $f(x) = (x - 2)x(x + 2)$

接下來，我們試著繪製 $f(x)=(x-2)x(x+2)$ 的圖形。雖然我們可以很容易地看出，在 x 為 -2、0、2 時，$f(x)$ 為 0，但只有繪製了圖形，才能知道它整體上是什麼形狀。

首先，我們來定義函數 $f(x)$。

```
In    # 程式清單 3-2-(1)
      import numpy as np
      import matplotlib.pyplot as plt
      %matplotlib inline

      def f(x):
          return (x - 2) * x * (x + 2)
```

定義完畢後，把數值代入這個函數中的 x。執行以下程式，即可獲取對應的傳回值 f。

```
In    # 程式清單 3-2-(2)
      print(f(1))
```

```
Out   -3
```

即使 x 為 ndarray 陣列，程式也會一次性地以 ndarray 類型傳回與各個元素對應的 f。這是因為，向量的四則運算具有對應各個元素進行運算的性質，非常方便。

```
In    # 程式清單 3-2-(3)
      print(f(np.array([1, 2, 3])))
```

```
Out   [-3  0 15]
```

3.1.4 確定繪製範圍

下面，我們定義繪製圖形的範圍，令 x 的範圍為從 -3 到 3，並定義在此範圍內計算的 x 的間隔為 0.5。

```
In    # 程式清單 3-2-(4)
      x=np.arange(-3, 3.5, 0.5)
      print(x)
```

Out
```
[-3.  -2.5 -2.  -1.5 -1.  -0.5 0.   0.5 1.   1.5 2.   2.5 3. ]
```

請注意，如果寫成 np.arange(-3, 3, 0.5)，則輸出的結果到 2.5 為止，所以這裡寫成了 np.arange(-3, 3.5, 0.5)，程式中的數值比 3 大。

但在定義圖形中的 x 時，linspace 函數也許比 arange 更加方便。我們可以寫成 linspace(n1, n2, n)，執行之後，程式將傳回 n 個在 n1 和 n2 之間等間隔分佈的點。

In
```
# 程式清單 3-2-(5)
x=np.linspace(-3, 3, 10)
print(np.round(x, 2))
```

Out
```
[-3.   -2.33 -1.67 -1.   -0.33 0.33 1.    1.67 2.33 3.  ]
```

linspace 不僅可以自然地把 n2 包含在 x 的範圍內，還可以用 n 來控制圖形中線條的粗細。

print 敘述中的 np.round(x, n) 是將 x 四捨五入為保留小數點後 n 位的數值的函數。

在透過 print(x) 顯示向量或矩陣的情況下，小數部分有時會很長，顯得很雜亂。如果像上面這樣使用 np.round(x, n)，結果就會很整潔。

3.1.5 繪製圖形

接下來，讓我們使用這個 x 繪製 f(x) 的圖形。輸出的圖形應該跟以下程式的執行結果是一樣的。很簡單吧？

In
```
# 程式清單 3-2-(6)
plt.plot(x, f(x))
plt.show()
```

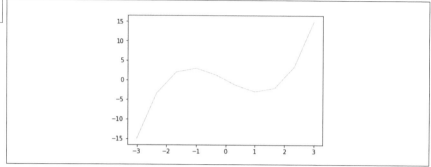

Out

3.1.6 裝飾圖形

但是，我們很難透過這個圖形去確認當 x 為 -2、0、2 時，f(x) 的值是否真的為 0。另外，我們也想知道，當函數的係數發生變化時，圖形會如何變化。因此，讓我們稍加調整，透過下面的程式清單 3-2-(7) 再次繪製這個函數的圖形。

In

```
# 程式清單 3-2-(7)
# 定義函數
def f2(x, w):
    return (x - w) * x * (x + 2)        # (A) 函數的定義

# 定義 x
x=np.linspace(-3, 3, 100)               # (B) 把 x 分為 100 份

# 繪製圖形
plt.plot(x, f2(x, 2), color='black', label='$w=2$')  # (C)
plt.plot(x, f2(x, 1), color='cornflowerblue',
        label='$w=1$')                              # (D)
plt.legend(loc="upper left")            # (E) 顯示圖例
plt.ylim(-15, 15)                       # (F) y 軸的範圍
plt.title('$f_2(x)$')                   # (G) 標題
plt.xlabel('$x$')                       # (H) x 標籤
plt.ylabel('$y$')                       # (I) y 標籤
plt.grid(True)                          # (J) 格線
plt.show()
```

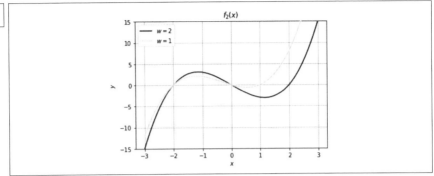

圖形變得很平滑，其中還加入了格線、標籤、標題和圖例。如此一來，就可以清晰地看到，函數 $f(x)=(x-2)x(x+2)$ 與 x 軸的交點為 -2、0、2（黑線：$w=2$）。除此之外，我們還可以看到，當 $w=1$，即 $f(x)=(x-1)x(x+2)$ 時，函數與 x 軸的交點為 -2、0、1（藍線：$w=1$）。

程式清單 3-2-(7) 在開頭 (A) 處定義了函數 f2(x, w)。除了變數 x 之外，這個函數的參數還有 w。改變 w 就可以改變 f2 的形狀。

接下來我們定義要計算的資料點 x，這次多定義一些，把 x 分為 100 份（(B)）。圖形是用 plt.plot 表示的，透過增加「color=' 顏色名 '」，可以指定圖形中線條的顏色。black 表示黑色（(C)），cornflowerblue 表示淺藍色（(D)）。

我們可以透過程式清單 3-2-(8) 來查看能夠使用的顏色。

In
```
# 程式清單 3-2-(8)
import matplotlib
matplotlib.colors.cnames
```

Out
```
{'aliceblue': '#F0F8FF',
 'antiquewhite': '#FAEBD7',
 'aqua': '#00FFFF',
 'aquamarine': '#7FFFD4',
 (……中間省略……)
 'yellowgreen': '#9ACD32'}
```

基本色可以僅用一個字母來指定，r 代表紅色，b 代表藍色，g 代表綠色，c 代表藍綠色，m 代表品紅色，y 代表黃色，k 代表黑色，w 代表白色。此外，還可以像 color=(255, 0, 0) 這樣，使用元素為 0 ~ 255 的整數的 tuple 類型的值自由地指定 RGB。

在程式清單 3-2-(7) 的 Out 中，圖形左上角顯示了圖例，這是透過程式清單 3-2-(7) 的 (C) 和 (D) 中的 plot 的「label=' 字串 '」指定的，(E) 中的 plt.legend() 用於顯示圖例。圖例的位置可以自動設定，也可以使用 loc 指定。在指定位置時，upper right 代表右上角，upper left 代表左上角，lower left 代表左下角，lower right 代表右下角。

y 軸的顯示範圍可以用 plt.ylim(n1, n2) 指定為從 n1 到 n2（F）。同樣，x 軸的範圍使用 plt.xlim(n1, n2) 指定。圖形標題使用 plt.title(' 字串 ')（G）指定。x 軸與 y 軸的標籤分別用 plt.xlabel(' 字串 ')（H）和 plt.ylabel(' 字串 ')（I）指定。plt.grid(True) 用於顯示格線（J）。我們可以將 table 和 title 的字串指定為用 "$" 括起來的 tex 形式的運算式，這樣就可以顯示美觀的數學式了。

3.1.7 並列顯示多張圖形

如果想並列顯示多張圖形，可以像程式清單 3-2-(9) 這樣使用 plt.subplot(n1, n2, n)（(C)）。這樣一來，就可以指定圖形的繪製位置——把一個整體分割成垂直 n1 份、水平 n2 份的格子之後的第 n 個區域。區域的編號方式是：從左上角開始是 1 號，它的右邊是 2 號，依此類推，當到達最右邊之後，就從下一行的左邊開始繼續編號。請注意 plt.subplot 中的 n，它比較特別，不是從 0 開始的，而是從 1 開始的，如果令 n 為 0，就會出現錯誤。

In
```
# 程式清單 3-2-(9)
plt.figure(figsize=(10, 3))                # (A) 指定 figure
plt.subplots_adjust(wspace=0.5, hspace=0.5) # (B) 指定圖形間隔
for i in range(6):
    plt.subplot(2, 3, i + 1)                # (C) 指定圖形的繪製位置
    plt.title(i + 1)
    plt.plot(x, f2(x, i), 'k')
    plt.ylim(-20, 20)
    plt.grid(True)
plt.show()
```

Out
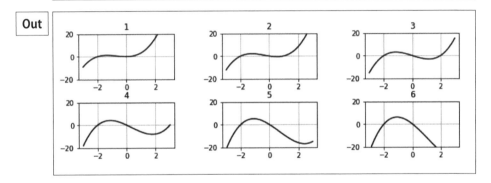

程式清單 3-2-(9) 中 (A) 處的 plt.figure(figsize=(w, h)) 用於指定整個繪製區域的大小。繪製區域的寬度為 w，高度為 h，當使用 subplot 並列顯示時，可以透過 (B) 處的 plt.subplots_adjust(wspace=w, hspace=h) 調節兩個相鄰區域的水平間隔與垂直間隔。w 為水平間隔，h 為垂直間隔，它們的數值越大，間隔越大。

3.2 ‖ 繪製三維圖形

3.2.1 包含兩個變數的函數

如何繪製包含兩個變數的函數的圖形呢？比如函數：

$$f(x_0, x_1) = (2x_0^2 + x_1^2) \exp\left(-(2x_0^2 + x_1^2)\right) \tag{3-1}$$

首先，在程式清單 3-3-(1) 中將上面的函數定義為 f3。然後，計算當 x0 和 x1 取不同的值時，f3 的值是多少。

```
# 程式清單 3-3-(1)
import numpy as np
import matplotlib.pyplot as plt
%matplotlib inline

# 定義函數 f3
def f3(x0, x1):
    ans=(2 * x0**2 + x1**2) * np.exp(-(2 * x0**2 + x1**2))
    return ans

# 根據 x0 和 x1 計算 f3
xn=9
x0=np.linspace(-2, 2, xn)          # (A)
x1=np.linspace(-2, 2, xn)          # (B)
y=np.zeros((len(x0), len(x1)))     # (C)
for i0 in range(xn):
    for i1 in range(xn):
        y[i1, i0]=f3(x0[i0], x1[i1])# (D)
```

(A) 定義了要計算的 x0 的範圍。由於 xn=9，所以執行下面的指令可知，x0 是由 9 個元素組成的，x1 和 x0 相同（(B)）。

In
```
# 程式清單 3-3-(2)
print(x0)
```

Out
```
[-2.  -1.5 -1.  -0.5 0.   0.5 1.   1.5 2. ]
```

透過 (C) 處的程式準備一個用於存放計算結果的二維陣列變數 y，然後在 (D) 處，根據由 x0 和 x1 定義的棋盤上的各個點求 f3，並將結果保存在 y[i1, i0] 中。請注意這裡的元素索引，用於指示 x1 的內容的 i1 在前，i0 在後。這是為了與後面的顯示方向相對應。

下面透過 round 函數，把矩陣 y 四捨五入到小數點後 1 位（為了便於查看），並輸出矩陣。

In
```
# 程式清單 3-3-(3)
print(np.round(y, 1))
```

Out
```
[[ 0.   0.   0.   0.   0.1 0.   0.   0.   0. ]
 [ 0.   0.   0.1 0.2 0.2 0.2 0.1 0.   0. ]
 [ 0.   0.   0.1 0.3 0.4 0.3 0.1 0.   0. ]
 [ 0.   0.   0.2 0.4 0.2 0.4 0.2 0.   0. ]
 [ 0.   0.   0.3 0.3 0.  0.3 0.3 0.   0. ]
 [ 0.   0.   0.2 0.4 0.2 0.4 0.2 0.   0. ]
 [ 0.   0.   0.1 0.3 0.4 0.3 0.1 0.   0. ]
 [ 0.   0.   0.1 0.2 0.2 0.2 0.1 0.   0. ]
 [ 0.   0.   0.   0.   0.1 0.   0.   0.   0. ]]
```

仔細看一下矩陣中的數值會發現，矩陣的中心和周圍都是 0，看上去就像一個鼓起來的甜甜圈。但是，只看數值，我們很難想像出函數的形狀。

3.2.2 用顏色表示數值：pcolor

下面我們試著把二維矩陣的元素換成顏色。這裡需要使用 plt.pcolor(二維 ndarray)。

In

```
# 程式清單 3-3-(4)
plt.figure(figsize=(3.5, 3))
plt.gray()                          # (A)
plt.pcolor(y)                       # (B)
plt.colorbar()                      # (C)
plt.show()
```

Out

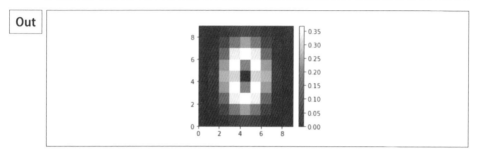

$f(x_0, x_1) = (2x_0^2 + x_1^2) \exp\left(-(2x_0^2 + x_1^2)\right)$

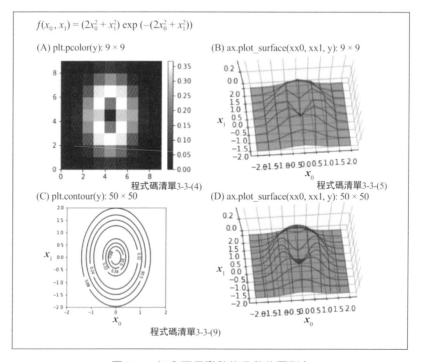

圖 3-1　包含兩個變數的函數的圖形 [1]

1　圖 3-1 中 4 張圖均為程式執行結果的原圖。——編者注

在程式清單 3-3-(4) 中，(A) 用於指定以灰色色調顯示圖形。除 plt.gray() 以外，還可以透過 plt.jet()、plt.pink() 和 plt.bone() 等指定各種各樣的漸變模式。(B) 用於顯示矩陣的顏色，(C) 用於在矩陣旁邊顯示色階。

這個函數的圖形如圖 3-1 所示。

3.2.3 繪製三維圖形：surface

接下來，我們介紹一種方法，用於繪製如圖 3-1B 所示的三維立體圖形，即 surface（程式清單 3-3-(5)）。

```python
# 程式清單 3-3-(5)
from mpl_toolkits.mplot3d import Axes3D            # (A)

xx0, xx1=np.meshgrid(x0, x1)                        # (B)

plt.figure(figsize=(5, 3.5))
ax=plt.subplot(1, 1, 1, projection='3d')           # (C)
ax.plot_surface(xx0, xx1, y, rstride=1, cstride=1, alpha=0.3,
                color='blue', edgecolor='black')   # (D)
ax.set_zticks((0, 0.2))                             # (E)
ax.view_init(75, -95)                              # (F)
plt.show()
```

Out

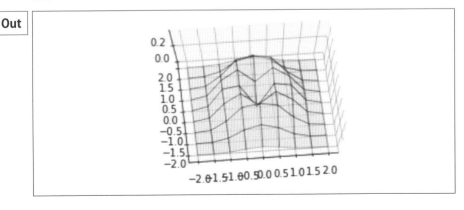

要想繪製三維圖形，需要匯入 mpl_toolkits.mplot3d 的 Axes3D（程式清單 3-3-(5) 中的 (A)）。這裡在匯入時使用的是「from 函數庫名 import 函數名稱」的方式，與此前使用的方式略有不同。這裡不再說明，大家只需知道，有了這種方法，就能夠不使用「函數庫名 . 函數」這種方式，而只透過「函數名稱」即可呼叫函數。

然後，程式清單 3-3-(5) 中的 (B) 用於根據座標點 x0、x1 生成 xx0、xx1。

下面試著確認一下變數 x0、x1 的內容（程式清單 3-3-(6)）。

| In | ```
# 程式清單 3-3-(6)
print(x0)
print(x1)
``` |

| Out | ```
[-2.  -1.5 -1.  -0.5  0.   0.5  1.   1.5  2. ]
[-2.  -1.5 -1.  -0.5  0.   0.5  1.   1.5  2. ]
``` |

透過 np.meshgrid(x0, x1) 生成的 xx0 是如下所示的二維陣列。

| In | ```
# 程式清單 3-3-(7)
print(xx0)
``` |

| Out | ```
[[-2.  -1.5 -1.  -0.5  0.   0.5  1.   1.5  2. ]
 [-2.  -1.5 -1.  -0.5  0.   0.5  1.   1.5  2. ]
 [-2.  -1.5 -1.  -0.5  0.   0.5  1.   1.5  2. ]
 [-2.  -1.5 -1.  -0.5  0.   0.5  1.   1.5  2. ]
 [-2.  -1.5 -1.  -0.5  0.   0.5  1.   1.5  2. ]
 [-2.  -1.5 -1.  -0.5  0.   0.5  1.   1.5  2. ]
 [-2.  -1.5 -1.  -0.5  0.   0.5  1.   1.5  2. ]
 [-2.  -1.5 -1.  -0.5  0.   0.5  1.   1.5  2. ]
 [-2.  -1.5 -1.  -0.5  0.   0.5  1.   1.5  2. ]]
``` |

xx1 是如下所示的二維陣列。

```
In    # 程式清單 3-3-(8)
      print(xx1)
```

```
Out   [[-2.  -2.  -2.  -2.  -2.  -2.  -2.  -2.  -2. ]
       [-1.5 -1.5 -1.5 -1.5 -1.5 -1.5 -1.5 -1.5 -1.5]
       [-1.  -1.  -1.  -1.  -1.  -1.  -1.  -1.  -1. ]
       [-0.5 -0.5 -0.5 -0.5 -0.5 -0.5 -0.5 -0.5 -0.5]
       [ 0.   0.   0.   0.   0.   0.   0.   0.   0. ]
       [ 0.5  0.5  0.5  0.5  0.5  0.5  0.5  0.5  0.5]
       [ 1.   1.   1.   1.   1.   1.   1.   1.   1. ]
       [ 1.5  1.5  1.5  1.5  1.5  1.5  1.5  1.5  1.5]
       [ 2.   2.   2.   2.   2.   2.   2.   2.   2. ]]
```

xx0 和 xx1 是與 y 一樣大的矩陣,當輸入 xx0[i1, i0] 和 xx1[i1, i0] 時,f3 為 y[i1, i0]。

為了在三維座標系中繪製圖形,我們在宣告 subplot 時指定了 projection ='3d'(程式清單 3-3-(5) 中的 (C))。然後,把表示這個圖形的 id 的傳回值保存在 ax 中。這段程式只在 figure 中指定了一個 subplot,但實際上也可以像 subplot(n1, n2, n, project='3d') 這樣指定多個座標系。

在程式清單 3-3-(5) 中,(D) 中的 ax.plot_surface(xx0, xx1, y) 用於顯示 surface。我們可以把自然數指定給可選項 rstride 與 cstride,來指定縱軸與橫軸每隔幾個元素繪製一條線。數越少,線的間隔越短。alpha 是用 0 ~ 1 的實數指定圖形透明度的選項,值越接近 1,越不透明。

如果 z 軸的刻度採用預設值,那麼數值就會重疊在一起。因此,我們使用 ax.set_zticks((0, 0, 2)) 把 z 的刻度限定為 0 和 0.2(程式清單 3-3-(5) 中的 (E))。

(F) 中的 ax.view_init(變數 1, 變數 2) 用於調節三維圖形的方向,「變數 1」表示垂直旋轉角度,當它為 0 時,圖形是從正側面觀察到的圖形;當它為 90 時,則是從正上方觀察到的圖形。「變數 2」表示水平旋轉角度，當它為正數時，圖形會按照順時鐘方向旋轉；當它為負數時，則會按照逆時鐘方向旋轉。

圖 3-1B 是以 9×9 的解析度繪製的函數圖形，把解析度提高到 50×50，即令 rstride=5、cstride=5，得到的圖形如圖 3-1D 所示。由於只是稍微改動了程式清單 3-3-(1) 和程式清單 3-3-(5)，所以這裡不再放改動後的程式。解析度越高，圖形越清晰。這樣一來，就可以更加直觀地了解函數的形狀。

3.2.4 繪製等高線：contour

要想定量了解函數的高度，一個方便的方法是使用程式清單 3-3-(9) 繪製等高線（圖 3-1C）。

```
In
# 程式清單 3-3-(9)
xn=50
x0=np.linspace(-2, 2, xn)
x1=np.linspace(-2, 2, xn)

y=np.zeros((xn, xn))
for i0 in range(xn):
    for i1 in range(xn):
        y[i1, i0]=f3(x0[i0], x1[i1])

xx0, xx1=np.meshgrid(x0, x1)                  # (A)

plt.figure(1, figsize=(4, 4))
cont=plt.contour(xx0, xx1, y, 5, colors='black')   # (B)
cont.clabel(fmt='%.2f', fontsize=8)                # (C)
plt.xlabel('$x_0$', fontsize=14)
plt.ylabel('$x_1$', fontsize=14)
plt.show()
```

Out

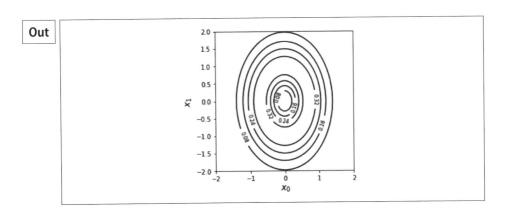

程式清單 3-3-(9) 的前半部分以 50×50 的解析度生成了 xx0、xx1 和 y（到 (A) 為止的程式）。這是因為，如果不把解析度提升到一定程度，就無法準確繪製等高線的圖形。

(B) 中的 plt.contour(xx0, xx1, y, 5, colors='black') 用於繪製等高線。5 用於指定顯示的高度共有 5 個等級，而 colors='black' 用於指定等高線的顏色為黑色。

把 plt.contour 的傳回值保存在 cont 中，並執行 cont.clabel(fmt='%.2f', fontsize=8)，可以在各個等高線上顯示高度值（(C)）。fmt='%.2f' 用於指定數值格式，fontsize 選項用於指定字元的大小。

## 第 4 章

機器學習中的數學

從第 5 章開始，我們就要學習機器學習了，所以本章先複習一下學習機器學習所需的數學知識。同時，本章還會介紹如何在 Python 中使用這些知識。熟知數學的讀者也可以跳過本章，必要時再回過頭來翻一翻。

4.1 ‖ 向量

4.1.1 什麼是向量

第 5 章會出現向量，向量是由幾個數水平或垂直排列而成的。數垂直排列的向量叫作列向量，以下式 4-1 所示的變數就是列向量：

$$a = \begin{bmatrix} 1 \\ 3 \end{bmatrix}, \ b = \begin{bmatrix} 2 \\ 1 \end{bmatrix} \tag{4-1}$$

數水平排列的向量叫作行向量，以下式 4-2 所示的變數就是行向量：

$$c = \begin{bmatrix} 1 & 2 \end{bmatrix}, \ d = \begin{bmatrix} 1 & 3 & 5 & 4 \end{bmatrix} \tag{4-2}$$

組成向量的一個數叫作元素。向量中的元素個數叫作向量的維度。如上例所示，a 為二維列向量，d 為四維行向量。如 a 和 b 所示，本書中的向量用小寫粗斜體表示。

與向量不同的普通的單一數叫作純量。本書中的純量用小寫斜體表示，如 a、b。

向量右上角的 T 是轉置符號，表示將列向量轉為行向量，或將行向量轉為列向量，以下式 4-3 所示：

$$a^{\mathrm{T}} = \begin{bmatrix} 1 \\ 3 \end{bmatrix}^{\mathrm{T}} = \begin{bmatrix} 1 & 3 \end{bmatrix}, \ d^{\mathrm{T}} = \begin{bmatrix} 1 & 3 & 5 & 4 \end{bmatrix}^{\mathrm{T}} = \begin{bmatrix} 1 \\ 3 \\ 5 \\ 4 \end{bmatrix} \tag{4-3}$$

在本書中，除了從數學上來說必須使用轉置符號的情況外，考慮到行距，有時也會把

$$a = \begin{bmatrix} 1 \\ 3 \end{bmatrix}$$

寫成 $a = [1 \quad 3]^{\mathrm{T}}$ 等。

4.1.2 用 Python 定義向量

接下來，我們用 Python 定義向量。正如第 3 章中介紹的那樣，要想使用向量，必須先使用 import 匯入 NumPy 函數庫（程式清單 4-1-(1)）。

In
```
# 程式清單 4-1-(1)
import numpy as np
```

然後，如程式清單 4-1-(2) 所示，使用 np.array 定義向量 a。

In
```
# 程式清單 4-1-(2)
a=np.array([2, 1])
print(a)
```

Out
```
[2 1]
```

執行 type，可以看到 a 的類型為 numpy.ndarray（程式清單 4-1-(3)）。

In
```
# 程式清單 4-1-(3)
type(a)
```

Out
```
numpy.ndarray
```

4.1.3 列向量的表示方法

接下來介紹如何表示列向量。事實上，一維的 ndarray 類型沒有縱橫之分，往往表示為行向量。

不過用特殊形式的二維 ndarray 表示列向量也是可以的。

ndarray 類型可以表示 2×2 的二維陣列（矩陣），如程式清單 4-1-(4) 所示。

```
In    # 程式清單 4-1-(4)
      c=np.array([[1, 2], [3, 4]])
      print(c)
```

```
Out   [[1 2]
       [3 4]]
```

用這個方式定義 2×1 的二維陣列，就可以用它表示列向量（程式清單 4-1-(5)）。

```
In    # 程式清單 4-1-(5)
      d=np.array([[1], [2]])
      print(d)
```

```
Out   [[1]
       [2]]
```

向量通常定義為一維 ndarray 類型，必要時可以用二維 ndarray 類型。

4.1.4 轉置的表示方法

轉置用「變數名稱 .T」表示（程式清單 4-1-(6)）。

```
In    # 程式清單 4-1-(6)
      print(d.T)
      print(d.T.T)
```

```
Out   [[1 2]]
      [[1]
       [2]]
```

使用 d.T.T 迴圈兩次轉置操作之後，就會變回原來的 d。

請注意，轉置操作對於二維 ndarray 類型有效，但對於一維 ndarray 類型
是無效的。

4.1.5 加法和減法

接下來，我們思考下面兩個向量 a 和 b：

$$a = \begin{bmatrix} 2 \\ 1 \end{bmatrix}, \quad b = \begin{bmatrix} 1 \\ 3 \end{bmatrix} \tag{4-4}$$

首先進行加法運算。向量的加法運算 a+b 是將各個元素相加：

$$a + b = \begin{bmatrix} 2 \\ 1 \end{bmatrix} + \begin{bmatrix} 1 \\ 3 \end{bmatrix} = \begin{bmatrix} 2+1 \\ 1+3 \end{bmatrix} = \begin{bmatrix} 3 \\ 4 \end{bmatrix} \tag{4-5}$$

向量的加法運算可以透過圖形解釋。首先，將向量的元素看作座標點，
將向量看作一個從座標原點開始，延伸到元素座標點的箭頭。這樣一
來，單純地將各個元素相加的向量加法運算就可以看作，對以 a 和 b 為
鄰邊的平行四邊形求對角線（圖 4-1）。

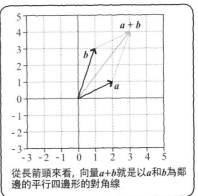

圖 4-1　向量的加法運算

像這樣透過圖形了解數學式不僅有趣，而且能讓我們深刻了解理論，並以此為基礎創建新的理論。

如程式清單 4-1-(7) 所示，執行 a+b 的加法運算之後，程式會傳回預期的答案，可知 a 和 b 不是 list 類型，而是被當作向量處理的（對於 list 類型，加法運算的作用是連接）。

```
In   # 程式清單 4-1-(7)
     a=np.array([2, 1])
     b=np.array([1, 3])
     print(a + b)
```

```
Out  [3 4]
```

向量的減法運算與加法運算相同，是對各個元素進行減法運算：

$$\boldsymbol{a} - \boldsymbol{b} = \begin{bmatrix} 2 \\ 1 \end{bmatrix} - \begin{bmatrix} 1 \\ 3 \end{bmatrix} = \begin{bmatrix} 2-1 \\ 1-3 \end{bmatrix} = \begin{bmatrix} 1 \\ -2 \end{bmatrix} \tag{4-6}$$

在 Python 中，式 4-6 的計算如程式清單 4-1-(8) 所示。

```
In   # 程式清單 4-1-(8)
     a=np.array([2, 1])
     b = np.array([1, 3])
     print(a - b)
```

```
Out  [ 1 -2]
```

那麼，減法運算該怎麼借助圖形解釋呢？

a-b 就是 a+(-b)，可以看作 a 和 -b 的加法運算。從圖形上來說，-b 的箭頭方向與 b 相反。所以，a+(-b) 是以 a 和 -b 為鄰邊的平行四邊形的對角線（圖 4-2）。

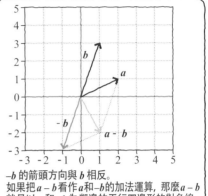

透過數學式觀察向量的減法運算　　透過圖形觀察向量的減法運算

$$a = \begin{bmatrix} 2 \\ 1 \end{bmatrix}$$

$$b = \begin{bmatrix} 1 \\ 3 \end{bmatrix} \qquad -b = -\begin{bmatrix} 1 \\ 3 \end{bmatrix} = \begin{bmatrix} -1 \\ -3 \end{bmatrix}$$

$$a - b = \begin{bmatrix} 2 \\ 1 \end{bmatrix} + \begin{bmatrix} -1 \\ -3 \end{bmatrix} = \begin{bmatrix} 2-1 \\ 1-3 \end{bmatrix} = \begin{bmatrix} 1 \\ -2 \end{bmatrix}$$

向量的減法運算是將各個元素相減

$-b$ 的箭頭方向與 b 相反。
如果把 $a-b$ 看作 a 和 $-b$ 的加法運算，那麼 $a-b$
就是以 a 和 $-b$ 為鄰邊的平行四邊形的對角線

圖 4-2　向量的減法運算

4.1.6 純量積

在純量與向量的乘法運算中，純量的值會與向量的各個元素分別相乘，
比如 $2a$：

$$2a = 2 \times \begin{bmatrix} 2 \\ 1 \end{bmatrix} = \begin{bmatrix} 2 \times 2 \\ 2 \times 1 \end{bmatrix} = \begin{bmatrix} 4 \\ 2 \end{bmatrix} \tag{4-7}$$

在 Python 中，式 4-7 的計算如程式清單 4-1-(9) 所示。

In
```
# 程式清單 4-1-(9)
print(2 * a)
```

Out
```
[4 2]
```

從圖形上來說，向量的長度變成了純量倍（圖 4-3）。

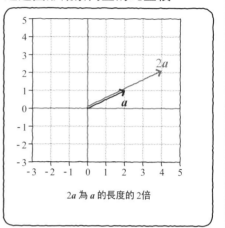

透過數學式觀察向量的純量積

$$a = \begin{bmatrix} 2 \\ 1 \end{bmatrix}$$

$$2a = 2\begin{bmatrix} 2 \\ 1 \end{bmatrix} = \begin{bmatrix} 2 \times 2 \\ 2 \times 1 \end{bmatrix} = \begin{bmatrix} 4 \\ 2 \end{bmatrix}$$

向量的純量積即向量的各個元素分別與純量相乘

透過圖形觀察向量的純量積

$2a$ 為 a 的長度的 2 倍

圖 4-3　向量的純量積

4.1.7 內積

向量與向量之間的乘法運算叫作內積。內積是由相同維度的兩個向量進行的運算，通常用「·」表示，這在機器學習的數學中很常見。內積運算是把對應的元素相乘，然後求和，比如 $b=[1 \quad 3]^T$、$c=[4 \quad 2]^T$ 的內積：

$$b \cdot c = \begin{bmatrix} 1 \\ 3 \end{bmatrix} \cdot \begin{bmatrix} 4 \\ 2 \end{bmatrix} = 1 \times 4 + 3 \times 2 = 10 \tag{4-8}$$

在 Python 中，我們使用「變數名稱 1.dot(變數名稱 2)」計算內積（程式清單 4-1-(10)）。

```
# 程式清單 4-1-(10)
b=np.array([1, 3])
c=np.array([4, 2])
print(b.dot(c))
```

In

Out

```
10
```

但是，內積表示的究竟是什麼呢？如圖 4-4 所示，設 b 在 c 上的投影向量為 b'，那麼 b' 和 c 的長度相乘即可得到內積的值。

當兩個向量的方向大致相同時，內積的值較大。相反，當兩個向量近乎垂直時，內積的值較小；當完全垂直時，內積的值為 0。可以說，內積與兩個向量的相似度相關。

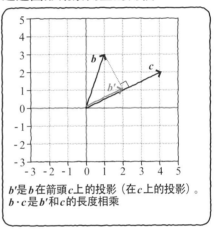

透過數學式觀察向量的內積

$$b = \begin{bmatrix} 1 \\ 3 \end{bmatrix}$$

$$c = \begin{bmatrix} 4 \\ 2 \end{bmatrix}$$

$$b \cdot c = 1 \times 4 + 3 \times 2 = 10$$

向量的內積即向量的各個元素相乘並全部相加後得到的值

透過圖形觀察向量的內積

b'是b在箭頭c上的投影（在c上的投影）。
$b \cdot c$是b'和c的長度相乘

圖 4-4　向量的內積

但是，請注意內積與向量自身的大小也相關。即使兩個向量方向相同，只要其中一個向量變成原來的 2 倍，那麼內積也會變成原來的 2 倍。

4.1.8 向量的模

向量的模是指向量的長度，將向量夾在兩個 "||" 之間，即可表示向量的模。二維向量的模可計算為：

$$\|\boldsymbol{a}\| = \left\| \begin{bmatrix} a_0 \\ a_1 \end{bmatrix} \right\| = \sqrt{a_0^2 + a_1^2} \tag{4-9}$$

三維向量的模則可計算為：

$$\|\boldsymbol{a}\| = \left\| \begin{bmatrix} a_0 \\ a_1 \\ a_2 \end{bmatrix} \right\| = \sqrt{a_0^2 + a_1^2 + a_2^2} \tag{4-10}$$

在一般情況下，D 維向量的模計算為：

$$\|\boldsymbol{a}\| = \left\| \begin{bmatrix} a_0 \\ a_1 \\ \vdots \\ a_{D-1} \end{bmatrix} \right\| = \sqrt{a_0^2 + a_1^2 + \cdots + a_{D-1}^2} \tag{4-11}$$

在 Python 中，我們使用 np.linalg.norm() 求向量的模（程式清單 4-1-(11)）。

| **In** | ```
# 程式清單 4-1-(11)
a=np.array([1, 3])
print(np.linalg.norm(a))
``` |

| **Out** | 3.1622776601683795 |

4.2 ‖ 求和符號

從 5.1 節開始，求和符號 $\sum$（西格瑪）就會出現。求和符號經常出現在機器學習的教材中。

比如，下式 4-12 的意思是「將從 1 到 5 的變數 n 的值全部相加」。

$$\sum_{n=1}^{5} n = 1 + 2 + 3 + 4 + 5 \tag{4-12}$$

$\sum$ 用於簡潔地表示長度較長的加法運算。對上式加以擴充，如式 4-13 所示，它表示「對於 $\sum$ 右邊的 $f(n)$，令變數 n 的設定值從 a 開始遞增 1，直
```

到 a 變為 b，然後把所有 $f(n)$ 相加」（圖 4-5）。

$$\sum_{n=a}^{b} f(n) = f(a) + f(a+1) + \cdots + f(b) \qquad (4\text{-}13)$$

$$\sum_{n=a}^{b} f(n) = f(a) + f(a+1) + \cdots + f(b)$$

令 $f(n)$ 中 n 的設定值從 a 開始遞增 1，直到 a 變為 b，然後把所有 $f(n)$ 相加

$$\sum_{n=1}^{5} n = 1 + 2 + 3 + 4 + 5 \qquad (4\text{-}12)$$

$$\sum_{n=1}^{5} n^2 = 2^2 + 3^2 + 4^2 + 5^2 \qquad (4\text{-}14)$$

$$\sum_{n=1}^{5} 3 = 3 + 3 + 3 + 3 + 3 = 3 \times 5 \qquad (4\text{-}15)$$ 假如數學式中沒有出現 n，則為 $f(n)$ 與 b 相乘

$$\sum_{n=1}^{3} 2n^2 = 2\sum_{n=1}^{3} n^2 \qquad (4\text{-}16)$$ 純量在 $\sum$ 的左側

$$\sum_{n=1}^{5} [2n^2 + 3n + 4] = 2\sum_{n=1}^{5} n^2 + 3\sum_{n=1}^{5} n + 4 \times 5 \qquad (4\text{-}17)$$ 可以展開

圖 4-5　求和符號

比如，令 $f(n)=n^2$，則結果如式 4-14 所示。這跟程式設計中的 for 敘述很像。

$$\sum_{n=2}^{5} n^2 = 2^2 + 3^2 + 4^2 + 5^2 \qquad (4\text{-}14)$$

4.2.1　帶求和符號的數學式的變形

在思考機器學習的問題時，我們常常需要對帶求和符號的數學式進行變形。接下來，思考一下如何變形。最簡單的情況是求和符號右側的函數 $f(n)$ 中沒有 n，比如 $f(n)=3$。這時，只需用相加的次數乘以 $f(n)$ 即可，所以可以去掉求和符號：

$$\sum_{n=1}^{5} 3 = 3 + 3 + 3 + 3 + 3 = 3 \times 5 = 15 \tag{4-15}$$

當 $f(n)$ 為「純量 $\times n$ 的函數」時，可以將純量提取到求和符號的外側（左側）：

$$\sum_{n=1}^{3} 2n^2 = 2 \times 1^2 + 2 \times 2^2 + 2 \times 3^2 = 2(1^2 + 2^2 + 3^2) = 2\sum_{n=1}^{3} n^2 \tag{4-16}$$

當求和符號作用於多項式時，可以將求和符號分配給各個項：

$$\sum_{n=1}^{5} [2n^2 + 3n + 4] = 2\sum_{n=1}^{5} n^2 + 3\sum_{n=1}^{5} n + 4 \times 5 \tag{4-17}$$

之所以可以這樣做，是因為無論是多項式相加，還是各項單獨相加再求和，答案都是一樣的。

4.1.7 節的向量的內積也可以使用求和符號表示。比如，$\boldsymbol{w} = [w_0 \ w_1 \cdots w_{D-1}]^{\mathrm{T}}$ 和 $\boldsymbol{x} = [x_0 \ x_1 \cdots x_{D-1}]^{\mathrm{T}}$ 的內積可以使用 "·" 表示為（圖 4-6）：

$$\boldsymbol{w} \cdot \boldsymbol{x} = w_0 x_0 + w_1 x_1 + \cdots + w_{D-1} x_{D-1} = \sum_{i=0}^{D-1} w_i x_i \tag{4-18}$$

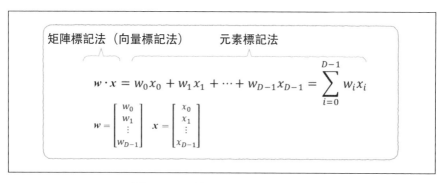

圖 4-6　矩陣標記法和元素標記法

圖 4-6 左側稱為矩陣標記法（向量標記法），右側稱為元素標記法，而式 4-18 則可以看作在兩者之間來回切換的式子。

4.2.2 透過內積求和

前面我們說過$\sum$跟程式設計中的 for 敘述很像，根據式 4-18，$\sum$也與內積有關，所以也可以透過內積計算$\sum$。舉例來說，從 1 加到 1000 的和為：

$$1+2+\cdots+1000 = \begin{bmatrix} 1 \\ 1 \\ \vdots \\ 1 \end{bmatrix} \cdot \begin{bmatrix} 1 \\ 2 \\ \vdots \\ 1000 \end{bmatrix} \tag{4-19}$$

在 Python 中，式 4-19 的計算如程式清單 4-2-(1) 所示。與 for 敘述相比，這種方法的運算處理速度更快。

In
```
# 程式清單 4-2-(1)
import numpy as np

a=np.ones(1000)    # [1 1 1 ...    1]
b=np.arange(1,1001) # [1 2 3 ... 1000]
print(a.dot(b))
```

Out
```
500500.0
```

4.3 | 累乘符號

累乘符號 Π 與 $\sum$ 符號在使用方法上類似。這個符號將在 6.1 節的分類問題中出現。Π 用於使 $f(n)$ 的所有元素相乘（圖 4-7）：

$$\prod_{n=a}^{b} f(n) = f(a) \times f(a+1) \times \cdots \times f(b) \tag{4-20}$$

下式是一個最簡單的例子：

$$\prod_{n=1}^{5} n = 1 \times 2 \times 3 \times 4 \times 5 \tag{4-21}$$

下式是累乘符號 Π 作用於多項式的範例：

$$\prod_{n=2}^{5}(2n+1) = (2 \cdot 2 + 1)(2 \cdot 3 + 1)(2 \cdot 4 + 1)(2 \cdot 5 + 1) \tag{4-22}$$

$$\prod_{n=a}^{b} f(n) = f(a) \times f(a+1) \times \cdots \times f(b)$$

令 $f(n)$ 中 n 的設定值從 a 開始遞增 1，直到 a 變為 b，然後把所有 $f(n)$ 相乘

$$\prod_{n=1}^{5} n = 1 \times 2 \times 3 \times 4 \times 5 \tag{4-21}$$

$$\prod_{n=2}^{5}(2n+1) = (2 \cdot 2 + 1)(2 \cdot 3 + 1)(2 \cdot 4 + 1)(2 \cdot 5 + 1) \tag{4-22}$$

圖 4-7　累乘符號

4.4 ‖ 導數

在大部分情況下，機器學習的問題可以歸結為求函數取最小值（或最大值）時的輸入的問題（極值問題）。因為函數具有在取最小值的地方斜率為 0 的性質，所以在求解這樣的問題時，獲取函數的斜率就變得尤為重要。推導函數斜率的方法就是求導。

5.1.3 節將講解如何求誤差函數的最小值，從這一節開始，導數（偏導數）就會登場。

4.4.1 多項式的導數

首先，我們以二次函數為例思考一下（圖 4-8 左）：

$$f(w) = w^2 \qquad\qquad (4\text{-}23)$$

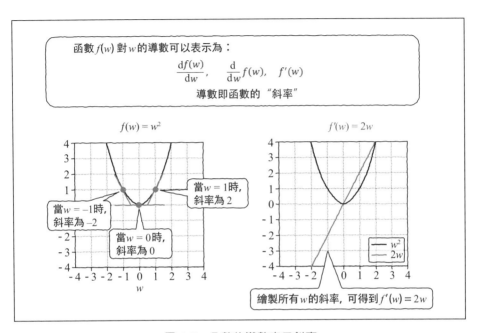

圖 4-8　函數的導數表示斜率

函數 f (w) 對 w 的導數可以有以下多種表示形式：

$$\frac{\mathrm{d}f(w)}{\mathrm{d}w}, \ \frac{\mathrm{d}}{\mathrm{d}w}f(w), \ f'(w) \qquad\qquad (4\text{-}24)$$

導數表示函數的斜率（圖 4-8 右）。由於當 w 發生變化時，函數的斜率也會隨之變化，所以函數的斜率也是一個關於 w 的函數。這個二次函數是：

$$\frac{\mathrm{d}}{\mathrm{d}w}w^2 = 2w \qquad\qquad (4\text{-}25)$$

在一般情況下，我們可以使用下式簡單地求出 w^n 形式的函數的導數（圖 4-9）。

$$\frac{\mathrm{d}}{\mathrm{d}w}w^n = nw^{n-1} \qquad\qquad (4\text{-}26)$$

n 次函數的導數公式

$$\frac{\mathrm{d}}{\mathrm{d}w}w^n = nw^{n-1} \qquad (4\text{-}26)$$

例如：

$$\frac{\mathrm{d}}{\mathrm{d}w}w^2 = 2w \qquad (4\text{-}25)$$

$$\frac{\mathrm{d}}{\mathrm{d}w}w^4 = 4w^{4-1} = 4w^3 \qquad (4\text{-}27)$$

$$\frac{\mathrm{d}}{\mathrm{d}w}w = 1w^{1-1} = w^0 = 1 \qquad (4\text{-}28)$$

$$\frac{\mathrm{d}}{\mathrm{d}w}(a^3 + xb^2 + 2) = 0 \qquad (4\text{-}29)$$

$$\frac{\mathrm{d}}{\mathrm{d}w}(2w^3 + 3w^2 + 2) = 2\frac{\mathrm{d}}{\mathrm{d}w}w^3 + 3\frac{\mathrm{d}}{\mathrm{d}w}w^2 + \frac{\mathrm{d}}{\mathrm{d}w}2 = 6w^2 + 6w \qquad (4\text{-}30)$$

圖 4-9　冪函數的導數公式

比如，四次函數的導數為：

$$\frac{\mathrm{d}}{\mathrm{d}w}w^4 = 4w^{4-1} = 4w^3 \qquad (4\text{-}27)$$

如果是一次函數，則導數以下式所示。不過，由於一次函數是直線，所以無論 w 設定值如何，斜率都不會發生變化。

$$\frac{\mathrm{d}}{\mathrm{d}w}w = 1w^{1-1} = w^0 = 1 \qquad (4\text{-}28)$$

4.4.2　帶導數符號的數學式的變形

接下來，我們思考一下帶導數符號的數學式該如何變形。跟求和符號$\sum$一樣，導數符號 d / dw 也作用於式子的右側。

以下面的 $2w^5$ 所示，當常數出現在 w^n 的前面表示相乘時，我們可以把這個常數提取到導數符號的左側：

$$\frac{\mathrm{d}}{\mathrm{d}w} 2w^5 = 2\frac{\mathrm{d}}{\mathrm{d}w} w^5 = 2 \times 5w^4 = 10w^4$$

與導數無關的部分（不是 w 的函數的部分），即使是字元運算式 [1]，也可以把它提取到導數符號的左側。

如果 $f(w)$ 中不包含 w，則導數為 0：

$$\frac{\mathrm{d}}{\mathrm{d}w} 3 = 0$$

那麼，下式的導數是什麼呢？

$$f(w) = a^3 + xb^2 + 2$$

這個式子裡也不包含 w，所以導數為 0：

$$\frac{\mathrm{d}}{\mathrm{d}w} f(w) = \frac{\mathrm{d}}{\mathrm{d}w}(a^3 + xb^2 + 2) = 0 \qquad (4\text{-}29)$$

當 $f(w)$ 包含多個帶 w 的項時，比如下面這個式子，它的導數是什麼呢？

$$f(w) = 2w^3 + 3w^2 + 2$$

此時，我們可以一項一項地分別進行導數計算：

$$\frac{\mathrm{d}}{\mathrm{d}w} f(w) = 2\frac{\mathrm{d}}{\mathrm{d}w} w^3 + 3\frac{\mathrm{d}}{\mathrm{d}w} w^2 + \frac{\mathrm{d}}{\mathrm{d}w} 2 = 6w^2 + 6w \qquad (4\text{-}30)$$

4.4.3 複合函數的導數

在機器學習中，很多情況下需要求複合函數的導數，比如：

$$f(w) = f(g(w)) = g(w)^2 \qquad (4\text{-}31)$$

$$g(w) = aw + b \qquad (4\text{-}32)$$

---

1 所謂字元運算式，即由字母、符號組成的運算式。——譯者註

只需簡單地將式 4-32 代入式 4-31 中，然後展開，即可計算它的導數：

$$f(w) = (aw + b)^2 = a^2w^2 + 2abw + b^2 \tag{4-33}$$

$$\frac{\mathrm{d}}{\mathrm{d}w}f(w) = 2a^2w + 2ab \tag{4-34}$$

4.4.4 複合函數的導數：連鎖律

但是，有時式子比較複雜，很難展開。在這種情況下，可以使用連鎖律（圖 4-10）。連鎖律將從本書 5.1 節開始出現。

連鎖律的公式是：

$$\frac{\mathrm{d}f}{\mathrm{d}w} = \frac{\mathrm{d}f}{\mathrm{d}g} \cdot \frac{\mathrm{d}g}{\mathrm{d}w} \tag{4-35}$$

接下來，我們借著式 4-31 和式 4-32 講解一下連鎖律。

首先，$\mathrm{d}f/\mathrm{d}g$ 的部分是「f 對 g 求導」的意思，所以可以套用導數公式，得到：

$$\frac{\mathrm{d}f}{\mathrm{d}g} = \frac{\mathrm{d}}{\mathrm{d}g}g^2 = 2g \tag{4-36}$$

後面的 $\mathrm{d}g/\mathrm{d}w$ 是「g 對 w 求導」的意思，所以可以得到：

$$\frac{\mathrm{d}g}{\mathrm{d}w} = \frac{\mathrm{d}}{\mathrm{d}w}(aw + b) = a \tag{4-37}$$

接下來，把式 4-36 和式 4-37 代入式 4-35，就可以得到和式 4-34 的答案一樣的答案了：

$$\frac{\mathrm{d}f}{\mathrm{d}w} = \frac{\mathrm{d}f}{\mathrm{d}g} \cdot \frac{\mathrm{d}g}{\mathrm{d}w} = 2ga = 2(aw + b)a = 2a^2w + 2ab \tag{4-38}$$

連鎖律還可以擴充到三重甚至四重巢狀結構的複合函數中，比如函數：

$$f(w) = f(g(h(w))) \tag{4-39}$$

此時，需要使用以下公式：

$$\frac{\mathrm{d}f}{\mathrm{d}w} = \frac{\mathrm{d}f}{\mathrm{d}g} \cdot \frac{\mathrm{d}g}{\mathrm{d}h} \cdot \frac{\mathrm{d}h}{\mathrm{d}w} \tag{4-40}$$

複合函數的導數公式：連鎖律

$$\frac{\mathrm{d}}{\mathrm{d}w} f(g(w)) = \frac{\mathrm{d}f}{\mathrm{d}g} \cdot \frac{\mathrm{d}g}{\mathrm{d}w} \tag{4-35}$$

例如，當 $f(g(w)) = g(w)^2$， $g(w) = aw + b$ 時

$$\frac{\mathrm{d}f}{\mathrm{d}g} = \frac{\mathrm{d}}{\mathrm{d}g} g(w)^2 = 2g(w)$$

$$\frac{\mathrm{d}g}{\mathrm{d}w} = \frac{\mathrm{d}}{\mathrm{d}w} (aw + b) = a$$

所以， $\dfrac{\mathrm{d}f}{\mathrm{d}w} = \dfrac{\mathrm{d}f}{\mathrm{d}g} \cdot \dfrac{\mathrm{d}g}{\mathrm{d}w} = 2ga = 2(aw + b)a = 2a^2 w + 2ab \tag{4-38}$

圖 4-10　連鎖律

4.5 ｜ 偏導數

4.5.1 什麼是偏導數

機器學習中不僅會用到導數，還會用到偏導數。偏導數將從本書 5.1 節開始出現。

我們思考一下多變數函數，比如關於 w_0 和 w_1 的函數：

$$f(w_0,\ w_1) = w_0^2 + 2w_0 w_1 + 3 \tag{4-41}$$

對於式 4-41，如果只對其中一個變數（比如 w_0）求導，而將其他變數（這裡是 w_1）當作常數，那麼求出的就是偏導數（圖 4-11）。

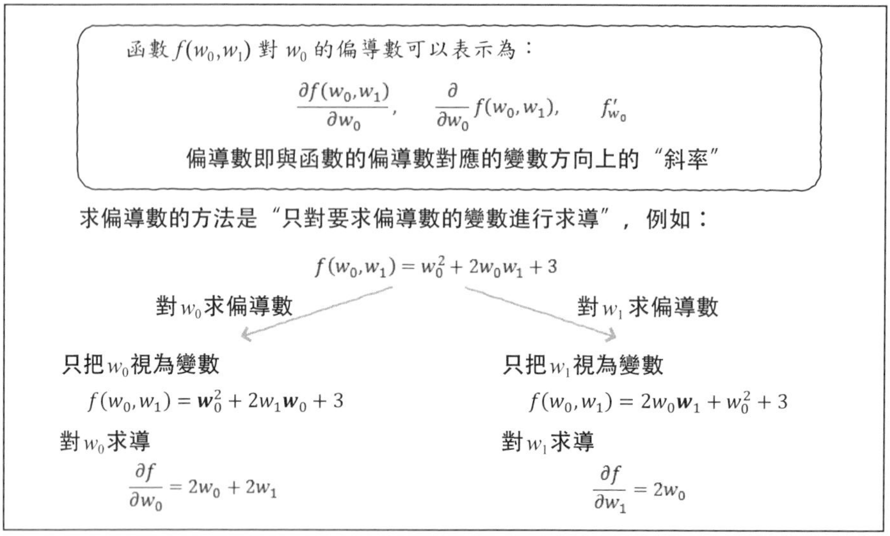

函數 $f(w_0, w_1)$ 對 w_0 的偏導數可以表示為：

$$\frac{\partial f(w_0, w_1)}{\partial w_0}, \qquad \frac{\partial}{\partial w_0} f(w_0, w_1), \qquad f'_{w_0}$$

偏導數即與函數的偏導數對應的變數方向上的 "斜率"

求偏導數的方法是 "只對要求偏導數的變數進行求導"，例如：

$$f(w_0, w_1) = w_0^2 + 2w_0 w_1 + 3$$

對 w_0 求偏導數

對 w_1 求偏導數

只把 w_0 視為變數

$$f(w_0, w_1) = \boldsymbol{w}_0^2 + 2w_1 \boldsymbol{w}_0 + 3$$

只把 w_1 視為變數

$$f(w_0, w_1) = 2w_0 \boldsymbol{w}_1 + w_0^2 + 3$$

對 w_0 求導

$$\frac{\partial f}{\partial w_0} = 2w_0 + 2w_1$$

對 w_1 求導

$$\frac{\partial f}{\partial w_1} = 2w_0$$

圖 4-11　偏導數

「f 對 w_0 的偏導數」的數學式是：

$$\frac{\partial f}{\partial w_0}, \ \frac{\partial}{\partial w_0} f, \ f'_{w_0} \tag{4-42}$$

求偏導數的方法是「只對要求偏導數的變數進行求導」。或許你一聽到「偏導數」就感覺很難，但實際上它的求導過程與普通的導數（常微分）是一樣的。

舉例來說，以前面的式 4-41 中的 $\partial f / \partial w_0$ 來說，就是只關注其中的 w_0，像下式這樣思考：

$$f(w_0, \ w_1) = \boldsymbol{w}_0^2 + 2w_1 \boldsymbol{w}_0 + 3 \tag{4-43}$$

套用導數公式之後，得到：

$$\frac{\partial f}{\partial w_0} = 2w_0 + 2w_1 \tag{4-44}$$

而對於式 4-41 中的 $\partial f / \partial w_1$，則只關注其中的 w_1，像下式這樣解釋：

$$f(w_0, \ w_1) = 2w_0 \boldsymbol{w}_1 + w_0^2 + 3 \tag{4-45}$$

然後，就可以得到：

$$\frac{\partial f}{\partial w_1} = 2w_0 \qquad\qquad (4\text{-}46)$$

4.5.2 偏導數的圖形

偏導數的圖形是什麼樣的呢？

$f(w_0, w_1)$ 的函數可以使用第 3 章介紹的三維圖形或等高線圖形表示。實際繪製之後會發現，它的圖形就像一個兩個角被提起來的方巾（圖 4-12）。

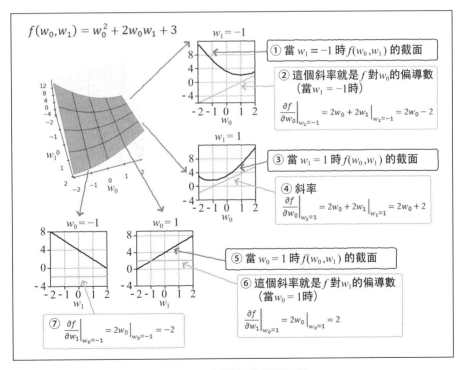

圖 4-12　偏導數的圖形意義

為了了解 $\partial f / \partial w_0$，我們可以在與 w_0 軸平行的方向上把 f 切開，然後觀察 f 的截面（圖 4-12 ①）。

截面是一個向下凸出（向上開口）的二次函數，它的曲線斜率可以透過式 4-44 求得，式子為 $\partial f / \partial w_0 = 2w_0 + 2w_1$（圖 4-12 ②）。

當在 w_1=-1 的平面上切開時，把 w_1=-1 代入式 4-44，即可得到當 w_1=-1 時斜率的計算式。

把 w_1=-1 代入 $\partial f / \partial w_0$ 之後得到：

$$\frac{\partial f}{\partial w_0}\bigg|_{w_1=-1} \tag{4-47}$$

這裡，使用式 4-44 的結果，可以像下式這樣去計算（圖 4-12 ②）。這是一條斜率為 2、截距為 -2 的直線：

$$\frac{\partial f}{\partial w_0}\bigg|_{w_1=-1} = 2w_0 + 2w_1\big|_{w_1=-1} = 2w_0 - 2 \tag{4-48}$$

平行於 w_0 軸的平面有無數個。比如，當在 w_1=1 的平面上切開時，f 的截面如圖 4-12 ③所示，截面的斜率是（圖 4-12 ④）：

$$\frac{\partial f}{\partial w_0}\bigg|_{w_1=-1} = 2w_0 + 2w_1\big|_{w_1=1} = 2w_0 + 2 \tag{4-49}$$

而 $\partial f / \partial w_1$ 是一個平行於 w_1 軸的 f 的截面，這個截面是一條直線。比如，當在 w_0=1 的平面上切開時，得到的截面如圖 4-12 ⑤所示，它的斜率是（圖 4-12 ⑥）：

$$\frac{\partial f}{\partial w_1}\bigg|_{w_0=1} = 2w_0\big|_{w_0=1} = 2 \tag{4-50}$$

又如，當在 w_0=-1 的平面上切開時，得到的截面的斜率是（圖 4-12 ⑦）：

$$\frac{\partial f}{\partial w_1}\bigg|_{w_0=-1} = 2w_0\big|_{w_0=-1} = -2 \tag{4-51}$$

整體來說，對 w_0 和 w_1 的偏導數就是分別求出 w_0 方向的斜率和 w_1 方向的斜率。

這兩個斜率的組合可以解釋為向量。這就是 f 對 w 的梯度（梯度向量，gradient），梯度表示的是斜率最大的方向及其大小。

$$\nabla_w f = \begin{bmatrix} \dfrac{\partial f}{\partial w_0} \\[2mm] \dfrac{\partial f}{\partial w_1} \end{bmatrix} \tag{4-52}$$

4.5.3 繪製梯度的圖形

下面實際繪製一下梯度的圖形。程式清單 4-2-(2) 繪製了 f 的等高線（圖 4-13 左），並透過箭頭繪製了把 w 的空間分為網格狀時各點的梯度 $\Delta_w f$（圖 4-13 右）。

```
# 程式清單 4-2-(2)
import numpy as np
import matplotlib.pyplot as plt
%matplotlib inline

def f(w0, w1):                          # (A) 定義 f
    return w0**2 + 2 * w0 * w1 + 3

def df_dw0(w0, w1):                      # (B) f 對 w0 的偏導數
    return 2 * w0 + 2 * w1

def df_dw1(w0, w1):                      # (C) f 對 w1 的偏導數
    return 2 * w0 + 0 * w1

w_range=2
dw=0.25
w0=np.arange(-w_range, w_range + dw, dw)
w1=np.arange(-w_range, w_range + dw, dw)
```

```
ww0, ww1=np.meshgrid(w0, w1)                    # (D)
ff=np.zeros((len(w0), len(w1)))
dff_dw0=np.zeros((len(w0), len(w1)))
dff_dw1=np.zeros((len(w0), len(w1)))
for i0 in range(len(w0)):                       # (E)
    for i1 in range(len(w1)):
        ff[i1, i0]=f(w0[i0], w1[i1])
        dff_dw0[i1, i0]=df_dw0(w0[i0], w1[i1])
        dff_dw1[i1, i0]=df_dw1(w0[i0], w1[i1])

plt.figure(figsize=(9, 4))
plt.subplots_adjust(wspace=0.3)
plt.subplot(1, 2, 1)
cont=plt.contour(ww0, ww1, ff, 10, colors='k') # (F) 顯示 f 的等高線
cont.clabel(fmt='%d', fontsize=8)
plt.xticks(range(-w_range, w_range + 1, 1))
plt.yticks(range(-w_range, w_range + 1, 1))
plt.xlim(-w_range - 0.5, w_range + 0.5)
plt.ylim(-w_range - 0.5, w_range + 0.5)
plt.xlabel('$w_0$', fontsize=14)
plt.ylabel('$w_1$', fontsize=14)

plt.subplot(1, 2, 2)
plt.quiver(ww0, ww1, dff_dw0, dff_dw1)          # (G) 顯示 f 的梯度向量
plt.xlabel('$w_0$', fontsize=14)
plt.ylabel('$w_1$', fontsize=14)
plt.xticks(range(-w_range, w_range + 1, 1))
plt.yticks(range(-w_range, w_range + 1, 1))
plt.xlim(-w_range - 0.5, w_range + 0.5)
plt.ylim(-w_range - 0.5, w_range + 0.5)
plt.show()
```

Out	# 執行結果見圖 4-13

程式清單 4-2-(2) 首先在 (A) 處定義了函數 f，然後在 (B) 處定義了用於
傳回 w0 方向的偏導數的函數 df_dw0，在 (C) 處定義了用於傳回 w1 方
向的偏導數的函數 df_dw1。

(D) 處的 ww0, ww1=np.meshgrid(w0, w1) 將網格狀分佈的 w0 和 w1 儲存在了二維陣列 ww0 和 ww1 中。(E) 用於根據 ww0 和 ww1 計算 f 和偏導數的值，並將值儲存在 ff 和 dff_dw0、dff_dw1 中。(F) 用於將 ff 顯示為等高線，(G) 用於將梯度顯示為箭頭。

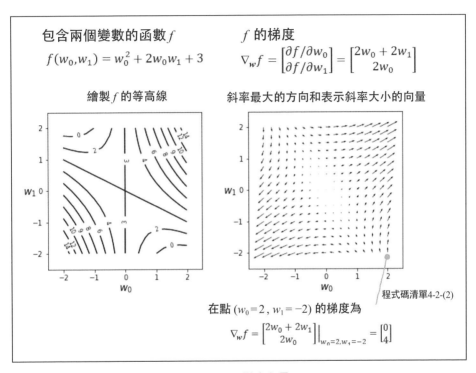

圖 4-13　梯度向量

用於顯示箭頭的程式 (G) 是透過 plt.quiver(ww0, ww1, dff_dw0, dff_dw1) 繪製從座標點 (ww0, ww1) 到方向 (dff_dw0, dff_dw1) 的箭頭。

透過圖 4-13 左側的 f 的等高線圖形上的數值，我們可以想像到 f 的地形是右上方和左下方較高，左上方和右下方較低。圖 4-13 右側是這種地形的梯度，可以看到箭頭朝向的是各個點中斜面較高的方向，而且斜面越陡（等高線間隔越短），箭頭越長。

觀察可知,箭頭無論從哪個地點開始,都總是朝向圖形中地形較高的部分。相反,箭尾總是朝向地形較低的部分。因此,梯度是用於尋找函數的最大點或最小點的重要概念。在機器學習中,在求誤差函數的最小點時會使用誤差函數的梯度(5.1 節)。

4.5.4 多變數的複合函數的偏導數

當巢狀結構的是多變數函數時,該怎麼求導呢?我們會在推導多層神經網路的學習規則時遇到這個問題(第 7 章)。

比如,g_0 和 g_1 都是關於 w_0 和 w_1 的函數,f 是關於函數 g_0 和 g_1 的函數。現在我們使用連鎖律來表示 f 對 w_0 和 w_1 的偏導數(圖 4-14):

$$f(g_0(w_0, w_1), g_1(w_0, w_1)) \tag{4-53}$$

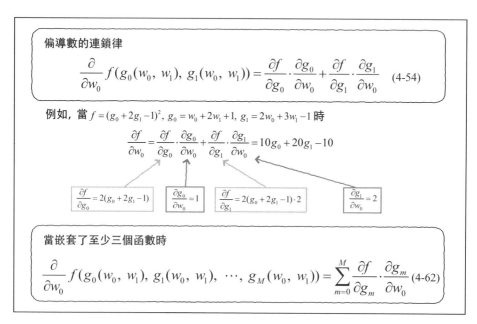

偏導數的連鎖律

$$\frac{\partial}{\partial w_0} f(g_0(w_0, w_1), g_1(w_0, w_1)) = \frac{\partial f}{\partial g_0} \cdot \frac{\partial g_0}{\partial w_0} + \frac{\partial f}{\partial g_1} \cdot \frac{\partial g_1}{\partial w_0} \tag{4-54}$$

例如,當 $f = (g_0 + 2g_1 - 1)^2$, $g_0 = w_0 + 2w_1 + 1$, $g_1 = 2w_0 + 3w_1 - 1$ 時

$$\frac{\partial f}{\partial w_0} = \frac{\partial f}{\partial g_0} \cdot \frac{\partial g_0}{\partial w_0} + \frac{\partial f}{\partial g_1} \cdot \frac{\partial g_1}{\partial w_0} = 10g_0 + 20g_1 - 10$$

$$\frac{\partial f}{\partial g_0} = 2(g_0 + 2g_1 - 1)$$

$$\frac{\partial g_0}{\partial w_0} = 1$$

$$\frac{\partial f}{\partial g_1} = 2(g_0 + 2g_1 - 1) \cdot 2$$

$$\frac{\partial g_1}{\partial w_0} = 2$$

當嵌套了至少三個函數時

$$\frac{\partial}{\partial w_0} f(g_0(w_0, w_1), g_1(w_0, w_1), \cdots, g_M(w_0, w_1)) = \sum_{m=0}^{M} \frac{\partial f}{\partial g_m} \cdot \frac{\partial g_m}{\partial w_0} \tag{4-62}$$

圖 4-14　偏導數的連鎖律

下面先説一下結論，對 $w0$ 求偏導數的式子是：

$$\frac{\partial}{\partial w_0} f(g_0(w_0, w_1), g_1(w_0, w_1)) = \frac{\partial f}{\partial g_0} \cdot \frac{\partial g_0}{\partial w_0} + \frac{\partial f}{\partial g_1} \cdot \frac{\partial g_1}{\partial w_0} \qquad (4\text{-}54)$$

對 w_1 求偏導數的式子是：

$$\frac{\partial}{\partial w_1} f(g_0(w_0, w_1), g_1(w_0, w_1)) = \frac{\partial f}{\partial g_0} \cdot \frac{\partial g_0}{\partial w_1} + \frac{\partial f}{\partial g_1} \cdot \frac{\partial g_1}{\partial w_1} \qquad (4\text{-}55)$$

比如，當 f 以下式時，該如何求解 $\partial f / \partial w_0$ 呢？

$$f = (g_0 + 2g_1 - 1)^2, \ g_0 = w_0 + 2w_1 + 1, \ g_1 = 2w_0 + 3w_1 - 1 \qquad (4\text{-}56)$$

此時，式 4-54 的組成要素就變成了：

$$\frac{\partial f}{\partial g_0} = 2(g_0 + 2g_1 - 1) \qquad (4\text{-}57)$$

$$\frac{\partial f}{\partial g_1} = 2(g_0 + 2g_1 - 1) \cdot 2 \qquad (4\text{-}58)$$

$$\frac{\partial g_0}{\partial w_0} = 1 \qquad (4\text{-}59)$$

$$\frac{\partial g_1}{\partial w_0} = 2 \qquad (4\text{-}60)$$

把它們代入式 4-54，即可像下式這樣求解，請注意，式 4-57 和式 4-58 也使用了連鎖律：

$$\frac{\partial f}{\partial w_0} = 2(g_0 + 2g_1 - 1) \cdot 1 + 2(g_0 + 2g_1 - 1) \cdot 2 \cdot 2 = 10g_0 + 20g_1 - 10 \qquad (4\text{-}61)$$

在實際推導神經網路的學習規則時，使用的往往是像 $f(g_0(w_0, w_1), g_1(w_0, w_1), \cdots, g_M(w_0, w_1))$ 這樣巢狀結構了至少兩個函數的函數。此時，連鎖律是：

$$\frac{\partial f}{\partial w_0} = \frac{\partial f}{\partial g_0} \cdot \frac{\partial g_0}{\partial w_0} + \frac{\partial f}{\partial g_1} \cdot \frac{\partial g_1}{\partial w_0} + \cdots + \frac{\partial f}{\partial g_M} \cdot \frac{\partial g_M}{\partial w_0} = \sum_{m=0}^{M} \frac{\partial f}{\partial g_m} \cdot \frac{\partial g_m}{\partial w_0} \qquad (4\text{-}62)$$

4.5.5 交換求和與求導的順序

在機器學習中，計算時常常需要對一個用求和符號表示的函數求導，比如（本節將偏導數也稱為導數）：

$$\frac{\partial}{\partial w} \sum_{n=1}^{3} nw^2 \qquad (4\text{-}63)$$

單純地說，應該可以先求和再求導：

$$\frac{\partial}{\partial w}(w^2 + 2w^2 + 3w^2) = \frac{\partial}{\partial w} 6w^2 = 12w$$

但是，實際上即使先求出各項的導數再求和，答案也是一樣的：

$$\frac{\partial}{\partial w}(w^2 + 2w^2 + 3w^2) = \frac{\partial}{\partial w} w^2 + \frac{\partial}{\partial w} 2w^2 + \frac{\partial}{\partial w} 3w^2$$
$$= 2w + 4w + 6w = 12w$$

如果使用求和符號表示上述計算過程，則具體為：

$$\frac{\partial}{\partial w} w^2 + 2\frac{\partial}{\partial w} w^2 + 3\frac{\partial}{\partial w} w^2 = \sum_{n=1}^{3} \frac{\partial}{\partial w} nw^2 \qquad (4\text{-}64)$$

因此，根據式 4-63 和式 4-64，下式成立：

$$\frac{\partial}{\partial w} \sum_{n=1}^{3} nw^2 = \sum_{n=1}^{3} \frac{\partial}{\partial w} nw^2 \qquad (4\text{-}65)$$

我們可以把它一般化為下式。如圖 4-15 所示，可以把導數符號提取到求和符號的右側，先進行求導計算。

$$\frac{\partial}{\partial w} \sum_{n} f_n(w) = \sum_{n} \frac{\partial}{\partial w} f_n(w) \qquad (4\text{-}66)$$

我們常常遇到先求導可以令計算更輕鬆，或只能求導的情況。因此，機器學習中經常會用到式 4-66。

導數符號與求和符號可以互換順序

$$\frac{\partial}{\partial w}\sum_n f_n(w) = \sum_n \frac{\partial}{\partial w} f_n(w) \qquad (4\text{-}66)$$

例如，當 $J = \frac{1}{N}\sum_{n=0}^{N-1}(w_0 x_n + w_1 - t_n)^2$ 時

> 導數符號可以移至求和符號的右側

$$\frac{\partial J}{\partial w_0} = \frac{\partial}{\partial w_0}\frac{1}{N}\sum_{n=0}^{N-1}(w_0 x_n + w_1 - t_n)^2 = \frac{1}{N}\sum_{n=0}^{N-1}\frac{\partial}{\partial w_0}(w_0 x_n + w_1 - t_n)^2$$

$$= \frac{2}{N}\sum_{n=0}^{N-1}(w_0 x_n + w_1 - t_n)x_n$$

圖 4-15　導數符號和求和符號的互換

比如，我們借用第 5 章中的式 5-8 思考一下：

$$J = \frac{1}{N}\sum_{n=0}^{N-1}(w_0 x_n + w_1 - t_n)^2 \qquad (4\text{-}67)$$

在求上述函數對 w_0 的導數時，要使用式 4-66 將導數符號移至求和符號的右側：

$$\frac{\partial J}{\partial w_0} = \frac{\partial}{\partial w_0}\frac{1}{N}\sum_{n=0}^{N-1}(w_0 x_n + w_1 - t_n)^2$$

$$= \frac{1}{N}\sum_{n=0}^{N-1}\frac{\partial}{\partial w_0}(w_0 x_n + w_1 - t_n)^2 \qquad (4\text{-}68)$$

然後，求出導數，得到：

$$= \frac{1}{N}\sum_{n=0}^{N-1}2(w_0 x_n + w_1 - t_n)x_n$$

$$= \frac{2}{N}\sum_{n=0}^{N-1}(w_0 x_n + w_1 - t_n)x_n \qquad (4\text{-}69)$$

這裡，在計算 $\frac{\partial}{\partial w_0}(w_0 x_n + w_1 - t_n)^2 = 2(w_0 x_n + w_1 - t_n)x_n$ 時，我們使用了連鎖律的式子，即 $f = g^2$、$g = w_0 x_n + w_1 - t_n$。

4.6 ‖ 矩陣

從 5.2 節開始,我們就會用到矩陣。借助矩陣,可以用一個式子表示大量的聯立方程式,特別方便。此外,使用矩陣或向量表示,也會更有助我們直觀了解方程式。

4.6.1 什麼是矩陣

把數水平或垂直排列,得到的是向量;把數像表格一樣既水平排列又垂直排列,得到的就是矩陣。下式表示的是一個 2×3 矩陣(圖 4-16):

$$A = \begin{bmatrix} 1 & 2 & 3 \\ 4 & 5 & 6 \end{bmatrix} \tag{4-70}$$

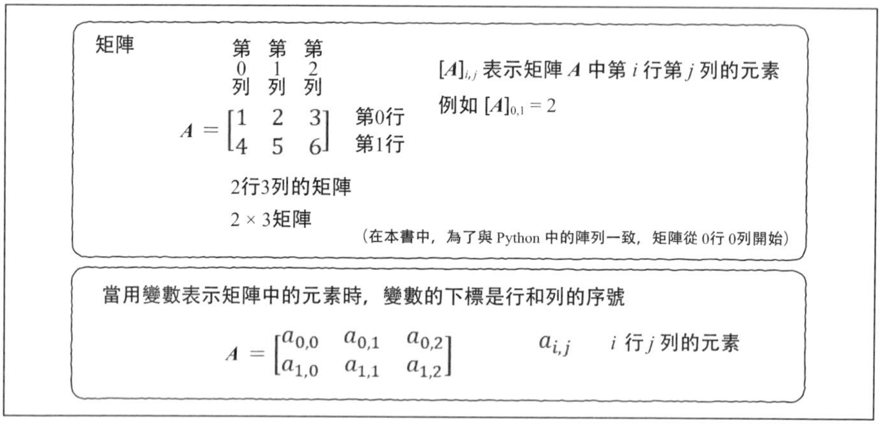

矩陣　　第　第　第
　　　　 0　 1　 2
　　　　 列　列　列　　　　$[A]_{i,j}$ 表示矩陣 A 中第 i 行第 j 列的元素

$A = \begin{bmatrix} 1 & 2 & 3 \\ 4 & 5 & 6 \end{bmatrix}$ 　第0行　　例如 $[A]_{0,1} = 2$
　　　　　　　　　　 第1行

2行3列的矩陣

2 × 3矩陣

(在本書中,為了與 Python 中的陣列一致,矩陣從 0行 0列開始)

當用變數表示矩陣中的元素時,變數的下標是行和列的序號

$A = \begin{bmatrix} a_{0,0} & a_{0,1} & a_{0,2} \\ a_{1,0} & a_{1,1} & a_{1,2} \end{bmatrix}$ 　　　$a_{i,j}$ 　　i 行 j 列的元素

圖 4-16 矩陣

一般來說矩陣中水平的內容從上至下讀作第 1 行、第 2 行等,垂直的內容從左至右讀作第 1 列、第 2 列等。但在本書中,為了與 Python 中陣列的索引一致,矩陣從 0 行 0 列開始計數,即水平從上至下分別是第 0 行、第 1 行等,垂直從左至右分別是第 0 列、第 1 列等。

式 4-70 所示的矩陣通常用「2 行 3 列的矩陣」描述。當用一個變數表示矩陣時，本書用粗斜體的大寫字母 A 表示。矩陣中元素的表示方法是：

$$[A]_{i,j} \tag{4-71}$$

該式表示的是矩陣 A 中第 i 行第 j 列的元素，如：

$$[A]_{0,1} = 2, \ [A]_{1,2} = 6 \tag{4-72}$$

請注意，元素的序號是從 0 開始的。

在用變數表示矩陣中的元素時，由於元素是純量，所以用斜體的小寫字母表示：

$$A = \begin{bmatrix} a_{0,0} & a_{0,1} & a_{0,2} \\ a_{1,0} & a_{1,1} & a_{1,2} \end{bmatrix} \tag{4-73}$$

$a_{i,j}$ 的索引 i、j 分別是行和列的序號。索引之間的 "," 有時會省略，比如寫作 a_{01}。

向量可以算作一種矩陣。比如，以下列向量可以看作一個 3 行 1 列的矩陣：

$$\begin{bmatrix} 1 \\ 2 \\ 3 \end{bmatrix} \tag{4-74}$$

而以下行向量可以看作一個 1 行 2 列的矩陣：

$$[4 \quad 5] \tag{4-75}$$

4.6.2 矩陣的加法和減法

在介紹矩陣和聯立方程式的關係之前，我們先介紹幾個矩陣相關的規則。首先看一下矩陣的加法運算。下面以 2×3 矩陣 A 和 B 為例講解：

$$A = \begin{bmatrix} 1 & 2 & 3 \\ 4 & 5 & 6 \end{bmatrix}, \ B = \begin{bmatrix} 7 & 8 & 9 \\ 10 & 11 & 12 \end{bmatrix} \tag{4-76}$$

矩陣的加法運算是把對應的元素相加（圖 4-17）：

$$A + B = \begin{bmatrix} 1 & 2 & 3 \\ 4 & 5 & 6 \end{bmatrix} + \begin{bmatrix} 7 & 8 & 9 \\ 10 & 11 & 12 \end{bmatrix} = \begin{bmatrix} 1+7 & 2+8 & 3+9 \\ 4+10 & 5+11 & 6+12 \end{bmatrix} = \begin{bmatrix} 8 & 10 & 12 \\ 14 & 16 & 18 \end{bmatrix} \tag{4-77}$$

矩陣的加法運算和減法運算以每個元素為對象

$$\begin{bmatrix} a_{00} & a_{01} & a_{02} \\ a_{10} & a_{11} & a_{12} \end{bmatrix} + \begin{bmatrix} b_{00} & b_{01} & b_{02} \\ b_{10} & b_{11} & b_{12} \end{bmatrix} = \begin{bmatrix} a_{00}+b_{00} & a_{01}+b_{01} & a_{02}+b_{02} \\ a_{10}+b_{10} & a_{11}+b_{11} & a_{12}+b_{12} \end{bmatrix}$$

兩個矩陣的大小（行數和列數）必須相等

例如：

$$\begin{bmatrix} 1 & 2 & 3 \\ 4 & 5 & 6 \end{bmatrix} + \begin{bmatrix} 7 & 8 & 9 \\ 10 & 11 & 12 \end{bmatrix} = \begin{bmatrix} 1+7 & 2+8 & 3+9 \\ 4+10 & 5+11 & 6+12 \end{bmatrix} = \begin{bmatrix} 8 & 10 & 12 \\ 14 & 16 & 18 \end{bmatrix}$$

$$\begin{bmatrix} 1 & 2 & 3 \\ 4 & 5 & 6 \end{bmatrix} - \begin{bmatrix} 7 & 8 & 9 \\ 10 & 11 & 12 \end{bmatrix} = \begin{bmatrix} 1-7 & 2-8 & 3-9 \\ 4-10 & 5-11 & 6-12 \end{bmatrix} = \begin{bmatrix} -6 & -6 & -6 \\ -6 & -6 & -6 \end{bmatrix}$$

圖 4-17　矩陣的加法和減法

減法運算與加法運算一樣，是把對應的元素相減：

$$A - B = \begin{bmatrix} 1 & 2 & 3 \\ 4 & 5 & 6 \end{bmatrix} - \begin{bmatrix} 7 & 8 & 9 \\ 10 & 11 & 12 \end{bmatrix} = \begin{bmatrix} 1-7 & 2-8 & 3-9 \\ 4-10 & 5-11 & 6-12 \end{bmatrix} = \begin{bmatrix} -6 & -6 & -6 \\ -6 & -6 & -6 \end{bmatrix} \tag{4-78}$$

無論是加法運算還是減法運算，兩個矩陣的大小（行數和列數）必須相等。正如第 2 章講解的那樣，要想利用 Python 進行矩陣計算，必須和進行向量運算時一樣，先使用 import 匯入 NumPy 函數庫（程式清單 4-3-(1)）。

In
```
# 程式清單 4-3-(1)
import numpy as np
```

然後，如程式清單 4-3-(2) 所示，使用 np.array 定義矩陣。

```
In   # 程式清單 4-3-(2)
     A=np.array([[1, 2, 3], [4, 5, 6]])
     print(A)
```

```
Out  [[1 2 3]
      [4 5 6]]
```

在定義向量時，我們只是像 np.array([1, 2, 3]) 這樣用了一組 []；而在定義矩陣時，則是先把每行的元素用一組 [] 括住，然後用 [] 把整個內容括起來，使用的是雙層結構。下面如程式清單 4-3-(3) 所示定義 B。

```
In   #程式清單 4-3-(3)
     B=np.array([[7, 8, 9], [10, 11, 12]])
     print(B)
```

```
Out  [[ 7  8  9]
      [10 11 12]]
```

程式清單 4-3-(4) 可以計算 A+B、A-B，如下所示。

```
In   # 程式清單 4-3-(4)
     print(A + B)
     print(A - B)
```

```
Out  [[ 8 10 12]
      [14 16 18]]
     [[-6 -6 -6]
      [-6 -6 -6]]
```

4.6.3 純量積

當矩陣乘以純量值時，結果是所有的元素都乘以純量值（圖 4-18）：

$$2A = 2 \times \begin{bmatrix} 1 & 2 & 3 \\ 4 & 5 & 6 \end{bmatrix} = \begin{bmatrix} 2 \times 1 & 2 \times 2 & 2 \times 3 \\ 2 \times 4 & 2 \times 5 & 2 \times 6 \end{bmatrix} = \begin{bmatrix} 2 & 4 & 6 \\ 8 & 10 & 12 \end{bmatrix} \tag{4-79}$$

矩陣的純量積是所有元素與純量相乘

$$c\begin{bmatrix} a_{00} & a_{01} & a_{02} \\ a_{10} & a_{11} & a_{12} \end{bmatrix} = \begin{bmatrix} ca_{00} & ca_{01} & ca_{02} \\ ca_{10} & ca_{11} & ca_{12} \end{bmatrix}$$

例如:

$$2\begin{bmatrix} 1 & 2 & 3 \\ 4 & 5 & 6 \end{bmatrix} = \begin{bmatrix} 2 \times 1 & 2 \times 2 & 2 \times 3 \\ 2 \times 4 & 2 \times 5 & 2 \times 6 \end{bmatrix} = \begin{bmatrix} 2 & 4 & 6 \\ 8 & 10 & 12 \end{bmatrix}$$

圖 4-18　矩陣的純量積

在 Python 中,矩陣的純量積如程式清單 4-3-(5) 所示。

In
```
# 程式清單 4-3-(5)
A=np.array([[1, 2, 3], [4, 5, 6]])
print(2 * A)
```

Out
```
[[ 2  4  6]
 [ 8 10 12]]
```

4.6.4　矩陣的乘積

矩陣之間的乘積(矩陣積)與加法或減法運算不同,有些複雜,我們逐步講解一下。

首先看一看 1×3 矩陣 A 和 3×1 矩陣 B,這兩個矩陣可以分別看作行向量和列向量,不過這裡姑且當作矩陣進行計算(圖 4-19):

$$A = \begin{bmatrix} 1 & 2 & 3 \end{bmatrix}, \ B = \begin{bmatrix} 4 \\ 5 \\ 6 \end{bmatrix} \tag{4-80}$$

這兩個矩陣的乘積可以計算為:

$$AB = \begin{bmatrix} 1 & 2 & 3 \end{bmatrix}\begin{bmatrix} 4 \\ 5 \\ 6 \end{bmatrix} = 1 \times 4 + 2 \times 5 + 3 \times 6 = 32 \tag{4-81}$$

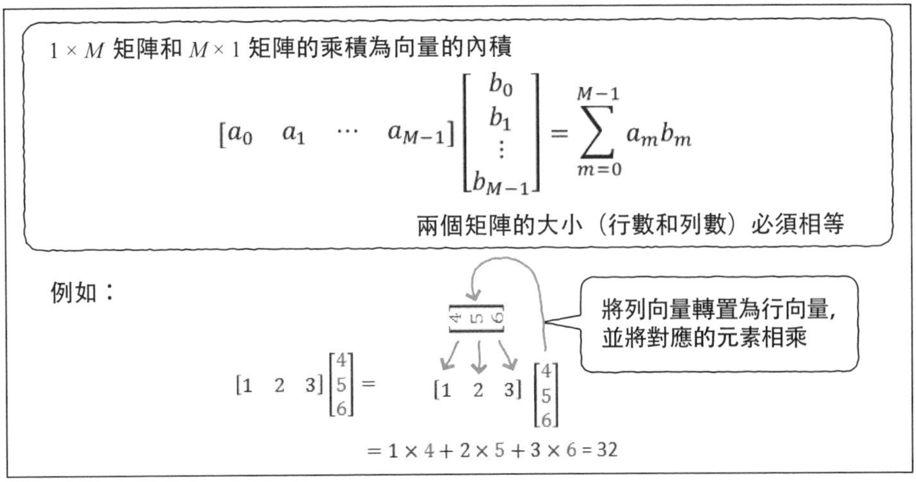

$$\begin{bmatrix} a_0 & a_1 & \cdots & a_{M-1} \end{bmatrix} \begin{bmatrix} b_0 \\ b_1 \\ \vdots \\ b_{M-1} \end{bmatrix} = \sum_{m=0}^{M-1} a_m b_m$$

圖 4-19　1 × M 矩陣和 M × 1 矩陣的乘積

這就是把 A 和 B 當作向量時得到的內積。在 Python 中，A 和 B 的內積如程式清單 4-3-(6) 所示。

```
# 程式清單 4-3-(6)
A=np.array([1, 2, 3])
B=np.array([4, 5, 6])
print(A.dot(B))
```

Out: 32

計算 A 和 B 的內積要用 A.dot(B)，這是 4.1.7 節介紹過的內容。A.dot(B) 不僅可以計算向量內積，還可以計算矩陣積。但是這樣的話，會產生一種對行向量 A 和 B 計算矩陣積的錯覺。

其實，在 Python 中計算矩陣積時，矩陣的行和列會被自動調整為可以進行計算的形式。此時，B 會被看作列向量，這樣就可以繼續計算內積了。

順便一提，如果使用通常的乘法運算子號 "*"，則乘法運算會在對應的元素之間進行，如程式清單 4-3-(7) 所示。

```
In    # 程式清單 4-3-(7)
      A=np.array([1, 2, 3])
      B=np.array([4, 5, 6])
      print(A * B)
```

```
Out   [ 4 10 18]
```

這跟 "+" 或 "-" 相同。"/" 也一樣，是在對應的元素之間進行除法運算
（程式清單 4-3-(8)）。

```
In    # 程式清單 4-3-(8)
      A=np.array([1, 2, 3])
      B=np.array([4, 5, 6])
      print(A / B)
```

```
Out   [ 0.25  0.4   0.5 ]
```

接下來，思考一下 A 為 2×3 矩陣、B 為 3×2 矩陣時的情況：

$$A = \begin{bmatrix} 1 & 2 & 3 \\ -1 & -2 & -3 \end{bmatrix}, \ B = \begin{bmatrix} 4 & -4 \\ 5 & -5 \\ 6 & -6 \end{bmatrix}$$

此時，我們把 A 看作 2 行的行向量，把 B 看作 2 列的列向量，並以各自
的組合計算內積，然後在對應的位置寫上答案（圖 4-20）。

具體的計算步驟如下：

$$\begin{aligned} AB &= \begin{bmatrix} 1 & 2 & 3 \\ -1 & -2 & -3 \end{bmatrix} \begin{bmatrix} 4 & -4 \\ 5 & -5 \\ 6 & -6 \end{bmatrix} \\ &= \begin{bmatrix} 1 \times 4 + 2 \times 5 + 3 \times 6 & 1 \times (-4) + 2 \times (-5) + 3 \times (-6) \\ (-1) \times 4 + (-2) \times 5 + (-3) \times 6 & (-1) \times (-4) + (-2) \times (-5) + (-3) \times (-6) \end{bmatrix} \\ &= \begin{bmatrix} 32 & -32 \\ -32 & 32 \end{bmatrix} \end{aligned} \quad (4\text{-}82)$$

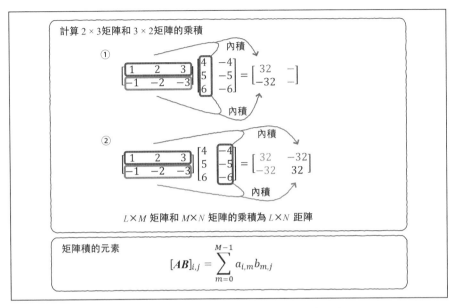

計算 2×3矩陣和 3×2矩陣的乘積

① 内積

$$\begin{bmatrix} 1 & 2 & 3 \\ -1 & -2 & -3 \end{bmatrix}\begin{bmatrix} 4 & -4 \\ 5 & -5 \\ 6 & -6 \end{bmatrix} = \begin{bmatrix} 32 & - \\ -32 & - \end{bmatrix}$$

内積

② 内積

$$\begin{bmatrix} 1 & 2 & 3 \\ -1 & -2 & -3 \end{bmatrix}\begin{bmatrix} 4 & -4 \\ 5 & -5 \\ 6 & -6 \end{bmatrix} = \begin{bmatrix} 32 & -32 \\ -32 & 32 \end{bmatrix}$$

内積

$L×M$ 矩陣和 $M×N$ 矩陣的乘積為 $L×N$ 距陣

矩陣積的元素

$$[\boldsymbol{AB}]_{i,j} = \sum_{m=0}^{M-1} a_{i,m} b_{m,j}$$

圖 4-20　$L × M$ 矩陣和 $M × N$ 矩陣的乘積

與前面一樣，在使用 Python 計算時也使用 A.dot(B)（程式清單 4-3-(9)）。

```
# 程式清單 4-3-(9)
A=np.array([[1, 2, 3], [-1, -2, -3]])
B=np.array([[4, -4], [5, -5], [6, -6]])
print(A.dot(B))
```

Out
```
[[ 32 -32]
 [-32  32]]
```

在一般情況下，當 A 為 $L×M$ 矩陣、B 為 $M×N$ 矩陣時，AB 的大小為 $L×N$。當 A 的列數與 B 的行數不等時，不能計算矩陣積。

矩陣積的元素 i、j 計算為（圖 4-20 下）：

$$[\boldsymbol{AB}]_{i,j} = \sum_{m=0}^{M-1} a_{i,m} b_{m,j} \tag{4-83}$$

行數和列數相等的矩陣叫作方陣。當 A 和 B 均為方陣時,雖然我們可以計算出 AB 和 BA 的值,但是在一般情況下 $AB=BA$ 是不成立的,所以在矩陣的乘法運算中,順序很重要。從這一點來說,矩陣積與即使改變順序答案也不變的純量積不同。

4.6.5 單位矩陣

對角元素均為 1、其他元素均為 0 的特殊方陣叫作單位矩陣,用 I 表示,如 3×3 的單位矩陣為(圖 4-21):

$$I = \begin{bmatrix} 1 & 0 & 0 \\ 0 & 1 & 0 \\ 0 & 0 & 1 \end{bmatrix} \tag{4-84}$$

單位矩陣是對角元素均為1的矩陣, 與其他矩陣相乘得到的值不變

$$I = \begin{bmatrix} 1 & 0 & 0 \\ 0 & 1 & 0 \\ 0 & 0 & 1 \end{bmatrix} \qquad I = \begin{bmatrix} 1 & 0 & 0 & 0 \\ 0 & 1 & 0 & 0 \\ 0 & 0 & 1 & 0 \\ 0 & 0 & 0 & 1 \end{bmatrix}$$

$$3\times3 \qquad\qquad 4\times4$$

例如:

$$\begin{bmatrix} 1 & 2 & 3 \\ 4 & 5 & 6 \\ 7 & 8 & 9 \end{bmatrix}\begin{bmatrix} 1 & 0 & 0 \\ 0 & 1 & 0 \\ 0 & 0 & 1 \end{bmatrix} = \begin{bmatrix} 1+0+0 & 0+2+0 & 0+0+3 \\ 4+0+0 & 0+5+0 & 0+0+6 \\ 7+0+0 & 0+8+0 & 0+0+9 \end{bmatrix} = \begin{bmatrix} 1 & 2 & 3 \\ 4 & 5 & 6 \\ 7 & 8 & 9 \end{bmatrix} \tag{4-85}$$

圖 4-21　單位矩陣

在 Python 中,np.identity(n) 用於生成 $n\times n$ 的單位矩陣(程式清單 4-3-(10))。

```
# 程式清單 4-3-(10)
print(np.identity(3))
```

Out	[[1. 0. 0.] [0. 1. 0.] [0. 0. 1.]]

各個元素之後有 "."，這表示矩陣的元素可以是用於表示小數的 float 類型。

單位矩陣與純量 "1" 類似。任何數乘以 1，結果都還是該數。單位矩陣也一樣，任何矩陣（大小相同的方陣）與單位矩陣相乘，結果都不發生變化。

比如，3×3 矩陣與單位矩陣相乘：

$$\begin{bmatrix} 1 & 2 & 3 \\ 4 & 5 & 6 \\ 7 & 8 & 9 \end{bmatrix}\begin{bmatrix} 1 & 0 & 0 \\ 0 & 1 & 0 \\ 0 & 0 & 1 \end{bmatrix} = \begin{bmatrix} 1+0+0 & 0+2+0 & 0+0+3 \\ 4+0+0 & 0+5+0 & 0+0+6 \\ 7+0+0 & 0+8+0 & 0+0+9 \end{bmatrix} = \begin{bmatrix} 1 & 2 & 3 \\ 4 & 5 & 6 \\ 7 & 8 & 9 \end{bmatrix} \tag{4-85}$$

在 Python 中，上面的計算如程式清單 4-3-(11) 所示。

| In | ```
# 程式清單 4-3-(11)
A=np.array([[1, 2, 3], [4, 5, 6], [7, 8, 9]])
I=np.identity(3)
print(A.dot(I))
``` |
|---|---|

Out	[[1. 2. 3.] [4. 5. 6.] [7. 8. 9.]]

看到這裡，你可能會感到迷茫，不知道這裡為什麼要介紹單位矩陣，其實這是為了給接下來要介紹的反矩陣做鋪陳。
```

4.6.6 反矩陣

如何對矩陣進行除法運算呢？對於純量，除以 3 的運算與乘以 3 的倒數 1 / 3 是一樣的。一個數的倒數是與其相乘可以得到 1 的數。a 的倒數為 $1 / a$，也可以表示為 a^{-1}：

$$a \times a^{-1} = 1 \tag{4-86}$$

與之類似，矩陣也有與其對應的反矩陣（圖 4-22）。

矩陣與自身的反矩陣相乘, 結果為單位矩陣 I

A 的反矩陣表示為 A^{-1}

$$AA^{-1} = A^{-1}A = I$$

2×2 矩陣 $A = \begin{bmatrix} a & b \\ c & d \end{bmatrix}$ 的反矩陣為

$$A^{-1} = \frac{1}{ad - bc} \begin{bmatrix} d & -b \\ -c & a \end{bmatrix}$$

只有方陣才具有反矩陣, $ad - bc = 0$ 的 2×2 矩陣沒有反矩陣

例如, $A = \begin{bmatrix} 1 & 2 \\ 3 & 4 \end{bmatrix}$ 的反矩陣為

$$A^{-1} = \frac{1}{1 \cdot 4 - 2 \cdot 3} \begin{bmatrix} 4 & -2 \\ -3 & 1 \end{bmatrix} = -\frac{1}{2} \begin{bmatrix} 4 & -2 \\ -3 & 1 \end{bmatrix} = \begin{bmatrix} -2 & 1 \\ 1.5 & -0.5 \end{bmatrix} \tag{4-89}$$

所以, $AA^{-1} = \begin{bmatrix} 1 & 2 \\ 3 & 4 \end{bmatrix} \cdot -\frac{1}{2} \begin{bmatrix} 4 & -2 \\ -3 & 1 \end{bmatrix} = -\frac{1}{2} \begin{bmatrix} -2 & 0 \\ 0 & -2 \end{bmatrix} = \begin{bmatrix} 1 & 0 \\ 0 & 1 \end{bmatrix} \tag{4-90}$

圖 4-22　反矩陣

但是，只有行數和列數相等的方陣才具有反矩陣。一個方陣 A 與其反矩陣 A^{-1} 相乘的結果為單位矩陣 I：

$$AA^{-1} = A^{-1}A = I \tag{4-87}$$

在一般情況下，矩陣積的結果與順序有關，但一個矩陣與其反矩陣的積一定是單位矩陣，所以與順序無關。

比如，當 A 為 2×2 方陣時，令 $A = \begin{bmatrix} a & b \\ c & d \end{bmatrix}$，則 A 的反矩陣為：

$$A^{-1} = \frac{1}{ad - bc} \begin{bmatrix} d & -b \\ -c & a \end{bmatrix} \qquad (4\text{-}88)$$

如果 $A = \begin{bmatrix} 1 & 2 \\ 3 & 4 \end{bmatrix}$，那麼 A 的反矩陣為：

$$A^{-1} = \frac{1}{1 \cdot 4 - 2 \cdot 3} \begin{bmatrix} 4 & -2 \\ -3 & 1 \end{bmatrix} = -\frac{1}{2} \begin{bmatrix} 4 & -2 \\ -3 & 1 \end{bmatrix} = \begin{bmatrix} -2 & 1 \\ 1.5 & -0.5 \end{bmatrix} \qquad (4\text{-}89)$$

試著計算 AA^{-1}，可得到單位矩陣：

$$AA^{-1} = \begin{bmatrix} 1 & 2 \\ 3 & 4 \end{bmatrix} \cdot -\frac{1}{2} \begin{bmatrix} 4 & -2 \\ -3 & 1 \end{bmatrix} = -\frac{1}{2} \begin{bmatrix} -2 & 0 \\ 0 & -2 \end{bmatrix} = \begin{bmatrix} 1 & 0 \\ 0 & 1 \end{bmatrix} \qquad (4\text{-}90)$$

在 Python 中，np.linalg.inv(A) 用於求 A 的反矩陣（程式清單 4-3-(12)）。

```
# 程式清單 4-3-(12)
A=np.array([[1, 2], [3, 4]])
invA=np.linalg.inv(A)
print(invA)
```

```
[[-2.   1. ]
 [ 1.5 -0.5]]
```

如上所示，得到的結果與上面的式 4-89 的結果一樣。

這裡必須注意，也有一些方陣沒有對應的反矩陣。如果是 2×2 方陣，那麼使得 $ad\text{-}bc=0$ 的矩陣就不存在反矩陣。因為這樣的話，式 4-88 中分數的分母就是 0。

比如矩陣 $\begin{bmatrix} 2 & -2 \\ -1 & 1 \end{bmatrix}$，由於 $ad\text{-}bc=2\text{-}2=0$，所以它沒有反矩陣。

對於 3×3 和 4×4 等較大的矩陣，雖然也可以使用公式求反矩陣，但是計算過程很複雜。因此，在機器學習中一般會借用函數庫的力量，使用 np.linalg.inv(A) 求反矩陣。

4.6.7 轉置

關於將列向量轉為行向量、將行向量轉為列向量的轉置運算,我們已經在 4.1 節介紹過了。這個轉置運算也可以擴充到矩陣中。

以下式為例說明一下:

$$A = \begin{bmatrix} 1 & 2 & 3 \\ 4 & 5 & 6 \end{bmatrix} \tag{4-91}$$

把矩陣 A 的行和列互換,即可得到 A 的轉置 A^T,結果為(圖 4-23):

$$A^T = \begin{bmatrix} 1 & 4 \\ 2 & 5 \\ 3 & 6 \end{bmatrix} \tag{4-92}$$

將矩陣的行和列互換得到的新矩陣稱為轉置矩陣

A 的轉置矩陣
表示為 A^T

例如:

$A = \begin{bmatrix} 1 & 2 & 3 \\ 4 & 5 & 6 \end{bmatrix}$ 的轉置矩陣為 $A^T = \begin{bmatrix} 1 & 4 \\ 2 & 5 \\ 3 & 6 \end{bmatrix}$

公式:

$$(AB)^T = B^T A^T \tag{4-94}$$

$$(ABC)^T = C^T (AB)^T = C^T B^T A^T \tag{4-95}$$

圖 4-23　轉置

使用 Python 實現的程式如程式清單 4-3-(13) 所示。

```
# 程式清單 4-3-(13)
A=np.array([[1, 2, 3], [4, 5, 6]])
print(A)
print(A.T)
```

| Out | ```
[[1 2 3]
 [4 5 6]]
[[1 4]
 [2 5]
 [3 6]]
``` |
|---|---|

擴充到一般情況，轉置之後，矩陣索引的順序會被替換：

$$\left[A\right]_{ij} = \left[A^{\mathrm{T}}\right]_{ji} \tag{4-93}$$

在對 AB 整體進行轉置時，以下關係式成立（圖 4-23）：

$$(AB)^{\mathrm{T}} = B^{\mathrm{T}}A^{\mathrm{T}} \tag{4-94}$$

轉置之後矩陣積的順序與轉置前相反。以 2×2 矩陣為例，如下所示，可以證明式 4-94 成立：

$$(AB)^{\mathrm{T}} = \left[\begin{bmatrix} a_{11} & a_{12} \\ a_{21} & a_{22} \end{bmatrix}\begin{bmatrix} b_{11} & b_{12} \\ b_{21} & b_{22} \end{bmatrix}\right]^{\mathrm{T}} = \begin{bmatrix} a_{11}b_{11} + a_{12}b_{21} & a_{21}b_{11} + a_{22}b_{21} \\ a_{11}b_{12} + a_{12}b_{22} & a_{21}b_{12} + a_{22}b_{22} \end{bmatrix}$$

$$B^{\mathrm{T}}A^{\mathrm{T}} = \begin{bmatrix} b_{11} & b_{21} \\ b_{12} & b_{22} \end{bmatrix}\begin{bmatrix} a_{11} & a_{21} \\ a_{12} & a_{22} \end{bmatrix} = \begin{bmatrix} a_{11}b_{11} + a_{12}b_{21} & a_{21}b_{11} + a_{22}b_{21} \\ a_{11}b_{12} + a_{12}b_{22} & a_{21}b_{12} + a_{22}b_{22} \end{bmatrix}$$

使用式 4-94 可以簡單推導出：

$$(ABC)^{\mathrm{T}} = C^{\mathrm{T}}(AB)^{\mathrm{T}} = C^{\mathrm{T}}B^{\mathrm{T}}A^{\mathrm{T}} \tag{4-95}$$

這是把 AB 看作一個整體，先對 AB 與 C 進行轉置，最後對 AB 進行轉置。哪怕是三個矩陣的矩陣積，轉置之後，矩陣索引的順序也會被替換。是不是像解謎一樣？

4.6.8 矩陣和聯立方程式

正如 4.6 節開頭說過的那樣，借助矩陣，我們可以用一個式子表示大量的聯立方程式，特別方便。到此為止的內容都是為使用矩陣做的鋪陳，
```

現在一切終於準備就緒了。接下來，我們嘗試用一個矩陣表示兩個聯立方程式，並使用矩陣運算求解答案。具體來說，這裡以下面的聯立方程式為例（圖 4-24）：

$$y = 2x \tag{4-96}$$

$$y = -x + 3 \tag{4-97}$$

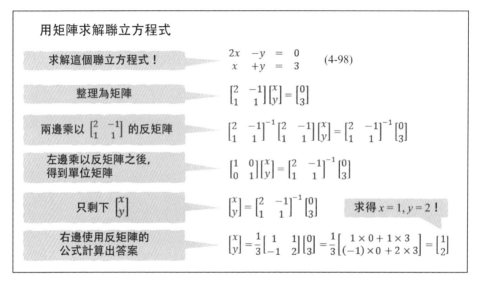

圖 4-24　用矩陣標記法求解聯立方程式

對於上面的聯立方程式，把式 4-96 代入式 4-97 之後，可以簡單地求出 $x=1$，$y=2$。這裡特意透過矩陣的方式求解。首先，將式 4-96 和式 4-97 變形，得到：

$$\begin{aligned} 2x - y &= 0 \\ x + y &= 3 \end{aligned} \tag{4-98}$$

上式可以表示為矩陣：

$$\begin{bmatrix} 2 & -1 \\ 1 & 1 \end{bmatrix} \begin{bmatrix} x \\ y \end{bmatrix} = \begin{bmatrix} 0 \\ 3 \end{bmatrix} \tag{4-99}$$

為什麼可以這樣表示呢？計算式 4-99 的左邊之後，可知下式成立，即兩個列向量相等：

$$\begin{bmatrix} 2x-y \\ x+y \end{bmatrix} = \begin{bmatrix} 0 \\ 3 \end{bmatrix} \qquad (4\text{-}100)$$

式子左邊和右邊的向量相等，即矩陣中的對應元素相等，所以式 4-100 與式 4-98 是同一個意思。

接下來，要想求出 x 和 y 的值，需要把式 4-99 變形為：

$$\begin{bmatrix} x \\ y \end{bmatrix} = \begin{bmatrix} ? \\ ? \end{bmatrix}$$

因此，首先讓式 4-99 的兩邊乘以 $\begin{bmatrix} 2 & -1 \\ 1 & 1 \end{bmatrix}$ 的反矩陣：

$$\begin{bmatrix} 2 & -1 \\ 1 & 1 \end{bmatrix}^{-1} \begin{bmatrix} 2 & -1 \\ 1 & 1 \end{bmatrix} \begin{bmatrix} x \\ y \end{bmatrix} = \begin{bmatrix} 2 & -1 \\ 1 & 1 \end{bmatrix}^{-1} \begin{bmatrix} 0 \\ 3 \end{bmatrix} \qquad (4\text{-}101)$$

根據反矩陣的性質可知，左邊是一個單位矩陣：

$$\begin{bmatrix} 1 & 0 \\ 0 & 1 \end{bmatrix} \begin{bmatrix} x \\ y \end{bmatrix} = \begin{bmatrix} 2 & -1 \\ 1 & 1 \end{bmatrix}^{-1} \begin{bmatrix} 0 \\ 3 \end{bmatrix} \qquad (4\text{-}102)$$

已知單位矩陣乘以 $[x\,y]^{\mathrm{T}}$，結果不變，所以我們可以得到：

$$\begin{bmatrix} x \\ y \end{bmatrix} = \begin{bmatrix} 2 & -1 \\ 1 & 1 \end{bmatrix}^{-1} \begin{bmatrix} 0 \\ 3 \end{bmatrix}$$

透過公式 4-88 計算出如下所示的 $\begin{bmatrix} 2 & -1 \\ 1 & 1 \end{bmatrix}^{-1}$ 的結果：

$$\begin{bmatrix} 2 & -1 \\ 1 & 1 \end{bmatrix}^{-1} = \frac{1}{2\times1-(-1)\times1} \begin{bmatrix} 1 & 1 \\ -1 & 2 \end{bmatrix} = \frac{1}{3} \begin{bmatrix} 1 & 1 \\ -1 & 2 \end{bmatrix}$$

然後得到：

$$\begin{bmatrix} x \\ y \end{bmatrix} = \frac{1}{3}\begin{bmatrix} 1 & 1 \\ -1 & 2 \end{bmatrix}\begin{bmatrix} 0 \\ 3 \end{bmatrix} = \frac{1}{3}\begin{bmatrix} 1 \times 0 + 1 \times 3 \\ (-1) \times 0 + 2 \times 3 \end{bmatrix} = \begin{bmatrix} 1 \\ 2 \end{bmatrix} \tag{4-103}$$

觀察對應的元素可知，我們獲得了正確的值，即 $x=1$，$y=2$。

對方程式求解時也需要變形，求出 "$x=?$"。從這一點來說，這種方法與求解方程式的過程是類似的。對於方程式 $ax=b$，我們會在等式的兩邊都乘以 a 的倒數，將其變形為 $x=b / a$ 的形式。而矩陣是讓等式兩邊都從左邊乘以反矩陣，將 $Ax=B$ 變形為 $x=A^{-1}B$ 的形式。

對於只有兩個變數的兩個聯立方程式，即使用普通方法求解也不算麻煩，但是當變數和式子增多時，比如有 D 個式子，這種使用矩陣的方法就會造成不凡的作用。

4.6.9 矩陣和映射

我們可以透過圖形解釋向量的加法或減法，同樣地，也可以透過圖形解釋矩陣運算。矩陣可以看作「把向量轉為另一個向量的規則」。此外，如果將向量解釋為座標，即空間內的某個點，那麼矩陣就可以解釋為「令某點向別的點移動的規則」。

像這樣關於從組（向量或點）到組（向量或點）的對應關係的規則叫作映射，矩陣的映射是一種線性映射。

比如，我們看一下上一節中的矩陣的方程式，即式 4-99 的左邊：

$$\begin{bmatrix} 2 & -1 \\ 1 & 1 \end{bmatrix}\begin{bmatrix} x \\ y \end{bmatrix}$$

將上式展開之後，可得到下式，因此矩陣 $\begin{bmatrix} 2 & -1 \\ 1 & 1 \end{bmatrix}$ 可以解釋為一個令點 $\begin{bmatrix} x \\ y \end{bmatrix}$ 向點 $\begin{bmatrix} 2x - y \\ x + y \end{bmatrix}$ 移動的映射：

$$\begin{bmatrix} 2 & -1 \\ 1 & 1 \end{bmatrix}\begin{bmatrix} x \\ y \end{bmatrix} = \begin{bmatrix} 2x - y \\ x + y \end{bmatrix} \tag{4-104}$$

比如，把向量 $[1, 0]^T$ 代入式 4-104 之後，可得到 $[2, 1]^T$，所以可以説「點 $[1, 0]^T$ 透過這個矩陣移動到點 $[2, 1]^T$」。同樣地，也可以説「點 $[0, 1]^T$ 移動到 $[-1, 1]^T$，點 $[1, 2]^T$ 移動到 $[0, 3]^T$」。像這樣從各種點移動的情形如圖 4-25 中的左圖所示，形狀為由內向外的旋渦狀。

圖 4-25 中的右圖為 $\begin{bmatrix} 2 & -1 \\ 1 & 1 \end{bmatrix}$ 的反矩陣的映射，它是由外向內的旋渦狀，與原矩陣的映射的移動方向剛好相反。

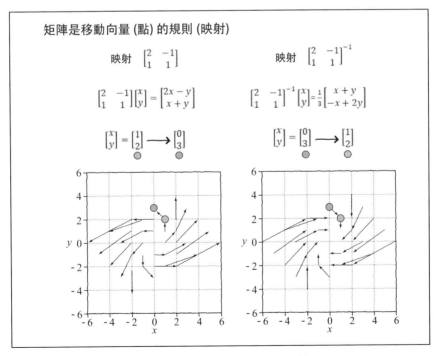

圖 4-25　矩陣形式的向量的映射

這裡，式 4-99 可以解釋為這樣一個問題：應用矩陣 $\begin{bmatrix} 2 & -1 \\ 1 & 1 \end{bmatrix}$ 的映射規則被移動到 $\begin{bmatrix} 0 \\ 3 \end{bmatrix}$ 的是哪個點？

$$\begin{bmatrix} 2 & -1 \\ 1 & 1 \end{bmatrix} \begin{bmatrix} x \\ y \end{bmatrix} = \begin{bmatrix} 0 \\ 3 \end{bmatrix}$$

答案為：

$$\begin{bmatrix} x \\ y \end{bmatrix} = \begin{bmatrix} 2 & -1 \\ 1 & 1 \end{bmatrix}^{-1} \begin{bmatrix} 0 \\ 3 \end{bmatrix} = \begin{bmatrix} 1 \\ 2 \end{bmatrix}$$

我們可以這樣了解：透過反矩陣 $\begin{bmatrix} 2 & -1 \\ 1 & 1 \end{bmatrix}^{-1}$ 把移動後的點 $\begin{bmatrix} 0 \\ 3 \end{bmatrix}$ 恢復到移動前的位置可知，移動前的位置是點 $\begin{bmatrix} 1 \\ 2 \end{bmatrix}$。

4.7 ‖ 指數函數和對數函數

第 6 章的分類問題會用到 Sigmoid 函數和 Softmax 函數，這些函數是透過包含 exp(x) 的指數函數創建的。後面我們需要求解這些函數的導數。此外，5.4 節的線性基底函數模型中使用的高斯基底函數也是一個 $exp(-x^2)$ 形式的指數函數。

4.7.1 指數

指數是一個以「乘以某個數多少次」為基礎，即乘法的次數的概念，並且不只是自然數，它還可以擴充到負數和實數，這一點很有意思。指數的定義與公式如圖 4-26 所示。

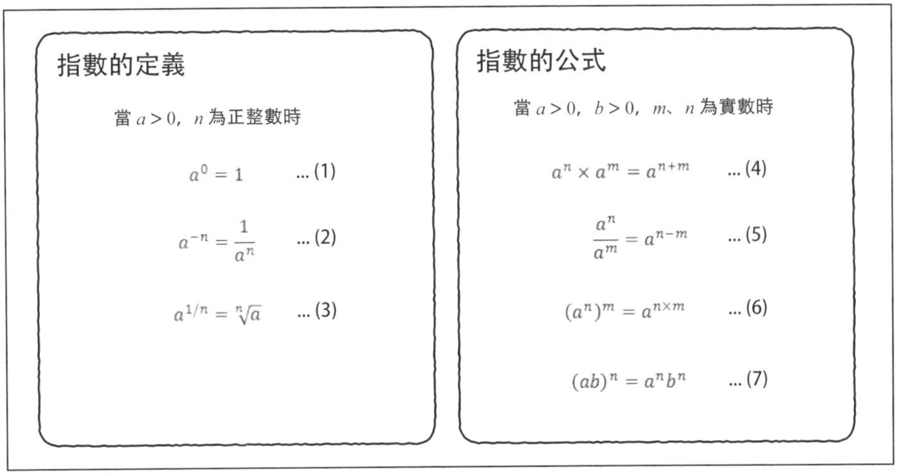

指數的定義

當 $a > 0$, n 為正整數時

$$a^0 = 1 \qquad \cdots (1)$$

$$a^{-n} = \frac{1}{a^n} \qquad \cdots (2)$$

$$a^{1/n} = \sqrt[n]{a} \qquad \cdots (3)$$

指數的公式

當 $a > 0$, $b > 0$, m, n 為實數時

$$a^n \times a^m = a^{n+m} \qquad \cdots (4)$$

$$\frac{a^n}{a^m} = a^{n-m} \qquad \cdots (5)$$

$$(a^n)^m = a^{n \times m} \qquad \cdots (6)$$

$$(ab)^n = a^n b^n \qquad \cdots (7)$$

圖 4-26　指數的定義與公式

指數函數的定義是：

$$y = a^x \tag{4-105}$$

如果要強調指數函數中的 a，那麼可以稱之為「以 a 為底數的指數函數」。這裡的底數 a 是一個大於 0 且不等於 1 的數。

觀察式 4-105 的圖形可知，當 $a>1$ 時，函數圖形是單調遞增的（程式清單 4-4-(1)、圖 4-27）；當 $0<a<1$ 時，圖形是單調遞減的。函數的輸出總為正數。

```
# 程式清單 4-4-(1)
import numpy as np
import matplotlib.pyplot as plt
%matplotlib inline

x=np.linspace(-4, 4, 100)
y=2**x
y2=3**x
y3=0.5**x

plt.figure(figsize=(5, 5))
```

```
plt.plot(x, y, 'black', linewidth=3, label='$y=2^x$')
plt.plot(x, y2, 'cornflowerblue', linewidth=3, label='$y=3^x$')
plt.plot(x, y3, 'gray', linewidth=3, label='$y=0.5^x$')
plt.ylim(-2, 6)
plt.xlim(-4, 4)
plt.grid(True)
plt.legend(loc='lower right')
plt.show()
```

Out | # 執行結果見圖 4-27

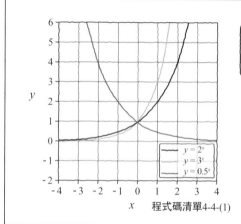

圖 4-27　指數函數

4.7.2 　對數

對數的公式如圖 4-28 所示。把指數函數的輸入和輸出反過來，就可以得到對數函數。也就是說，對數函數是指數函數的反函數。

我們思考一下下式：

$$x = a^y \tag{4-106}$$

對數的定義

當 a 為不等於 1 的正實數時, 令 $x = a^y$

$$y = \log_a x \qquad (1)$$

特殊情況

$$\log_a a = 1 \qquad (2)$$

$$\log_a 1 = 0 \qquad (3)$$

對數的公式

當 a、b 為不等於 1 的正實數時

$$\log_a xy = \log_a x + \log_a y \qquad (4)$$

$$\log_a \frac{x}{y} = \log_a x - \log_a y \qquad (5)$$

$$\log_a x^y = y \log_a x \qquad (6)$$

$$\log_a x = \frac{\log_b x}{\log_b a} \qquad (7)$$

圖 4-28　對數的定義與公式

首先，把式 4-106 變形為 "$y =$" 的形式，得到：

$$y = \log_a x \qquad (4\text{-}107)$$

繪製函數圖形（程式清單 4-4-(2)）可知，式 4-107 與 $y=a^x$ 的圖形相對於 $y=x$ 的直線相互對稱（圖 4-29）。

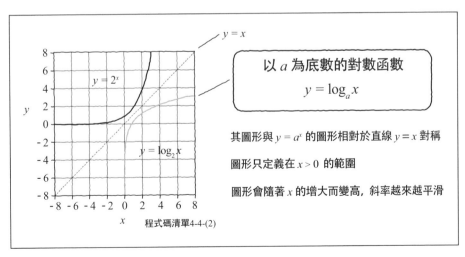

圖 4-29　對數函數

```
In     # 程式清單 4-4-(2)
       x=np.linspace(-8, 8, 100)
       y=2**x

       x2=np.linspace(0.001, 8, 100) # np.log(0)會導致出錯，所以不能包含 0
       y2=np.log(x2) / np.log(2) # 透過公式 (7) 計算以 2 為底數的 log

       plt.figure(figsize=(5, 5))
       plt.plot(x, y, 'black', linewidth=3)
       plt.plot(x2, y2, 'cornflowerblue', linewidth=3)
       plt.plot(x, x, 'black', linestyle='--', linewidth=1)
       plt.ylim(-8, 8)
       plt.xlim(-8, 8)
       plt.grid(True)
       plt.show()
```

```
Out    # 執行結果見圖 4-29
```

使用對數函數可以把過大或過小的數轉為便於處理的大小。比如，$100000000=10^8$ 可 以 表 示 為 a=10 的 對 數， 即 $\log_{10} 10^8$=8,0.000 000 001=10^{-8} 可以表示為 $\log_{10} 10^{-8}$=-8。

如果寫入作 $\log x$，不寫出底數，則預設底數為 e。e 是一個為 2.718... 的無理數，又稱為自然對數的底數或納皮爾常數。為什麼要特殊對待這個有零有整的數呢？對此，我們將在 4.7.3 節說明。

機器學習中經常出現非常大或非常小的數，在使用程式處理這些數時，可能會引起溢位（位數溢位）。對於這樣的數，可以使用對數防止溢位。

此外，對數還可以把乘法運算轉為加法運算。對圖 4-28(4) 進行擴充，可以得到：

$$\log \prod_{n=1}^{N} f(n) = \prod_{n=1}^{N} \log f(n) \tag{4-108}$$

像這樣轉換之後，計算過程會更加輕鬆。因此，對於第 6 章中將出現的似然這種以乘法運算形式表示的機率，往往會借助其對數，即似然對數來進行計算。

我們常常遇到「已知函數 $f(x)$，求使 $f(x)$ 最小的 $x*$」的情況。此時，其對數函數 $\log f(x)$ 也在 $x=x*$ 時取最小值。對數函數是一個單調遞增函數，所以即使最小值改變了，使函數取最小值的那個值也不會改變（程式清單 4-4-(3)、圖 4-30）。這在求最大值時也成立。使 $f(x)$ 取最大值的值也會使 $f(x)$ 的對數函數取最大值。

In
```
# 程式清單 4-4-(3)
x=np.linspace(-4, 4, 100)
y=(x - 1)**2 + 2
logy=np.log(y)

plt.figure(figsize=(4, 4))
plt.plot(x, y, 'black', linewidth=3)
plt.plot(x, logy, 'cornflowerblue', linewidth=3)
plt.yticks(range(-4,9,1))
plt.xticks(range(-4,5,1))
plt.ylim(-4, 8)
plt.xlim(-4, 4)
plt.grid(True)
plt.show()
```

Out
```
# 執行結果見圖 4-30
```

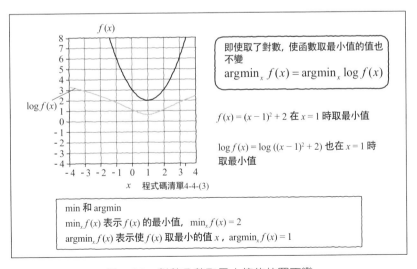

圖 4-30　對數函數取最小值的位置不變

鑑於這個性質，在求 $f(x)$ 的最小值 $x*$ 時，我們經常透過 $\log f(x)$ 求最小值 $x*$。本書第 6 章就會用到這種方法。特別是當 $f(x)$ 以積的形式表示時，如式 4-108 所示，透過 $\log$ 將其轉為和的形式，就會更容易求出導數，非常方便。

4.7.3 指數函數的導數

指數函數 $y=a^x$ 對 x 的導數為（程式清單 4-4-(4)、圖 4-31）：

$$y' = (a^x)' = a^x \log a \tag{4-109}$$

這裡把 dy / dx 簡單地表示為 y'。函數 $y=a^x$ 的導數是原本的函數式乘以 $\log a$ 的形式。

設 $a=2$，那麼 $\log 2$ 約為 0.69，$y=a^x$ 的圖形會稍微向下縮一些。

In
```python
# 程式清單 4-4-(4)
x=np.linspace(-4, 4, 100)
a=2
y=a**x
dy=np.log(a) * y

plt.figure(figsize=(4, 4))
plt.plot(x, y, 'gray', linestyle='--', linewidth=3)
plt.plot(x, dy, color='black', linewidth=3)
plt.ylim(-1, 8)
plt.xlim(-4, 4)
plt.grid(True)
plt.show()
```

Out
```
# 執行結果見圖 4-31
```

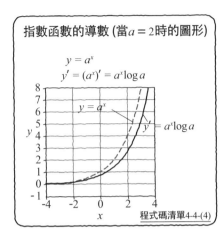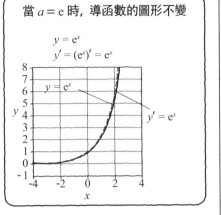

圖 4-31　指數函數的導數

這裡有一個特殊情況，即當 a=e 時，log e=1：

$$y' = (e^x)' = e^x \tag{4-110}$$

也就是說，當 a=e 時，導函數的圖形不變（圖 4-31 右）。這個性質在計算導數時特別方便。

因此，以 e 為底數的指數函數的應用很廣泛，從 4.7.5 節開始講解的 Sigmoid 函數、Softmax 函數和高斯函數也常常使用 e。

4.7.4 對數函數的導數

對數函數的導數為反比例函數（程式清單 4-4-(5)、圖 4-32）：

$$y' = (\log x)' = \frac{1}{x} \tag{4-111}$$

In
```
# 程式清單 4-4-(5)
x=np.linspace(0.0001, 4, 100)  # 不能定 0以下
y=np.log(x)
dy=1 / x

plt.figure(figsize=(4, 4))
plt.plot(x, y, 'gray', linestyle='--', linewidth=3)
plt.plot(x, dy, color='black', linewidth=3)
plt.ylim(-8, 8)
plt.xlim(-1, 4)
plt.grid(True)
plt.show()
```

Out
```
# 執行結果見圖 4-32
```

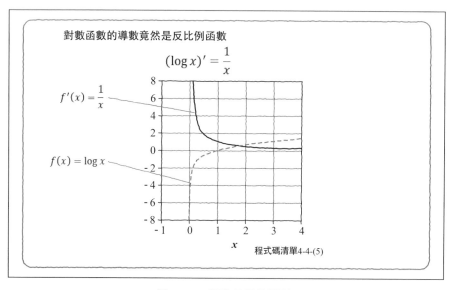

圖 4-32　對數函數的導數

6.1 節也會出現 {log(1-x)}' 這樣的導數，這裡設 $z=1$-x，

$$y = \log z, \; z = 1 - x$$

然後，使用連鎖律即可求出導數：

$$\frac{dy}{dx} = \frac{dy}{dz} \cdot \frac{dz}{dx} = \frac{1}{z} \cdot (-1) = -\frac{1}{1-x} \qquad (4\text{-}112)$$

4.7.5 Sigmoid 函數

Sigmoid 函數是一個像平滑的階梯一樣的函數：

$$y = \frac{1}{1 + e^{-x}} \qquad (4\text{-}113)$$

e^{-x} 也可以寫作 exp(-x)，所以 Sigmoid 函數有時也表示為：

$$y = \frac{1}{1 + \exp(-x)} \qquad (4\text{-}114)$$

這個函數的圖形如圖 4-33 所示（程式清單 4-4-(6)）。

In
```
# 程式清單 4-4-(6)
x=np.linspace(-10, 10, 100)
y=1 / (1 + np.exp(-x))

plt.figure(figsize=(4, 4))
plt.plot(x, y, 'black', linewidth=3)

plt.ylim(-1, 2)
plt.xlim(-10, 10)
plt.grid(True)
plt.show()
```

Out
```
# 執行結果見圖 4-33
```

Sigmoid 函數會把從負實數到正實數的數轉為 0 ～ 1 的數，所以常常用於表示機率。但這個函數並不是為了使輸出範圍為 0 ～ 1 而刻意創建的，而是以一定的條件為基礎自然推導出來的。

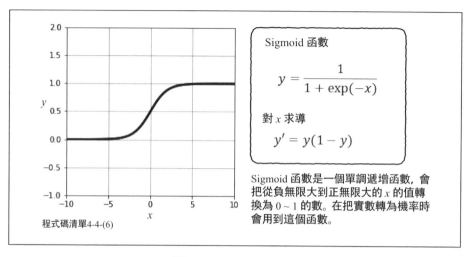

圖 4-33　Sigmoid 函數

Sigmoid 函數將在第 6 章的分類問題中登場。此外，在第 7 章的神經網路中，它也會作為表示神經元的特性的重要函數登場。第 6 章和第 7 章會用到 Sigmoid 函數的導數，所以這裡我們先求一下它的導數。

先思考導數公式，為了使其與式 4-113 一致，這裡設 $f(x)=1+\exp(-x)$：

$$\left(\frac{1}{f(x)}\right)' = -\frac{f'(x)}{f(x)^2} \tag{4-115}$$

$f(x)$ 的導數為 $f'(x)=-\exp(-x)$，因此可得到：

$$y' = \left(\frac{1}{1+\exp(-x)}\right)' = -\frac{-\exp(-x)}{(1+\exp(-x))^2} = \frac{\exp(-x)}{(1+\exp(-x))^2} \tag{4-116}$$

對式 4-116 略微變形：

$$\begin{aligned} y' &= \frac{1}{1+\exp(-x)} \cdot \frac{1+\exp(-x)-1}{1+\exp(-x)} \\ &= \frac{1}{1+\exp(-x)} \cdot \left\{1-\frac{1}{1+\exp(-x)}\right\} \end{aligned} \tag{4-117}$$

這裡，1 / (1+exp(-x)) 就是 y，所以可以用 y 改寫式子，改寫後的式子非常簡潔：

$$y' = y(1-y) \tag{4-118}$$

4.7.6 Softmax 函數

已知 x_0=2，$x1$=1，x_2=-1，現在我們要保持這些數的大小關係不動，把它們轉為表示機率的 y_0、y_1、y_2。既然是機率，就必須是 0 ~ 1 的數，而且所有數的和必須是 1。

這時就需要用 Softmax 函數。首先，求出各個 xi 的 exp 的和 u：

$$u = \exp(x_0) + \exp(x_1) + \exp(x_2) \tag{4-119}$$

使用式 4-119，可以得到：

$$y_0 = \frac{\exp(x_0)}{u}, \ \ y_1 = \frac{\exp(x_1)}{u}, \ y_2 = \frac{\exp(x_2)}{u} \tag{4-120}$$

下面，我們實際編寫程式創建 Softmax 函數，並測試一下（程式清單 4-4-(7)）。

In
```
# 程式清單 4-4-(7)
def softmax(x0, x1, x2):
    u=np.exp(x0) + np.exp(x1) + np.exp(x2)
    return np.exp(x0) / u, np.exp(x1) / u, np.exp(x2) / u

# test
y=softmax(2, 1, -1)
print(np.round(y,2))   # (A) 顯示小數點後兩位的機率
print(np.sum(y))       # (B) 顯示和
```

Out
```
[ 0.71  0.26  0.04]
1.0
```

前面例子中的 x_0=2，x_1=1，x_2=-1 分別被轉為了 y_0=0.71，y_1=0.26，y_2=0.04。可以看到，它們的確是按照原本的大小關係被分配了 0~1 的數，而且所有數相加之後的和為 1。

Softmax 函數的圖形是什麼樣的呢？由於輸入和輸出都是三維的，所以不能直接繪製圖形。因此，這裡只固定 x_2=1，然後把輸入各種 x_0 和 x_1 之後得到的 y_0 和 y_1 展示在圖形上（程式清單 4-4-(8)、圖 4-34）。

In

```python
# 程式清單 4-4-(8)

from mpl_toolkits.mplot3d import Axes3D

xn=20
x0=np.linspace(-4, 4, xn)
x1=np.linspace(-4, 4, xn)

y=np.zeros((xn, xn, 3))
for i0 in range(xn):
    for i1 in range(xn):
        y[i1, i0, :]=softmax(x0[i0], x1[i1], 1)

xx0, xx1=np.meshgrid(x0, x1)
plt.figure(figsize=(8, 3))
for i in range(2):
    ax=plt.subplot(1, 2, i + 1, projection='3d')
    ax.plot_surface(xx0, xx1, y[:, :, i],
                    rstride=1, cstride=1, alpha=0.3,
                    color='blue', edgecolor='black')
    ax.set_xlabel('$x_0$', fontsize=14)
    ax.set_ylabel('$x_1$', fontsize=14)
    ax.view_init(40, -125)

plt.show()
```

Out | # 執行結果見圖 4-34

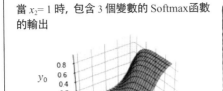

當 $x_2 = 1$ 時，包含 3 個變數的 Softmax函數
的輸出

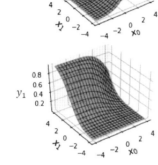

包含 K 個變數的 Softmax 函數

$$y_i = \frac{\exp(x_i)}{\sum_{j=0}^{K-1} \exp(x_j)}$$

對 x_i 求偏導數

$$\frac{\partial y_j}{\partial x_i} = y_j(I_{ij} - y_i)$$

I_{ij} 在 $i = j$ 時為 1, 在 $i \neq j$ 時為 0

這是一個在保持多個輸入的值 x_i 的大小關係
不變的同時，把它們轉為機率值 y_i （各個值
的範圍為 $0 \sim 1$，且相加之和為 1）的函數

程式碼清單4-4-(7, 8)

圖 4-34 Softmax 函數

把 $x2$ 固定為 1，再令 x_0 和 x_1 變化之後，y_0、y_1 的值會在 $0 \sim 1$ 的範圍內
變化（圖 4-34 左）。x_0 越大，y_0 越趨近於 1；x_1 越大，y_1 越趨近於 1。圖
中沒有顯示 y_2，不過 y_2 是 1 減去 y_0 和 y_1 得到的差，所以應該可以想像
到 y_2 是什麼樣的。

Softmax 函數不僅可以用在包含三個變數的情況中，也可以用在包含更
多變數的情況中。設變數的數量為 K，Softmax 函數可以表示為：

$$y_i = \frac{\exp(x_i)}{\sum_{j=0}^{K-1} \exp(x_j)} \tag{4-121}$$

Softmax 函數的偏導數將在第 7 章出現，這裡先求一下。首先，求 y_0 對
x_0 的偏導數：

$$\frac{\partial y_0}{\partial x_0} = \frac{\partial}{\partial x_0} \frac{\exp(x_0)}{u} \tag{4-122}$$

這裡必須要注意，u 也是關於 x_0 的函數。因此，需要使用導數公式，設 $f(x)=u=\exp(x_0)+\exp(x_1)+\exp(x_2)$，$g(x)=\exp(x_0)$：

$$\left(\frac{g(x)}{f(x)}\right)' = \frac{g'(x)f(x) - g(x)f'(x)}{f(x)^2} \qquad (4\text{-}123)$$

這裡以 $f'(x) = \partial f / \partial x_0$，$g'(x) = \partial g / \partial x_0$ 思考：

$$f'(x) = \frac{\partial}{\partial x_0} f(x) = \exp(x_0)$$

$$g'(x) = \frac{\partial}{\partial x_0} g(x) = \exp(x_0) \qquad (4\text{-}124)$$

因此，式 4-123 可變形為：

$$\frac{\partial y_0}{\partial x_0} = \left(\frac{g(x)}{f(x)}\right)' = \frac{\exp(x_0)u - \exp(x_0)\exp(x_0)}{u^2}$$

$$= \frac{\exp(x_0)}{u}\left(\frac{u - \exp(x_0)}{u}\right) \qquad (4\text{-}125)$$

$$= \frac{\exp(x_0)}{u}\left(\frac{u}{u} - \frac{\exp(x_0)}{u}\right)$$

這裡使用 $y_0=\exp(x_0) / u$，將式 4-125 表示為：

$$\frac{\partial y_0}{\partial x_0} = y_0(1 - y_0) \qquad (4\text{-}126)$$

令人震驚的是，上式的形式竟然跟 Sigmoid 函數的導數公式（式 4-118）完全相同。

接下來，我們求 y_0 對 x_1 的偏導數：

$$\frac{\partial y_0}{\partial x_1} = \frac{\partial}{\partial x_1}\frac{\exp(x_0)}{u} \qquad (4\text{-}127)$$

這裡也設 $f(x)=u=\exp(x_0)+\exp(x_1)+\exp(x_2)$，$g(x)=\exp(x_0)$，並使用：

$$\left(\frac{g(x)}{f(x)}\right)' = \frac{g'(x)f(x) - g(x)f'(x)}{f(x)^2} \qquad (4\text{-}123)$$

設 $f'(x) = \partial f / \partial x_1$，$g'(x) = \partial g / \partial x_1$，思考如何對 x_1 求偏導數：

$$f'(x) = \frac{\partial}{\partial x_1} f(x) = \exp(x_1)$$

$$g'(x) = \frac{\partial}{\partial x_1} \exp(x_0) = 0$$

結果為：

$$\frac{\partial y_0}{\partial x_1} = \frac{g'(x)f(x) - g(x)f'(x)}{f(x)^2} = \frac{-\exp(x_0)\exp(x_1)}{u^2}$$

$$= -\frac{\exp(x_0)}{u} \cdot \frac{\exp(x_1)}{u}$$

(4-128)

這裡使用 $y_0 = \exp(x_0) / u$，$y_1 = \exp(x_1) / u$，可得到：

$$\frac{\partial y_0}{\partial x_1} = -y_0 y_1$$

(4-129)

綜合式 4-126 和式 4-129 並加以拓展，得到：

$$\frac{\partial y_j}{\partial x_i} = y_j (I_{ij} - y_i)$$

(4-130)

這裡，I_{ij} 是一個在 $i=j$ 時為 1，在 $i \neq j$ 時為 0 的函數。I_{ij} 也可以表示為 δ_{ij}，稱為克羅內克函數。

4.7.7 Softmax 函數和 Sigmoid 函數

不管怎麼說，Softmax 函數和 Sigmoid 函數都是非常相似的。這兩個函數有什麼關係呢？下面我們試著思考一下。一個包含兩個變數的 Softmax 函數是：

$$y = \frac{e^{x_0}}{e^{x_0} + e^{x_1}}$$

(4-131)

將分子和分母均乘以 e^{-x_0} 並整理，再使用公式 $\mathrm{e}^a\mathrm{e}^{-b}=\mathrm{e}^{a-b}$，可以得到：

$$y = \frac{\mathrm{e}^{x_0}\mathrm{e}^{-x_0}}{\mathrm{e}^{x_0}\mathrm{e}^{-x_0}+\mathrm{e}^{x_1}\mathrm{e}^{-x_0}} = \frac{\mathrm{e}^{x_0-x_0}}{\mathrm{e}^{x_0-x_0}+\mathrm{e}^{x_1-x_0}} = \frac{1}{1+\mathrm{e}^{-(x_0-x_1)}} \qquad (4\text{-}132)$$

這裡代入 $x=x_0-x_1$，可以得到 Sigmoid 函數：

$$y = \frac{1}{1+\mathrm{e}^{-x}} \qquad (4\text{-}133)$$

也就是說，把包含兩個變數的 Softmax 函數的輸入 x_0 和 x_1，用它們的差 $x=x_0-x_1$ 表示，就可以得到 Sigmoid 函數。也可以說，把 Sigmoid 函數擴充到多個變數之後得到的就是 Softmax 函數。

4.7.8 高斯函數

高斯函數可表示為：

$$y = \exp(-x^2) \qquad (4\text{-}134)$$

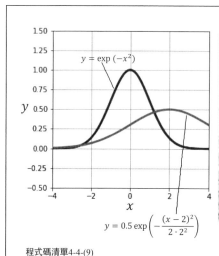

程式碼清單4-4-(9)

除了表示高斯分佈之外，該函數也經常用作基底函數

圖 4-35　高斯函數

如圖 4-35 左圖中的黑線所示，高斯函數的圖形以 $x=0$ 為中心，呈吊鐘形。高斯函數將在第 5 章中作為曲線的近似基底函數登場。

用 μ 表示這個函數圖形的中心（平均值），用 σ 表示分佈的幅度（標準差），用 a 表示高度，則高斯函數為（圖 4-35 左圖中的灰線）：

$$y = a\exp\left(-\frac{(x-\mu)^2}{2\sigma^2}\right) \tag{4-135}$$

下面嘗試繪製它的圖形（程式清單 4-4-(9)、圖 4-35 左）。

```
# 程式清單 4-4-(9)
def gauss(mu, sigma, a):
    return a * np.exp(-(x - mu)**2 /(2 * sigma**2))


x=np.linspace(-4, 4, 100)
plt.figure(figsize=(4, 4))
plt.plot(x, gauss(0, 1, 1), 'black', linewidth=3)
plt.plot(x, gauss(2, 2, 0.5), 'gray', linewidth=3)

plt.ylim(-.5, 1.5)
plt.xlim(-4, 4)
plt.grid(True)
plt.show()
```

Out # 執行結果見圖 4-35

高斯函數有時會用於表示機率分佈，在這種情況下，要想使得對 x 求積分的值為 1，就需要令式 4-135 中的 a 為：

$$a = \frac{1}{(2\pi\sigma^2)^{1/2}} \tag{4-136}$$

4.7.9 二維高斯函數

高斯函數可以擴充到二維。二維高斯函數將在第 9 章的混合高斯模型中出現。

設輸入是二維向量 $\boldsymbol{x} = [x_0, x_1]^\mathrm{T}$，則高斯函數的基本形式為：

$$y = \exp\left\{-(x_0^2 + x_1^2)\right\} \tag{4-137}$$

二維高斯函數的圖形如圖 4-36 所示，形似一個以原點為中心的同心圓狀的吊鐘。

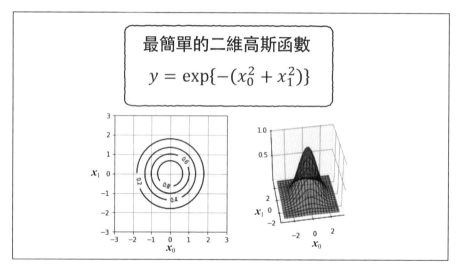

圖 4-36　一個簡單的二維高斯函數

在此基礎上，為了能夠移動其中心，或使其變細長，這裡增加幾個參數，得到：

$$y = a \cdot \exp\left\{-\frac{1}{2}(\boldsymbol{x} - \boldsymbol{\mu})^\mathrm{T} \boldsymbol{\Sigma}^{-1} (\boldsymbol{x} - \boldsymbol{\mu})\right\} \tag{4-138}$$

如此一來，exp 中就會有向量或矩陣，或許這會讓你感到驚慌失措，但是別擔心，接下來我們一個一個介紹。

首先，參數 μ 和 Σ 表示的是函數的形狀。μ 是平均值向量（中心向量），表示函數分佈的中心：

$$\boldsymbol{\mu} = \begin{bmatrix} \mu_0 & \mu_1 \end{bmatrix}^{\mathrm{T}} \tag{4-139}$$

Σ 被稱為協方差矩陣，是一個如下所示的 2×2 矩陣：

$$\boldsymbol{\Sigma} = \begin{bmatrix} \sigma_0^2 & \sigma_{01} \\ \sigma_{01} & \sigma_1^2 \end{bmatrix} \tag{4-140}$$

我們可以給矩陣中的元素 σ_0^2 和 σ_1^2 賦一個正值，分別用於調整 x_0 方向和 x_1 方向的函數分佈的幅度。對於 σ_{01}，則賦一個正的或負的實數，用於調整函數分佈方向上的斜率。如果是正數，那麼函數圖形呈向右上方傾斜的橢圓狀；如果是負數，則呈向左上方傾斜的橢圓狀（設 x_0 為橫軸，x_1 為縱軸時的情況）。

雖然我們往式 4-138 的 exp 中引入的是向量和矩陣，但變形之後卻會變為純量。簡單起見，我們設 $\boldsymbol{\mu} = \begin{bmatrix} \mu_0 & \mu_1 \end{bmatrix}^{\mathrm{T}} = \begin{bmatrix} 0 & 0 \end{bmatrix}^{\mathrm{T}}$，然後試著計算 $(\boldsymbol{x} - \boldsymbol{\mu})^{\mathrm{T}} \boldsymbol{\Sigma}^{-1} (\boldsymbol{x} - \boldsymbol{\mu})$，可知 exp 中的值是一個由 x_0 和 x_1 組成的二次運算式（二次型）：

$$\begin{aligned} (\boldsymbol{x} - \boldsymbol{\mu})^{\mathrm{T}} \boldsymbol{\Sigma}^{-1} (\boldsymbol{x} - \boldsymbol{\mu}) &= \boldsymbol{x}^{\mathrm{T}} \boldsymbol{\Sigma}^{-1} \boldsymbol{x} \\ &= \begin{bmatrix} x_0 & x_1 \end{bmatrix} \cdot \frac{1}{\sigma_0^2 \sigma_1^2 - \sigma_{01}^2} \begin{bmatrix} \sigma_1^2 & -\sigma_{01} \\ -\sigma_{01} & \sigma_0^2 \end{bmatrix} \begin{bmatrix} x_0 \\ x_1 \end{bmatrix} \\ &= \frac{1}{\sigma_0^2 \sigma_1^2 - \sigma_{01}^2} (\sigma_1^2 x_0^2 - 2\sigma_{01} x_0 x_1 + \sigma_0^2 x_1^2) \end{aligned} \tag{4-141}$$

a 也可以看作一個控制函數大小的參數，當用在二維高斯函數中表示機率分佈時，我們將其設為：

$$a = \frac{1}{2\pi} \frac{1}{|\boldsymbol{\Sigma}|^{1/2}} \tag{4-142}$$

在進行如上所示的變形後，輸入空間的積分值為 1，函數可以表示機率分佈。

式 4-142 中的 $|\Sigma|$ 是一個被稱為「Σ 的矩陣式」的量，當矩陣大小為 2×2 時，$|\Sigma|$ 的值為：

$$|A| = \begin{vmatrix} a & b \\ c & d \end{vmatrix} = ad - cb \tag{4-143}$$

因此，$|\Sigma|$ 可以表示為：

$$|\Sigma| = \sigma_0^2 \sigma_1^2 - \sigma_{01}^2 \tag{4-144}$$

下面試著透過 Python 程式繪製一下函數圖形。首先，如程式清單 4-5-(1) 所示定義高斯函數。

In
```python
# 程式清單 4-5-(1)
import numpy as np
import matplotlib.pyplot as plt
from mpl_toolkits.mplot3d import axes3d
%matplotlib inline

# 高斯函數 ----------------------------
def gauss(x, mu, sigma):
    N, D=x.shape
    c1=1 / (2 * np.pi)**(D / 2)
    c2=1 / (np.linalg.det(sigma)**(1 / 2))
    inv_sigma=np.linalg.inv(sigma)
    c3=x - mu
    c4=np.dot(c3, inv_sigma)
    c5=np.zeros(N)
    for d in range(D):
        c5=c5 + c4[:, d] * c3[:, d]
    p=c1 * c2 * np.exp(-c5 / 2)
    return p
```

輸入資料 x 是 $N \times 2$ 矩陣，mu 是模為 2 的向量，sigma 是 2×2 矩陣。下面代入適當的數值測試一下 gauss(s, mu, sigma)（程式清單 4-5-(2)）。

In
```
# 程式清單 4-5-(2)
x=np.array([[1, 2], [2, 1], [3, 4]])
mu=np.array([1, 2])
sigma=np.array([[1, 0], [0, 1]])
print(gauss(x, mu, sigma))
```

Out
```
[ 0.15915494  0.05854983  0.00291502]
```

由上面的結果可知，函數傳回了與代入的三個數值對應的傳回值。繪製該函數的等高線圖形和三維圖形的程式如程式清單 4-5-(3) 所示。

In
```
# 程式清單 4-5-(3)
X_range0=[-3, 3]
X_range1=[-3, 3]

# 顯示等高線 -------------------------------
def show_contour_gauss(mu, sig):
    xn=40   # 等高線的解析度
    x0=np.linspace(X_range0[0], X_range0[1], xn)
    x1=np.linspace(X_range1[0], X_range1[1], xn)
    xx0, xx1=np.meshgrid(x0, x1)
    x=np.c_[np.reshape(xx0, xn * xn, 1), np.reshape(xx1, xn * xn, 1)]
    f=gauss(x, mu, sig)
    f=f.reshape(xn, xn)
    f=f.T
    cont=plt.contour(xx0, xx1, f, 15, colors='k')
    plt.grid(True)

# 三維圖形 -------------------------------
def show3d_gauss(ax, mu, sig):
    xn=40   # 等高線的解析度
    x0=np.linspace(X_range0[0], X_range0[1], xn)
    x1=np.linspace(X_range1[0], X_range1[1], xn)
```

```
        xx0, xx1=np.meshgrid(x0, x1)
        x=np.c_[np.reshape(xx0, xn * xn, 1), np.reshape(xx1, xn * xn, 1)]
        f=gauss(x, mu, sig)
        f=f.reshape(xn, xn)
        f=f.T
        ax.plot_surface(xx0, xx1, f,
                        rstride=2, cstride=2, alpha=0.3,
                        color='blue', edgecolor='black')


# 主處理 --------------------------------
mu=np.array([1, 0.5])                # (A)
sigma=np.array([[2, 1], [1, 1]])     # (B)
Fig=plt.figure(1, figsize=(7, 3))
Fig.add_subplot(1, 2, 1)
show_contour_gauss(mu, sigma)
plt.xlim(X_range0)
plt.ylim(X_range1)
plt.xlabel('$x_0$', fontsize=14)
plt.ylabel('$x_1$', fontsize=14)
Ax=Fig.add_subplot(1, 2, 2, projection='3d')
show3d_gauss(Ax, mu, sigma)
Ax.set_zticks([0.05, 0.10])
Ax.set_xlabel('$x_0$', fontsize=14)
Ax.set_ylabel('$x_1$', fontsize=14)
Ax.view_init(40, -100)
plt.show()
```

Out | # 執行結果見圖 4-37

執行程式之後,可以得到如圖 4-37 所示的圖形。圖形分佈的中心為程式設定的中心,位於 $(1, 0.5)$((A))。此外,由於 $\sigma_{01} = 1$,所以圖形分佈呈向右上傾斜的形狀((B))。

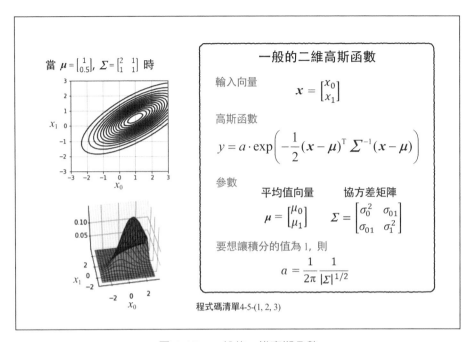

當 $\mu = \begin{bmatrix} 1 \\ 0.5 \end{bmatrix}$, $\Sigma = \begin{bmatrix} 2 & 1 \\ 1 & 1 \end{bmatrix}$ 時

一般的二維高斯函數

輸入向量

$$\boldsymbol{x} = \begin{bmatrix} x_0 \\ x_1 \end{bmatrix}$$

高斯函數

$$y = a \cdot \exp\left(-\frac{1}{2}(\boldsymbol{x} - \boldsymbol{\mu})^{\mathrm{T}}\, \boldsymbol{\Sigma}^{-1}(\boldsymbol{x} - \boldsymbol{\mu}) \right)$$

參數

平均值向量   協方差矩陣

$$\boldsymbol{\mu} = \begin{bmatrix} \mu_0 \\ \mu_1 \end{bmatrix} \qquad \boldsymbol{\Sigma} = \begin{bmatrix} \sigma_0^2 & \sigma_{01} \\ \sigma_{01} & \sigma_1^2 \end{bmatrix}$$

要想讓積分的值為 1, 則

$$a = \frac{1}{2\pi}\frac{1}{|\Sigma|^{1/2}}$$

程式碼清單4-5-(1, 2, 3)

圖 4-37　一般的二維高斯函數

監督學習：回歸

終於要開始學習機器學習的內容了。本章將運用第 4 章介紹的數學知識，具體地講解機器學習中最重要的監督學習。監督學習可以進一步細分為回歸和分類。回歸是將輸入轉為連續數值的問題，而分類是將輸入轉為沒有順序的類別（標籤）的問題。本章講解回歸問題，第 6 章講解分類問題。

5.1 ‖ 一維輸入的直線模型

這裡我們思考一組年齡 x 和身高 t 的資料。假設我們擁有 16 個人的資料。整理後的資料以列向量的形式表示為：

$$\boldsymbol{x} = \begin{bmatrix} x_0 \\ x_1 \\ \vdots \\ x_n \\ \vdots \\ x_{N-1} \end{bmatrix}, \quad \boldsymbol{t} = \begin{bmatrix} t_0 \\ t_1 \\ \vdots \\ t_n \\ \vdots \\ t_{N-1} \end{bmatrix} \tag{5-1}$$

N 表示人數，$N=16$。通常人們使用從 1 到 N 對資料進行編號，但本書遵循 Python 陣列變數的索引習慣，使用從 0 到 N-1 對 N 個資料進行編號。

這裡把 x_n 稱為輸入變數，把 t_n 稱為目標變數。n 表示每個人的資料的索引。同時，把整理了所有資料的 x 稱為輸入資料，把 t 稱為目標資料。我們的目標是創建一個函數，用於根據資料庫中不存在的人的年齡 x，預測出這個人的身高 t。

首先編寫以下程式清單 5-1-(1)，創建年齡和身高的人工資料（圖 5-1）。至於具體如何生成資料，將在本章的最後揭曉，所以現在大家先不用花時間研究這個問題。

```
In    # 程式清單 5-1-(1)
      import numpy as np
      import matplotlib.pyplot as plt
      %matplotlib inline
      # 生成資料 -------------------------------
      np.random.seed(seed=1)              # 固定隨機數
      X_min=4                             # X 的下限（用於顯示）
      X_max=30                            # X 的上限（用於顯示）
      X_n=16                              # 資料個數
      X=5 + 25 * np.random.rand(X_n)      # 生成 X
      Prm_c=[170, 108, 0.2]              # 生成參數
      T=Prm_c[0] - Prm_c[1] * np.exp(-Prm_c[2] * X) \
          + 4 * np.random.randn(X_n)     #(A)
      np.savez('ch5_data.npz', X=X, X_min=X_min, X_max=X_max, X_n=X_n, T=T)
      # (B)
```

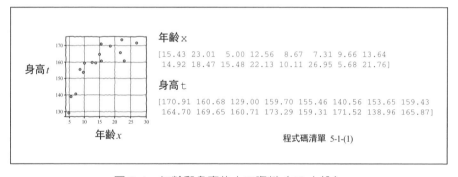

圖 5-1　年齡和身高的人工資料（16 人份）

程式清單 5-1-(1) 隨機生成了 16 個人的年齡 X，然後透過 (A) 處的程式，根據 X 生成了 T。倒數第 3 行最後的 "\" 是換行時使用的符號（如果行中有括號，那麼在括號內換行時不需要使用 "\"）。(B) 處程式生成的資料保存在 ch5_data.npz 中。

執行以下程式清單 5-1-(2)，會輸出 X 的內部資料。

```
In    # 程式清單 5-1-(2)
      print(X)
```

| Out | `[ 15.42555012  23.00811234    5.00285937   12.55831432    8.66889727`
`    7.30846487    9.65650528   13.63901818   14.91918686   18.47041835`
`   15.47986286   22.13048751   10.11130624   26.95293591    5.68468983`
`   21.76168775]` |

如果覺得小數點後面顯示的位數過多，那麼可以使用 np.round 函數進行四捨五入，使輸出更簡潔（程式清單 5-1-(3)）。

| In | `# 程式清單 5-1-(3)`
`print(np.round(X, 2))` |

| Out | `[ 15.43  23.01   5.     12.56   8.67   7.31   9.66  13.64  14.92  18.47`
`   15.48  22.13  10.11  26.95   5.68  21.76]` |

在程式清單 5-1-(3) 中，np.round 的第 2 個參數 2 用於指定保留小數點後兩位。接下來，同樣地看一下 T 中的資料（程式清單 5-1-(4)）。

| In | `# 程式清單 5-1-(4)`
`print(np.round(T, 2))` |

| Out | `[ 170.91  160.68  129.     159.7   155.46  140.56  153.65  159.43  164.7`
`   169.65  160.71  173.29  159.31  171.52  138.96  165.87]` |

趁熱打鐵，我們再透過程式清單 5-1-(5)，將 X 和 T 繪製在圖形上，如圖 5-1 所示。

| In | `# 程式清單 5-1-(5)`
`# 在圖形上顯示資料 ----------------------------`
`plt.figure(figsize=(4, 4))`
`plt.plot(X, T, marker='o', linestyle='None',`
`        markeredgecolor='black', color='cornflowerblue')`
`plt.xlim(X_min, X_max)`
`plt.grid(True)`
`plt.show()` |

| Out | `# 執行結果見圖 5-1` |

至此，人工資料生成完畢。下面我們就先用這份資料進行講解。

5.1.1 直線模型

從前面的圖 5-1 中可以看出，資料不均衡，所以我們不可能根據新的年齡資料 x，分毫不差地預測出對應的身高 t。不過，如果允許一定程度的誤差，那麼透過在這些指定的資料上畫一條直線，似乎就可以根據所有的輸入 x 預測出與其對應的 t 了（圖 5-2）。

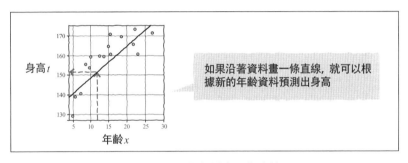

圖 5-2　沿著資料畫一條直線

該直線表示為：

$$y(x) = w_0 x + w_1 \tag{5-2}$$

只要向表示斜率的 w_0 和表示截距的 w_1 代入合適的值，就可以創建不同位置和斜率的直線。由於該式也可以看作一個根據輸入 x 輸出 $y(x)$ 的函數，所以可以把 $y(x)$ 看作根據 x 得出的 t 的預測值。

因此，我們可以把式 5-2 稱為直線模型。那麼，如何確定 w_0 和 w_1 的值，才能使直線擬合資料呢？

5.1.2 平方誤差函數

為了評估資料擬合的程度，我們定義一個誤差函數 J：

$$J = \frac{1}{N} \sum_{n=0}^{N-1} (y_n - t_n)^2 \qquad (5\text{-}3)$$

這裡，令 y_n 表示直線模型中輸入為 x_n 時的輸出：

$$y_n = y(x_n) = w_0 x_n + w_1 \qquad (5\text{-}4)$$

式 5-3 中的 J 稱為均方誤差（Mean Square Error，MSE），如圖 5-3 所示，它表示的是直線和資料點之差的平方的平均值。有些書中使用的是不除以 N 的和方差（Sum-of-Squares Error，SSE），但不管哪種，得出的結論都是一樣的。本書將使用誤差大小不依賴於 N 的均方誤差進行講解。

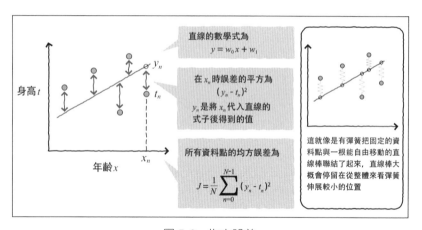

圖 5-3　均方誤差

確定了 w_0 和 w_1 之後，就可以根據它們計算均方誤差 J 了。如果某個 w_0 和 w_1 的組合使得直線過遠地偏離資料，那麼 J 可能也會變得很大。反之，如果有另外一組 w_0 和 w_1 使得直線與資料接近，那麼 J 可能是一個較小的值。但不管如何選擇 w_0 和 w_1，資料都不會完全位於直線上，所以 J 應該不會完全變為 0。

下面透過程式清單 5-1-(6) 來用圖形展示 w 和 J 的關係。具體做法是以某個範圍內的 w_0 和 w_1 為基準計算 J 的值，繪製成圖。

In

```
# 程式清單 5-1-(6)
from mpl_toolkits.mplot3d import Axes3D

# 均方誤差函數 -----------------------------
def mse_line(x, t, w):
    y=w[0] * x + w[1]
    mse=np.mean((y - t)**2)
    return mse

# 計算 -------------------------------------
xn=100   # 等高線的解析度
w0_range=[-25, 25]
w1_range=[120, 170]
w0=np.linspace(w0_range[0], w0_range[1], xn)
w1=np.linspace(w1_range[0], w1_range[1], xn)
ww0, ww1=np.meshgrid(w0, w1)
J=np.zeros((len(w0), len(w1)))
for i0 in range(len(w0)):
    for i1 in range(len(w1)):
        J[i1, i0]=mse_line(X, T, (w0[i0], w1[i1]))

# 顯示 -------------------------------------
plt.figure(figsize=(9.5, 4))
plt.subplots_adjust(wspace=0.5)

ax=plt.subplot(1, 2, 1, projection='3d')
ax.plot_surface(ww0, ww1, J, rstride=10, cstride=10, alpha=0.3,
                color='blue', edgecolor='black')
ax.set_xticks([-20, 0, 20])
ax.set_yticks([120, 140, 160])
ax.view_init(20, -60)

plt.subplot(1, 2, 2)
cont=plt.contour(ww0, ww1, J, 30, colors='black',
                 levels=[100, 1000, 10000, 100000])
cont.clabel(fmt='%d', fontsize=8)
plt.grid(True)
plt.show()
```

Out

```
# 執行結果見圖 5-4
```

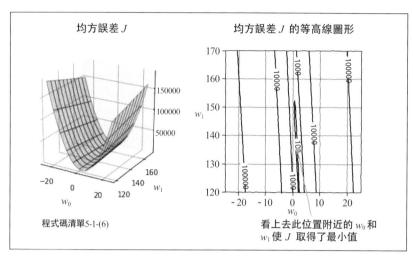

圖 5-4　均方誤差與參數的關係

從如圖 5-4 所示的輸出結果來看，w 空間內的均方誤差簡直就像一個山谷。w_1 表示直線的截距，被設定在從 120 cm 到 170 cm 這 50 cm 的範圍內；w_0 表示直線的斜率，被設定在從 -25 cm 到 25 cm 的範圍內，範圍同樣是 50 cm。

從實際的圖中可以看出，$w0$ 方向的變化對 J 的影響很大。這是由於，斜率哪怕稍有變化，直線都會大幅偏離資料點。但是，從三維圖形（圖 5-4 左）中看不出 $w1$ 方向的變化情況。所以，我們在三維圖形右側把等高線圖也顯示了出來（圖 5-4 右）。這樣就可以從圖中看出，在截距 $w1$ 方向，谷底的高度也隨著斜率的變化而發生了略微的變化。J 看上去在 $w_0=3$、$w_1=135$ 附近取得了最小值。

5.1.3　求參數（梯度法）

那麼，如何求得使 J 最小的 w_0 和 w_1 呢？最簡單且最基礎的方法就是梯度法（又稱最速下降法，steepest descent method）。

在使用梯度法時，我們可以想像一下參數為 w_0 和 w_1 的函數 J 的「地形」（圖 5-5）。

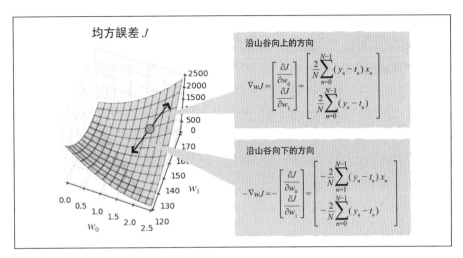

圖 5-5　梯度

首先，隨機確定 w_0 和 w_1 的初始位置，它對應 J 地形上的某個點。然後，計算該點的斜率，朝著使 J 減小得最快的方向使 w_0 和 w_1 稍微移動。多次重複這個步驟，最終我們會找到使 J 的值最小的「碗底」處的 w_0 和 w_1 的值。

想像一下我們站在某一點 (w_0, w_1) 環視一周，上坡的方向可以用 J 對 w_0 和 w_1 的偏導數向量 $\left[\dfrac{\partial J}{\partial w_0}\ \dfrac{\partial J}{\partial w_1}\right]^{\mathrm{T}}$ 表示（圖 5-5，4.5 節）。我們稱它為 J 的梯度（gradient），用符號 $\nabla_w J$ 表示。為了使 J 最小，我們必須朝著 J 的梯度的反方向 $-\nabla_w J = -\left[\dfrac{\partial J}{\partial w_0}\ \dfrac{\partial J}{\partial w_1}\right]^{\mathrm{T}}$ 前進。

以矩陣形式表示的 w 的更新方法（學習法則）為：

$$\boldsymbol{w}(\tau+1) = \boldsymbol{w}(\tau) - \alpha \nabla_w J\big|_{w(\tau)} \tag{5-5}$$

一般來說，$\nabla_w J$ 是 w 的函數。$\nabla_w J\big|_{w(\tau)}$ 是指代入了 w 的當前值 $w(\tau)$ 後得到的 $\nabla_w J$ 的值。這個向量表示的是在當前地點 $w(\tau)$ 的梯度。α 被稱為學習率，它的值為正數，用於調節 w 的更新步幅。該值越大，更新步幅也就越大，收斂也更難，所以這個值需要適當地縮小。

各組成部分的學習法則為：

$$w_0(\tau+1) = w_0(\tau) - a\frac{\partial J}{\partial w_0}\bigg|_{w_0(\tau),\,w_1(\tau)} \tag{5-6}$$

$$w_1(\tau+1) = w_1(\tau) - a\frac{\partial J}{\partial w_1}\bigg|_{w_0(\tau),\,w_1(\tau)} \tag{5-7}$$

下面具體計算一下偏導數。首先，將 J（式 5-3）中 y_n 的部分替換為式 5-4，得到：

$$J = \frac{1}{N}\sum_{n=0}^{N-1}(y_n - t_n)^2 = \frac{1}{N}\sum_{n=0}^{N-1}(w_0 x_n + w_1 - t_n)^2 \tag{5-8}$$

然後，用連鎖律（4.4 節）計算式 5-6 中對 w_0 求偏導數的部分，得到：

$$\frac{\partial J}{\partial w_0} = \frac{2}{N}\sum_{n=0}^{N-1}(w_0 x_n + w_1 - t_n)x_n = \frac{2}{N}\sum_{n=0}^{N-1}(y_n - t_n)x_n \tag{5-9}$$

為了使式 5-9 右側的式子更易讀，我們將 $w_0 x_n + w_1$ 替換回了 y_n。

同樣地對式 5-8 的 w_1 求偏導數，得到：

$$\frac{\partial J}{\partial w_1} = \frac{2}{N}\sum_{n=0}^{N-1}(w_0 x_n + w_1 - t_n) = \frac{2}{N}\sum_{n=0}^{N-1}(y_n - t_n) \tag{5-10}$$

對式 5-6 和式 5-7 處理後得到的學習法則為：

$$w_0(\tau+1) = w_0(\tau) - \alpha\frac{2}{N}\sum_{n=0}^{N-1}(y_n - t_n)x_n \tag{5-11}$$

$$w_1(\tau+1) = w_1(\tau) - \alpha\frac{2}{N}\sum_{n=0}^{N-1}(y_n - t_n) \tag{5-12}$$

這樣一來，學習法則就明確了。下面讓我們嘗試用程式來實現。首先，在程式清單 5-1-(7) 中編寫計算梯度的函數 dmse_line(x, t, w)。傳入資料 x、t 和參數 w 之後，函數會傳回在 w 處的梯度 d_w0 和 d_w1。

```
In     # 程式清單 5-1-(7)
       # 均方誤差的梯度 -----------------------
       def dmse_line(x, t, w):
           y=w[0] * x + w[1]
           d_w0=2 * np.mean((y - t) * x)
           d_w1=2 * np.mean(y - t)
           return d_w0, d_w1
```

接下來測試一下，求出在 w=[10, 165] 處的梯度（程式清單 5-1-(8)）。執行後，函數傳回以下計算結果。

```
In     # 程式清單 5-1-(8)
       d_w=dmse_line(X, T, [10, 165])
       print(np.round(d_w, 1))
```

```
Out    [ 5046.3   301.8]
```

結果中顯示的依次是 w_0 和 w_1 方向的斜率。可以看出這兩個斜率都非常大，而且 w_0 方向的斜率比 w_1 方向的更大。這也與從圖 5-4 中觀察到的情形一致。

接下來，在程式清單 5-1-(9) 中實現呼叫了 dmse_line 的梯度法 fit_line_num(x, t)。fit_line_num(x, t) 以資料 x、t 作為參數，傳回使 dmse_line 最小的參數 w。w 的初值是 w_init=[10.0, 165.0]，這裡使用透過 dmse_line 求得的梯度更新 w。設控制更新步幅的學習率 alpha=0.001。

當 w 到達平坦的區域時（也就是說梯度已經十分小了），停止 w 的更新。具體來說，當梯度的各元素的絕對值變得比 eps=0.1 還小，就跳出 for 迴圈。執行程式後，介面上會顯示最後得到的 w 的值等資訊，並用圖形展示 w 的更新記錄。

In

```
# 程式清單 5-1-(9)
# 梯度法 -----------------------------------
def fit_line_num(x, t):
    w_init=[10.0, 165.0]  # 初始參數
    alpha=0.001      # 學習率
    tau_max=100000  # 重複的最大次數
    eps=0.1          # 停止重複的梯度絕對值的閾值
    w_hist=np.zeros([tau_max, 2])
    w_hist[0, :]=w_init
    for tau in range(1, tau_max):
        dmse=dmse_line(x, t, w_hist[tau - 1])
        w_hist[tau, 0]=w_hist[tau - 1, 0] - alpha * dmse[0]
        w_hist[tau, 1]=w_hist[tau - 1, 1] - alpha * dmse[1]
        if max(np.absolute(dmse)) < eps: # 結束判斷
            break
    w0=w_hist[tau, 0]
    w1=w_hist[tau, 1]
    w_hist=w_hist[:tau, :]
    return w0, w1, dmse, w_hist


# 主處理 ---------------------------------------
plt.figure(figsize=(4, 4))
# 顯示 MSE 的等高線
wn=100  # 等高線解析度
w0_range=[-25, 25]
w1_range=[120, 170]
w0=np.linspace(w0_range[0], w0_range[1], wn)
w1=np.linspace(w1_range[0], w1_range[1], wn)
ww0, ww1=np.meshgrid(w0, w1)
J=np.zeros((len(w0), len(w1)))
for i0 in range(wn):
    for i1 in range(wn):
        J[i1, i0]=mse_line(X, T, (w0[i0], w1[i1]))
cont=plt.contour(ww0, ww1, J, 30, colors='black',
                levels=(100, 1000, 10000, 100000))
cont.clabel(fmt='%1.0f', fontsize=8)
plt.grid(True)
# 呼叫梯度法
W0, W1, dMSE, W_history=fit_line_num(X, T)
```

```
# 顯示結果
print('重複次數 {0}'.format(W_history.shape[0]))
print('W=[{0:.6f}, {1:.6f}]'.format(W0, W1))
print('dMSE=[{0:.6f}, {1:.6f}]'.format(dMSE[0], dMSE[1]))
print('MSE={0:.6f}'.format(mse_line(X, T, [W0, W1])))
plt.plot(W_history[:, 0], W_history[:, 1], '.-',
         color='gray', markersize=10, markeredgecolor='cornflowerblue')
plt.show()
```

Out | # 執行結果見圖 5-6

結果如圖 5-6 所示。圖中在均方誤差 J 的等高線上以粗體線條展示了 w 的更新過程。從圖中可以看出，w 一開始朝著梯度大的山谷方向進發，到達谷底後，緩慢地朝著谷底的中心前進，最後到達了幾乎沒有梯度的地點。

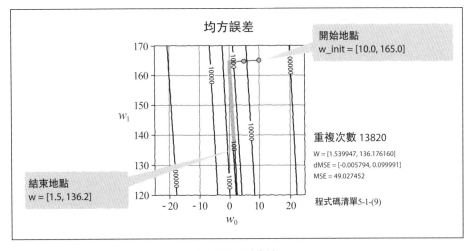

圖 5-6　梯度法

那麼，求得的 W0 和 W1 是否真的是符合資料分佈情況的斜率和截距呢？下面，我們把透過程式清單 5-1-(9) 求出的 W0 和 W1 的值代入直線 $y = w_0 x + w_1$，然後把直線畫在資料分佈圖上（程式清單 5-1-(10)）。

In
```
# 程式清單 5-1-(10)
# 顯示直線 --------------------------------
def show_line(w):
    xb=np.linspace(X_min, X_max, 100)
    y=w[0] * xb + w[1]
    plt.plot(xb, y, color=(.5, .5, .5), linewidth=4)

# 主處理 --------------------------------
plt.figure(figsize=(4, 4))
W=np.array([W0, W1])
mse=mse_line(X, T, W)
print("w0={0:.3f}, w1={1:.3f}".format(W0, W1))
print("SD={0:.3f} cm".format(np.sqrt(mse)))
show_line(W)
plt.plot(X, T, marker='o', linestyle='None',
        color='cornflowerblue', markeredgecolor='black')
plt.xlim(X_min, X_max)
plt.grid(True)
plt.show()
```

Out
```
# 執行結果見圖 5-7
```

程式清單 5-1-(10) 畫出的圖如圖 5-7 所示，直線的位置看起來正好。

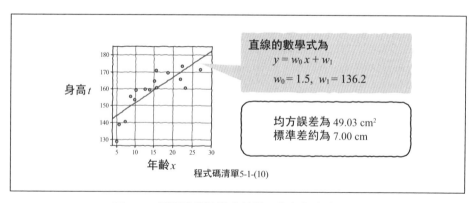

圖 5-7　透過梯度法對直線模型進行擬合的結果

不過，毫無疑問，直線與資料並不完全一致。那麼如何衡量直線與資料的一致程度呢？

這時的均方誤差是 49.03 cm²，所謂均方誤差，顧名思義，是誤差的平方，所以我們不能透過這個值直觀地了解誤差有多大。因此，為了將平方之後的值恢復為平方之前的值，我們需要計算 49.03 的平方根 $\sqrt{49.03}$。計算結果約為 7.00 cm。也就是說，直線與資料的誤差在 7.00 cm 左右，這是一個直觀易懂的值。從圖中也可以看出，直線與資料的誤差大致上就是這種程度。

這個均方誤差的平方根稱為標準差（Standard Deviation，SD）。稍微嚴密一點地說，「誤差在 7.00 cm 左右」指的是「假設誤差遵循正態分佈，那麼在佔整體 68% 的資料點上，誤差在 7.00 cm 以下」。這是因為，在遵循正態分佈的情況下，與平均值偏離 ±1 個標準差的範圍所佔比率為整體分佈的 68%。

然後，只要能求出 J 的梯度，就能用最小平方法求出極小值。

但需要注意的是，一般用梯度法求出的解歸根結底是一個極小值，不一定就是全域的最小值。如果 J 的「地形」中到處是凹坑，那麼最小平方法會收斂於初值附近的凹坑地點（極小值）。在 J 的「地形」非常複雜的情況下，我們很難找到最深的凹坑地點（最小值）。在實踐中，可以採取近似的做法，也就是使用不同的初值多次應用梯度法，然後將結果中使 J 最小的地點近似作為最小值。

不過，就這裡介紹的直線模型的情況來說，由於 J 是 w_0 和 w_1 的二次函數，所以可以保證 J 是只有一個凹坑的「碗形」函數。因此，不管從什麼樣的初值開始，只要選擇的學習率合適，那麼最終必將收斂於全域的最小值。

5.1.4 直線模型參數的解析解

梯度法是重複進行計算，從而求出近似值的數值計算法。這樣求出的解稱為數值解。不過，其實就直線模型的情況來說，除了求出近似解，還可以透過解方程式求出嚴密的解。這樣的解稱為解析解。在求解析解時，無須重複進行計算，只需要一次計算即可求得最佳的 w。計算時間短，解又精確，簡直盡善盡美。

此外，對解析解的推導有助我們更加深入地了解問題的本質，有助了解支持多維資料、擴充為曲線模型，以及核心方法 [1] 等。下面我們回歸正題，推導盡善盡美的解析解。

這裡我們再確認一下目標：找到使 J 極小的地點 w。這個地點的斜率應該為 0，所以我們只要找到斜率為 0 的地點 w，也就是滿足 $\partial J / \partial w_0 = 0$ 和 $\partial J / \partial w_1 = 0$ 的 w_0 和 w_1 即可。接下來，我們從使式 5-9 和式 5-10 等於 0 開始推導：

$$\frac{\partial J}{\partial w_0} = \frac{2}{N} \sum_{n=0}^{N-1} (w_0 x_n + w_1 - t_n) x_n = 0 \qquad (5\text{-}13)$$

$$\frac{\partial J}{\partial w_1} = \frac{2}{N} \sum_{n=0}^{N-1} (w_0 x_n + w_1 - t_n) = 0 \qquad (5\text{-}14)$$

首先從式 5-13 開始，將式 5-13 的等號兩側除以 2：

$$\frac{1}{N} \sum_{n=0}^{N-1} (w_0 x_n + w_1 - t_n) x_n = 0 \qquad (5\text{-}15)$$

把式 5-15 的求和符號按各項展開，得到（4.2 節）：

$$\frac{1}{N} \sum_{n=0}^{N-1} w_0 x_n^2 + \frac{1}{N} \sum_{n=0}^{N-1} w_1 x_n - \frac{1}{N} \sum_{n=0}^{N-1} t_n x_n = 0 \qquad (5\text{-}16)$$

1　即 Kernel Method，這是一個突破性的方法，由於篇幅所限，本書未涉及。

第 1 項的 w_0 與 n 無關，所以可以提取到求和符號外面。第 2 項的 w_1 也是與 n 無關的常數，也可以提取到求和符號外面。變形後，整體的方程式為：

$$w_0 \frac{1}{N} \sum_{n=0}^{N-1} x_n^2 + w_1 \frac{1}{N} \sum_{n=0}^{N-1} x_n - \frac{1}{N} \sum_{n=0}^{N-1} t_n x_n = 0 \qquad (5\text{-}17)$$

其中，第 1 項 $\frac{1}{N}\sum_{n=0}^{N-1} x_n^2$ 表示輸入資料 x 的平方的平均值，第 2 項 $\frac{1}{N}\sum_{n=0}^{N-1} x_n$ 表示輸入資料 x 的平均值，第 3 項 $\frac{1}{N}\sum_{n=0}^{N-1} t_n x_n$ 表示目標資料 t 與輸入資料 x 的積的平均值。因此，這些項可以像下面這樣表示：

$$<x^2> = \frac{1}{N} \sum_{n=0}^{N-1} x_n^2 \quad <x> = \frac{1}{N} \sum_{n=0}^{N-1} x_n \quad <tx> = \frac{1}{N} \sum_{n=0}^{N-1} t_n x_n$$

一般用 $<f(x)>$ 表示 $f(x)$ 的平均值，於是可以把式 5-17 簡化為：

$$w_0 <x^2> + w_1 <x> - <tx> = 0 \qquad (5\text{-}18)$$

同樣地整理式 5-14，得到：

$$w_0 <x> + w_1 - <t> = 0 \qquad (5\text{-}19)$$

這裡，$<t> = \frac{1}{N}\sum_{n=0}^{N-1} t_n$。然後，將式 5-18 和式 5-19 作為聯立方程式，求 w_0 和 w_1。以下改寫式 5-19，然後將其代入式 5-18，整理為 "w_0=" 的形式：

$$w_1 = <t> - w_0 <x>$$

得到：

$$w_0 = \frac{<tx> - <t><x>}{<x^2> - <x>^2} \qquad (5\text{-}20)$$

根據求出的 w_0，可以進一步求出 w_1：

$$\begin{aligned} w_1 &= <t> - w_0 <x> \\ &= <t> - \frac{<tx> - <t><x>}{<x^2> - <x>^2} <x> \end{aligned} \qquad (5\text{-}21)$$

這裡的式 5-20 和式 5-21 就是 w 的解析解。請注意，式 5-20 的分母中的 $<x^2>$ 和 $<x>^2$ 是不同的數值。$<x^2>$ 是 x^2 的平均值，而 $<x>^2$ 是 $<x>$ 的平方。

接下來，馬上將輸入資料 X 和目標資料 T 的值代入該式，試著求 w（程式清單 5-1-(11)）。毫無疑問，最終得到的是與梯度法幾乎相同的結果（圖 5-8）。

In
```python
# 程式清單 5-1-(11)
# 解析解 ----------------------------------
def fit_line(x, t):
    mx=np.mean(x)
    mt=np.mean(t)
    mtx=np.mean(t * x)
    mxx=np.mean(x * x)
    w0=(mtx - mt * mx) / (mxx - mx**2)
    w1=mt - w0 * mx
    return np.array([w0, w1])

# 主處理 ----------------------------------
W=fit_line(X, T)
print("w0={0:.3f}, w1={1:.3f}".format(W[0], W[1]))
mse=mse_line(X, T, W)
print("SD={0:.3f} cm".format(np.sqrt(mse)))
plt.figure(figsize=(4, 4))
show_line(W)
plt.plot(X, T, marker='o', linestyle='None',
         color='cornflowerblue', markeredgecolor='black')
plt.xlim(X_min, X_max)
plt.grid(True)
plt.show()
```

Out
```
# 執行結果見圖 5-8
```

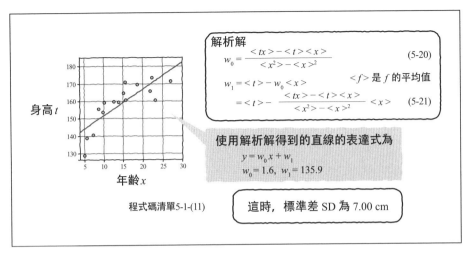

解析解

$$w_0 = \frac{<tx> - <t><x>}{<x^2> - <x>^2} \quad\quad\quad (5\text{-}20)$$

$$w_1 = <t> - w_0<x> \quad\quad <f> \text{ 是 } f \text{ 的平均值}$$

$$= <t> - \frac{<tx> - <t><x>}{<x^2> - <x>^2}<x> \quad (5\text{-}21)$$

使用解析解得到的直線的表達式為

$$y = w_0 x + w_1$$
$$w_0 = 1.6, \ w_1 = 135.9$$

程式碼清單5-1-(11)

這時，標準差 SD 為 7.00 cm

圖 5-8　使用解析解對直線模型進行擬合的結果

這說明，用直線擬合時可以推導出解析解，無須使用梯度法。當然，我們在 5.1.3 節學到的梯度法並不會白學，它會在無法求出解析解的模型中發揮作用。不管怎麼說，計算出的理論結果與預想中一樣擬合了資料，真讓人心情舒暢！

5.2 ‖ 二維輸入的平面模型

下面我們探討輸入為二維的情況，設擴充後的 $\boldsymbol{x}=(x_0, x_1)$。在一維的情況下，$x_n$ 只表示年齡，現在我們打算在年齡資訊的基礎上加上體重資訊，並以此預測身高。

首先創建一些體重資料。我們假設資料中人的身體質量指數（Body Mass Index，BMI）的平均值為 23，則體重為：

$$體重(kg) = 23 \times \left(\frac{身高(cm)}{100}\right)^2 + noise \quad\quad (5\text{-}22)$$

該式很簡單，表示體重與身高的平方成正比。生成體重資料的程式如程式清單 5-1-(12) 所示。將之前程式中的年齡變數由 X 修改為 X0，並增加一個代表體重資料的變數 X1。

```
# 程式清單 5-1-(12)
# 生成二維資料 ------------------------
X0=X
X0_min=5
X0_max=30
np.random.seed(seed=1)   # 固定隨機數
X1=23 * (T / 100)**2 + 2 * np.random.randn(X_n)
X1_min=40
X1_max=75
```

然後，透過程式清單 5-1-(13) 輸出生成的資料。

```
# 程式清單 5-1-(13)
print(np.round(X0, 2))
print(np.round(X1, 2))
print(np.round(T, 2))
```

```
[ 15.43  23.01   5.    12.56   8.67   7.31   9.66  13.64  14.92  18.47
  15.48  22.13  10.11  26.95   5.68  21.76]
[ 70.43  58.15  37.22  56.51  57.32  40.84  57.79  56.94  63.03  65.69
  62.33  64.95  57.73  66.89  46.68  61.08]
[ 170.91  160.68  129.    159.7   155.46  140.56  153.65  159.43  164.7
  169.65  160.71  173.29  159.31  171.52  138.96  165.87]
```

輸出結果就是由程式生成的 16 個人的 X0、X1 和 T 資料。下面透過程式清單 5-1-(14) 以三維圖形的形式展示資料。

In

```
# 程式清單 5-1-(14)
# 顯示二維資料 -----------------------
def show_data2(ax, x0, x1, t):
    for i in range(len(x0)):
        ax.plot([x0[i], x0[i]], [x1[i], x1[i]],
                [120, t[i]], color='gray')
    ax.plot(x0, x1, t, 'o',
            color='cornflowerblue', markeredgecolor='black',
            markersize=6, markeredgewidth=0.5)
    ax.view_init(elev=35, azim=-75)

# 主處理 -----------------------------------
plt.figure(figsize=(6, 5))
ax=plt.subplot(1,1,1,projection='3d')
show_data2(ax, X0, X1, T)
plt.show()
```

Out

```
# 執行結果見圖 5-9
```

圖 5-9　包含年齡、體重與身高資訊的人工資料

我們在創建資料時遵循的原則是年齡越大、體重越重，身高就越高。

5.2.1 資料的表示方法

這裡我們整理一下數學式中資料的表示方法。n 已經用於表示資料編號了，所以這裡用 m 表示向量元素（比如，0＝年齡，1＝體重）的編號。

以 x 的索引形式，即 $x_{n,m}$ 的形式表示資料編號 n、元素編號 m 處的 x（如果不會引起問題，也可以省略 n 和 m 之間的 ","，以 x_{nm} 的形式表示）。具體來說，以 $x_{3,1}$ 為例，索引中左側的數字表示資料編號（人的編號）為 3，右側的數字表示元素編號（＝體重）為 1。如果要統一表示資料編號為 n 的 x 的所有元素，則需要以粗斜體表示為列向量：

$$\boldsymbol{x}_n = \begin{bmatrix} x_{n,0} \\ x_{n,1} \end{bmatrix} \tag{5-23}$$

如果 x_n 不是二維的，而是 M 維的，那麼它的形式為：

$$\boldsymbol{x}_n = \begin{bmatrix} x_{n,0} \\ x_{n,1} \\ \vdots \\ x_{n,M-1} \end{bmatrix} \tag{5-24}$$

如果想進一步表示所有資料 N，可以像下式的中間部分一樣，以矩陣的形式表示。就像下式最右側那樣，可以把這種標記法解釋為將式 5-24 中定義的資料向量轉置成了垂直排列的形式：

$$\boldsymbol{X} = \begin{bmatrix} x_{0,0} & x_{0,1} & \cdots & x_{0,M-1} \\ x_{1,0} & x_{1,1} & \cdots & x_{1,M-1} \\ \vdots & \vdots & \ddots & \vdots \\ x_{N-1,0} & x_{N-1,1} & \cdots & x_{N-1,M-1} \end{bmatrix} = \begin{bmatrix} \boldsymbol{x}_0^{\mathrm{T}} \\ \boldsymbol{x}_1^{\mathrm{T}} \\ \vdots \\ \boldsymbol{x}_{N-1}^{\mathrm{T}} \end{bmatrix} \tag{5-25}$$

在表示矩陣時，使用粗斜體大寫字母表示。有時我們還想整理表示第 m 個維度的資料，在這種情況下，可以以行向量的形式表示：

$$\boldsymbol{x}_m = \begin{bmatrix} x_{0,m} & x_{1,m} & \cdots & x_{N-1,m} \end{bmatrix} \tag{5-26}$$

我們可以根據索引是 n 還是 m 來區分它是列向量 x_n 還是行向量 x_m。對於索引為數字，以致區分不出是行向量還是列向量的情況，本書將以 $x_n=1$ 或 $x_m=0$ 等形式予以明確。

如果要整理表示 t 的 N 個資料，可以以列向量的形式表示：

$$t = \begin{bmatrix} t_0 \\ t_1 \\ \vdots \\ t_{N-1} \end{bmatrix} \tag{5-27}$$

5.2.2 平面模型

下面回到正題。N 個二維向量 x_n 跟與其相連結的 t_n 的關係如圖 5-9 所示，圖中的各個軸分別表示 $x_{n,m=0}$、$x_{n,m=1}$ 和 t_n，這樣的三維圖形很直觀。這時如果不使用直線而是使用平面，似乎就可以根據新的 $x=[x_0, x_1]^T$ 預測 t 了（圖 5-10）。

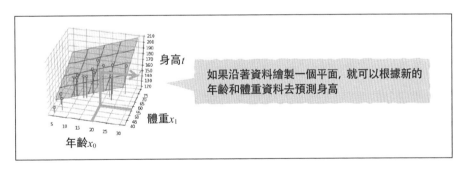

圖 5-10　沿著資料繪製平面

先在程式清單 5-1-(15) 中編寫一個對任意 w 繪製平面的函數 show_plane(ax, w)。函數的 ax 參數在程式清單 5-1-(14) 中也用到了，它是在繪製三維圖形時所需的要繪製的圖形的 id（3.2 節）。此外，程式清單中還包含用於計算均方誤差的函數 mse_plane(x0, x1, t, w)。

```
In   # 程式清單 5-1-(15)
     # 顯示平面 ---------------------------------
     def show_plane(ax, w):
         px0=np.linspace(X0_min, X0_max, 5)
         px1=np.linspace(X1_min, X1_max, 5)
         px0, px1=np.meshgrid(px0, px1)
         y=w[0]*px0 + w[1] * px1 + w[2]
         ax.plot_surface(px0, px1, y, rstride=1, cstride=1, alpha=0.3,
                         color='blue', edgecolor='black')

     # 平面的 MSE ---------------------------------
     def mse_plane(x0, x1, t, w):
         y=w[0] * x0 + w[1] * x1 + w[2]     # (A)
         mse=np.mean((y - t)**2)
         return mse
     # 主處理 ---------------------------------
     plt.figure(figsize=(6, 5))
     ax=plt.subplot(1, 1, 1, projection='3d')
     W=[1.5, 1, 90]
     show_plane(ax, W)
     show_data2(ax, X0, X1, T)
     mse=mse_plane(X0, X1, T, W)
     print("SD={0:.2f} cm".format(np.sqrt(mse)))
     plt.show()
```

```
Out   # 執行結果見圖 5-10
```

這個平面的函數為（程式清單 5-1-(15) 的 (A)）：

$$y(\boldsymbol{x}) = w_0 x_0 + w_1 x_1 + w_2 \tag{5-28}$$

向 w_0、w_1 和 w_2 代入各種各樣的數值之後，會得到各種不同位置及斜率的平面。那麼，這個函數是如何表示平面的呢？讓我們想像一下。這個函數可以根據 x_0 和 x_1 的資料對來確定 y 的值。我們想像一下在座標 (x_0, x_1) 上高度為 y 的位置，也就是座標 (x_0, x_1, y) 上打上一個點。在所有的 (x_0, x_1) 資料對上重複這一處理，就可以在空間中打上許許多多的點。這些點的集合就形成了一個平面。

5.2.3 平面模型參數的解析解

下面我們求最擬合資料的 $w=[w_0, w_1, w_2]$。對於二維的平面模型，也可以與一維的直線模型一樣，將均方誤差定義為：

$$J = \frac{1}{N}\sum_{n=0}^{N-1}(y(\boldsymbol{x}_n)-t_n)^2 = \frac{1}{N}\sum_{n=0}^{N-1}(w_0 x_{n,0}+w_1 x_{n,1}+w_2-t_n)^2 \quad (5\text{-}29)$$

調整 w 會使平面朝向不同的方向，對應地 J 也會發生變化。我們的目標是求出使 J 最小的 $w=[w_0, w_1, w_2]$。使 J 最小的最佳的 w 使得平面的斜率為 0，也就是說，對於 w 的微小變化，J 的變化為 0，所以 J 對 w_0 的偏導數為 0，J 對 w_1 的偏導數和對 w_2 的偏導數也都為 0，因此：

$$\frac{\partial J}{\partial w_0}=0 \quad , \quad \frac{\partial J}{\partial w_1}=0 \quad , \quad \frac{\partial J}{\partial w_2}=0 \quad (5\text{-}30)$$

J 對 w_0 的偏導數為：

$$\begin{aligned}\frac{\partial J}{\partial w_0} &= \frac{2}{N}\sum_{n=0}^{N-1}(w_0 x_{n,0}+w_1 x_{n,1}+w_2-t_n)x_{n,0}\\ &= 2\left\{w_0<x_0^2>+w_1<x_0 x_1>+w_2<x_0>-<tx_0>\right\}=0\end{aligned} \quad (5\text{-}31)$$

J 對 w_1 的偏導數為：

$$\begin{aligned}\frac{\partial J}{\partial w_1} &= \frac{2}{N}\sum_{n=0}^{N-1}(w_0 x_{n,0}+w_1 x_{n,1}+w_2-t_n)x_{n,1}\\ &= 2\left\{w_0<x_0 x_1>+w_1<x_1^2>+w_2<x_1>-<tx_1>\right\}=0\end{aligned} \quad (5\text{-}32)$$

最後，J 對 w_2 的偏導數為：

$$\begin{aligned}\frac{\partial J}{\partial w_2} &= \frac{2}{N}\sum_{n=0}^{N-1}(w_0 x_{n,0}+w_1 x_{n,1}+w_2-t_n)\\ &= 2\left\{w_0<x_0>+w_1<x_1>+w_2-<t>\right\}=0\end{aligned} \quad (5\text{-}33)$$

根據這三個式子的聯立方程式一步一步地求 w_0、w_1 和 w_2，可以得到：

$$w_0 = \frac{\mathrm{cov}(t,x_1)\mathrm{cov}(x_0,x_1)-\mathrm{var}(x_1)\mathrm{cov}(t,x_0)}{\mathrm{cov}(x_0,x_1)^2-\mathrm{var}(x_0)\mathrm{var}(x_1)} \quad (5\text{-}34)$$

$$w_1 = \frac{\mathrm{cov}(t, x_0)\mathrm{cov}(x_0, x_1) - \mathrm{var}(x_0)\mathrm{cov}(t, x_1)}{\mathrm{cov}(x_0, x_1)^2 - \mathrm{var}(x_0)\mathrm{var}(x_1)} \quad\quad (5\text{-}35)$$

$$w_2 = -w_0 <x_0> -w_1 <x_1> + <t> \quad\quad (5\text{-}36)$$

在上式中，$\mathrm{var}(a)=<a^2>-<a>^2$，$\mathrm{cov}(a, b)=<ab>-<a><b>$。這是兩個統計量，前者是 a 的方差，後者是 a 和 b 的協方差。a 的方差表示 a 的資料的偏離程度，而 a 和 b 的協方差表示 a 和 b 如何相互影響。式中自然而然地出現了這樣的統計量，很有意思。

下面我們馬上向得到的式 5-34 ~ 式 5-36 中代入實際的輸入資料 X0、X1 和目標資料 T 的值，求出 w_0、w_1 和 w_2，然後繪製平面（程式清單 5-1-(16)）。

```
In     # 程式清單 5-1-(16)
       # 解析解 ------------------------------------
       def fit_plane(x0, x1, t):
           c_tx0=np.mean(t * x0) - np.mean(t) * np.mean(x0)
           c_tx1=np.mean(t * x1) - np.mean(t) * np.mean(x1)
           c_x0x1=np.mean(x0 * x1) - np.mean(x0) * np.mean(x1)
           v_x0=np.var(x0)
           v_x1=np.var(x1)
           w0=(c_tx1 * c_x0x1 - v_x1 * c_tx0) / (c_x0x1**2 - v_x0 * v_x1)
           w1=(c_tx0 * c_x0x1 - v_x0 * c_tx1) / (c_x0x1**2 - v_x0 * v_x1)
           w2=-w0 * np.mean(x0) - w1 * np.mean(x1) + np.mean(t)
           return np.array([w0, w1, w2])


       # 主處理 ------------------------------------
       plt.figure(figsize=(6, 5))
       ax=plt.subplot(1, 1, 1, projection='3d')
       W=fit_plane(X0, X1, T)
       print("w0={0:.1f}, w1={1:.1f}, w2={2:.1f}".format(W[0], W[1], W[2]))
       show_plane(ax, W)
       show_data2(ax, X0, X1, T)
       mse=mse_plane(X0, X1, T, W)
       print("SD={0:.2f} cm".format(np.sqrt(mse)))
       plt.show()
```

Out	# 執行結果見圖 5-11

程式清單 5-1-(16) 的執行結果如圖 5-11 所示，可以看出平面對資料點擬合得很好。

誤差的標準差 SD 為 2.55 cm，比直線模型的標準差 7.00 cm 還小。這說明在預測身高時，比起只使用年齡資訊去預測的做法，加上體重資訊後預測精度更高。

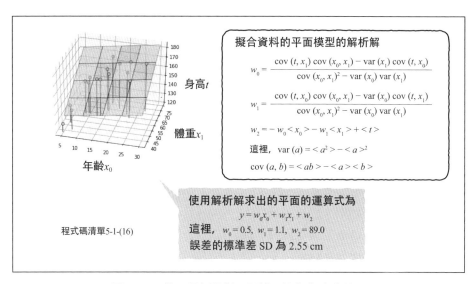

圖 5-11　使用解析解對平面模型進行擬合的結果

5.3 ‖ D 維線性回歸模型

那麼當 x 是三維、四維甚至更高維度時，該如何處理呢？推導不同維度的所有公式是非常麻煩的。因此，本節我們把維度也當作變數，將其設為 D，嘗試在此基礎上推導公式。

這其實是本書中一個重要的困難。可以説，我們在 5.1 節和 5.2 節對一維資料和二維資料的解析解的推導，都是為推導 D 維資料的解析解而做的鋪陳。只要突破了這個困難，再讀之前覺得難懂的機器學習教材，就會覺得這些書一下子變得容易了。所以，讓我們打起精神繼續學習。

5.3.1 D 維線性回歸模型

這個模型與用於處理一維輸入的直線模型、用於處理二維輸入的平面模型是同一種模型，都被稱為線性回歸模型：

$$y(\boldsymbol{x}) = w_0 x_0 + w_1 x_1 + \cdots + w_{D-1} x_{D-1} + w_D \tag{5-37}$$

最後的 w_D 表示截距，注意它沒有與 x 相乘。不過，簡單起見，這裡先思考一下不包含截距項的模型：

$$y(\boldsymbol{x}) = w_0 x_0 + w_1 x_1 + \cdots + w_{D-1} x_{D-1} \tag{5-38}$$

如果模型中不包含截距 w_D，那麼無論 w 的值如何，在原點 $x=[0, 0, \cdots, 0]$ 處的 y 都為 0。也就是說，無論 w 值如何，這個模型都是一個通過原點的平面（可以想像為多維空間中的面）。這是因為，沒有了截距，圖形也就無法上下平行移動了。

我們可以使用矩陣形式對模型進行簡化，表示為 $w^\mathrm{T}x$ 的形式：

$$y(\boldsymbol{x}) = w_0 x_0 + w_1 x_1 + \cdots + w_{D-1} x_{D-1} = \begin{bmatrix} w_0 \cdots w_{D-1} \end{bmatrix} \begin{bmatrix} x_0 \\ \vdots \\ x_{D-1} \end{bmatrix} = \boldsymbol{w}^\mathrm{T} \boldsymbol{x} \tag{5-39}$$

其中，w 為：

$$\boldsymbol{w} = \begin{bmatrix} w_0 \\ w_1 \\ \vdots \\ w_{D-1} \end{bmatrix}$$

w^{T} 就是把上面的 w 轉置為水平形式之後得到的行向量。

5.3.2 參數的解析解

下面開始求解析解。與之前一樣，將均方誤差 J 表示為：

$$J(\boldsymbol{w}) = \frac{1}{N}\sum_{n=0}^{N-1}(y(\boldsymbol{x}_n) - t_n)^2 = \frac{1}{N}\sum_{n=0}^{N-1}(\boldsymbol{w}^{\mathrm{T}}\boldsymbol{x}_n - t_n)^2 \qquad (5\text{-}40)$$

使用我們已經熟悉的連鎖律對 w_i 求偏導數，得到：

$$\frac{\partial J}{\partial w_i} = \frac{1}{N}\sum_{n=0}^{N-1}\frac{\partial}{\partial w_i}(\boldsymbol{w}^{\mathrm{T}}\boldsymbol{x}_n - t_n)^2 = \frac{2}{N}\sum_{n=0}^{N-1}(\boldsymbol{w}^{\mathrm{T}}\boldsymbol{x}_n - t_n)x_{n,i} \qquad (5\text{-}41)$$

補充説明一下，將 $\boldsymbol{w}^{\mathrm{T}}\boldsymbol{x}_n = w_0 x_{n,0} + \cdots + w_{D-1} x_{n,D-1}$ 對 w_i 求偏導數，最終只會剩下 $x_{n,i}$ 一項。

使 J 最小的 w 在所有的 w_i 方向的斜率都是 0，也就是説偏導數（式5-41）的值為 0，因此在 $i=0 \sim D\text{-}1$ 的範圍內，有：

$$\frac{2}{N}\sum_{n=0}^{N-1}(\boldsymbol{w}^{\mathrm{T}}\boldsymbol{x}_n - t_n)x_{n,i} = 0 \qquad (5\text{-}42)$$

這就是説，如果透過這 D 個聯立方程式求解各個 w_i，應該就可以求出答案。首先在等式兩側乘以 $N\,/\,2$ 進行簡化，得到：

$$\sum_{n=0}^{N-1}(\boldsymbol{w}^{\mathrm{T}}\boldsymbol{x}_n - t_n)x_{n,i} = 0 \qquad (5\text{-}43)$$

不過，在此之前都是將 D 具體化為 $D=1$、$D=2$ 來求 w 的，現在則仍將 D 作為變數來求 w，能求出來嗎？

這就要用到矩陣了。如果使用矩陣，那麼無須對 D 做任何處理就可以求出答案。

首先把式 5-43 整體調整為向量形式。式 5-43 對所有 i 都成立,所以將其詳細展開,可以得到:

$$\sum_{n=0}^{N-1}(\boldsymbol{w}^\mathrm{T}\boldsymbol{x}_n - t_n)x_{n,0} = 0$$

$$\sum_{n=0}^{N-1}(\boldsymbol{w}^\mathrm{T}\boldsymbol{x}_n - t_n)x_{n,1} = 0 \tag{5-44}$$

$$\vdots$$

$$\sum_{n=0}^{N-1}(\boldsymbol{w}^\mathrm{T}\boldsymbol{x}_n - t_n)x_{n,D-1} = 0$$

在式 5-44 中,只有最後的 x 的索引是不同的,它從 0 逐漸變化到 D-1。我們可以將這些式子以向量的形式整理為一個,得到下式,等式右側是一個 D 維的零向量:

$$\sum_{n=0}^{N-1}(\boldsymbol{w}^\mathrm{T}\boldsymbol{x}_n - t_n)\begin{bmatrix} x_{n,0}, x_{n,1}, \cdots, x_{n,D-1} \end{bmatrix} = \begin{bmatrix} 0 & 0 & \cdots & 0 \end{bmatrix} \tag{5-45}$$

由於 $[x_{n,0}, x_{n,1}, \cdots, x_{n,D-1}]$ 是 $\boldsymbol{x}_n^\mathrm{T}$,所以式 5-45 可以改寫為:

$$\sum_{n=0}^{N-1}(\boldsymbol{w}^\mathrm{T}\boldsymbol{x}_n - t_n)\boldsymbol{x}_n^\mathrm{T} = \begin{bmatrix} 0 & 0 & \cdots & 0 \end{bmatrix} \tag{5-46}$$

這樣一來,式 5-43 就被轉為向量形式了。對矩陣來說,$(a+b)c=ac+bc$ 法則(分配律)也成立,所以式 5-46 還可以展開為:

$$\sum_{n=0}^{N-1}(\boldsymbol{w}^\mathrm{T}\boldsymbol{x}_n\boldsymbol{x}_n^\mathrm{T} - t_n\boldsymbol{x}_n^\mathrm{T}) = \begin{bmatrix} 0 & 0 & \cdots & 0 \end{bmatrix} \tag{5-47}$$

然後,將求和運算分解,得到:

$$\boldsymbol{w}^\mathrm{T}\sum_{n=0}^{N-1}\boldsymbol{x}_n\boldsymbol{x}_n^\mathrm{T} - \sum_{n=0}^{N-1}t_n\boldsymbol{x}_n^\mathrm{T} = \begin{bmatrix} 0 & 0 & \cdots & 0 \end{bmatrix} \tag{5-48}$$

該式等號左側可以表示為矩陣形式:

$$\boldsymbol{w}^\mathrm{T}\boldsymbol{X}^\mathrm{T}\boldsymbol{X} - \boldsymbol{t}^\mathrm{T}\boldsymbol{X} = \begin{bmatrix} 0 & 0 & \cdots & 0 \end{bmatrix} \tag{5-49}$$

其中的 X 是把所有資料整理之後得到的矩陣，可以看作將每個資料向量的轉置 x_n^T 垂直排列得到的向量的向量：

$$X = \begin{bmatrix} x_{0,0} & x_{0,1} & \cdots & x_{0,D-1} \\ x_{1,0} & x_{1,1} & \cdots & x_{1,D-1} \\ \vdots & \vdots & \ddots & \vdots \\ x_{N-1,0} & x_{N-1,1} & \cdots & x_{N-1,D-1} \end{bmatrix} = \begin{bmatrix} x_0^T \\ x_1^T \\ \vdots \\ x_{N-1}^T \end{bmatrix} \tag{5-50}$$

在將式 5-48 轉為式 5-49 的過程中，我們使用了：

$$\sum_{n=0}^{N-1} x_n x_n^T = X^T X \tag{5-51}$$

$$\sum_{n=0}^{N-1} t_n x_n^T = t^T X \tag{5-52}$$

資料矩陣 X 可以像式 5-50 中等號右側一樣以 x_n^T 的形式表示，發現這一點之後，習慣於矩陣計算的讀者或許會發現，式 5-51 和式 5-52 都成立。

當然，我們還可以透過各組成部分去確認這一點。把式 5-51 的左側和右側都轉為代表各元素的矩陣形式，那麼無論左側還是右側，最終都可以表示為下式，所以等式是成立的。透過假設 $N=2$、$D=2$，可以很輕鬆地確認這一點。

$$\begin{bmatrix} \sum_{n=0}^{N-1} x_{n,0}^2 & \sum_{n=0}^{N-1} x_{n,0} x_{n,1} & \cdots & \sum_{n=0}^{N-1} x_{n,0} x_{n,D-1} \\ \sum_{n=0}^{N-1} x_{n,1} x_{n,0} & \sum_{n=0}^{N-1} x_{n,1}^2 & \cdots & \sum_{n=0}^{N-1} x_{n,1} x_{n,D-1} \\ \vdots & \vdots & \vdots & \vdots \\ \sum_{n=0}^{N-1} x_{n,D-1} x_{n,0} & \sum_{n=0}^{N-1} x_{n,D-1} x_{n,1} & \cdots & \sum_{n=0}^{N-1} x_{n,D-1}^2 \end{bmatrix} \tag{5-53}$$

同樣地，式 5-52 也一樣，把左側和右側都轉為代表各元素的矩陣形式，那麼無論左側還是右側，最終都可以表示為下式，所以等式是成立的。

$$\begin{bmatrix} \sum_{n=0}^{N-1} t_n x_{n,0} & \sum_{n=0}^{N-1} t_n x_{n,1} & \cdots & \sum_{n=0}^{N-1} t_n x_{n,D-1} \end{bmatrix} \tag{5-54}$$

接下來，我們對式 5-49 進行變形，得到 "w=" 的形式。首先對等式的兩側進行轉置，得到：

$$(\boldsymbol{w}^{\mathrm{T}}\boldsymbol{X}^{\mathrm{T}}\boldsymbol{X} - \boldsymbol{t}^{\mathrm{T}}\boldsymbol{X})^{\mathrm{T}} = \begin{bmatrix} 0 & 0 & \cdots & 0 \end{bmatrix}^{\mathrm{T}} \qquad (5\text{-}55)$$

對上式中左側的兩項都應用外側的 T，得到下式，這裡用到了 $(A+B)^{\mathrm{T}}$ $=A^{\mathrm{T}}+B^{\mathrm{T}}$ 這一關係式：

$$(\boldsymbol{w}^{\mathrm{T}}\boldsymbol{X}^{\mathrm{T}}\boldsymbol{X})^{\mathrm{T}} - (\boldsymbol{t}^{\mathrm{T}}\boldsymbol{X})^{\mathrm{T}} = \begin{bmatrix} 0 & 0 & \cdots & 0 \end{bmatrix}^{\mathrm{T}} \qquad (5\text{-}56)$$

進一步應用 $(A^{\mathrm{T}})^{\mathrm{T}}=A$ 及 $(AB)^{\mathrm{T}}=B^{\mathrm{T}}A^{\mathrm{T}}$ 這兩個關係式（4.6.7 節），得到：

$$(\boldsymbol{X}^{\mathrm{T}}\boldsymbol{X})^{\mathrm{T}}(\boldsymbol{w}^{\mathrm{T}})^{\mathrm{T}} - \boldsymbol{X}^{\mathrm{T}}\boldsymbol{t} = \begin{bmatrix} 0 & 0 & \cdots & 0 \end{bmatrix}^{\mathrm{T}} \qquad (5\text{-}57)$$

把等號左側第一項中的成分當作 $\boldsymbol{w}^{\mathrm{T}}=A$、$\boldsymbol{X}^{\mathrm{T}}\boldsymbol{X}=B$。這樣一來，左側第一項就可以進一步整理為：

$$(\boldsymbol{X}^{\mathrm{T}}\boldsymbol{X})\boldsymbol{w} - \boldsymbol{X}^{\mathrm{T}}\boldsymbol{t} = \begin{bmatrix} 0 & 0 & \cdots & 0 \end{bmatrix}^{\mathrm{T}} \qquad (5\text{-}58)$$

將上式中的 $\boldsymbol{X}^{\mathrm{T}}\boldsymbol{t}$ 移到等號右側，得到：

$$(\boldsymbol{X}^{\mathrm{T}}\boldsymbol{X})\boldsymbol{w} = \boldsymbol{X}^{\mathrm{T}}\boldsymbol{t} \qquad (5\text{-}59)$$

最後，在等式兩側從左邊乘以 $(\boldsymbol{X}^{\mathrm{T}}\boldsymbol{X})^{-1}$，消去等號左側的 $(\boldsymbol{X}^{\mathrm{T}}\boldsymbol{X})$，得到解析解：

$$\boldsymbol{w} = (\boldsymbol{X}^{\mathrm{T}}\boldsymbol{X})^{-1}\boldsymbol{X}^{\mathrm{T}}\boldsymbol{t} \qquad (5\text{-}60)$$

這正是 D 維線性回歸模型的解。大家是否都了解了呢？

無論 x 是多少維，我們都能透過式 5-60 得到最佳的 w。這真是個簡潔優美的式子！其中，等號右側的 $(\boldsymbol{X}^{\mathrm{T}}\boldsymbol{X})^{-1}\boldsymbol{X}^{\mathrm{T}}$ 被稱為摩爾 - 彭若斯廣義反矩陣（Moore-Penrose generalized inverse matrix）。反矩陣只能應用在行和列的長度相同的方陣上（4.6 節），而廣義反矩陣則可以應用在非方陣的矩陣（這裡是 X）上。

5.3.3 擴充到不通過原點的平面

下面我們回到尚未探討的將平面擴充到不通過原點的平面的話題。在輸入為二維資料的情況下，固定在原點的平面為：

$$y(\boldsymbol{x}) = w_0 x_0 + w_1 x_1 \tag{5-61}$$

只要向上式加入第三個參數 w_2，平面就可以上下移動，下式也就可以用於表示不通過原點的平面了：

$$y(\boldsymbol{x}) = w_0 x_0 + w_1 x_1 + w_2 \tag{5-62}$$

該式中的 x 雖然是二維向量，但當我們向 x 中加入值永遠為 1 的第三維度元素 $x_2=1$ 後，x 就成為三維向量了。於是得到下式，可以用於表示不受原點束縛的平面：

$$y(\boldsymbol{x}) = w_0 x_0 + w_1 x_1 + w_2 x_2 = w_0 x_0 + w_1 x_1 + w_2 \tag{5-63}$$

像這樣先向輸入資料 x 中加入值永遠為 1 的維度，再應用式 5-60，即可求出不受原點束縛的平面。對於 D 維的 x 的情況，做法也是一樣的，在第 $D+1$ 維加入值永遠為 1 的元素後，得到的式子就可以用於表示能夠自由移動的模型了。

5.4 | 線性基底函數模型

下面我們回過頭來探討 x 為一維的情況。前面我們使用直線模型對身高進行了預測，但仔細看一下會發現，資料看起來更像是沿著一條平滑的曲線分佈的（圖 5-12）。所以，如果使用曲線表示模型，誤差可能會更小。接下來就讓我們探討一下曲線模型。

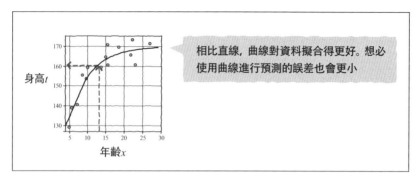

圖 5-12　使用曲線擬合

表示曲線的模型有很多種，這裡介紹一種通用性高的線性基底函數模型。所謂基底函數，就是作為基礎的函數。線性基底函數模型的想法是，把 5.3 節介紹的線性回歸模型中的 x 替換為基底函數 $\phi(x)$，以創建各種各樣的函數。

首先我們要考慮選擇什麼樣的函數作為基底函數。這裡我們看一下以高斯函數作為基底函數的線性基底函數模型。

基底函數用 $\phi_j(x)$ 表示。因為我們要用到多個基底函數，所以需要使用表示順序的索引 j。高斯基底函數為：

$$\phi_j(x) = \exp\left\{ -\frac{(x - \mu_j)^2}{2s^2} \right\} \tag{5-64}$$

高斯函數的中心位置是 μ_j。這是由模型設計者決定的參數。s 用於調節函數設定值範圍，它也是由設計者決定的參數。這裡令 s 為所有高斯函數共同的參數。

由於第 5 章的程式已經夠長了，所以接下來我們寫一個新的程式。

首先，在程式清單 5-2-(1) 中 import 需要用到的函數庫，載入透過程式清單 5-1-(1) 創建的資料。

```
In    # 程式清單 5-2-(1)
      import numpy as np
      import matplotlib.pyplot as plt
      %matplotlib inline

      # 載入資料 ---------------------------
      outfile=np.load('ch5_data.npz')
      X=outfile['X']
      X_min=0
      X_max=outfile['X_max']
      X_n=outfile['X_n']
      T=outfile['T']
```

然後在程式清單 5-2-(2) 中定義高斯函數。

```
In    # 程式清單 5-2-(2)
      # 高斯函數 ------------------------------
      def gauss(x, mu, s):
          return np.exp(-(x - mu)**2 / (2 * s**2))
```

接著，透過程式清單 5-2-(3) 把 4 個高斯函數（$M=4$）在 5 歲到 30 歲的年齡範圍內以相等間隔設定並顯示出來。令 s 為相鄰的高斯函數中心之間的距離（程式清單 5-2-(3) 中的 (A)）。

```
In    # 程式清單 5-2-(3)
      # 主處理 -----------------------------------
      M=4
      plt.figure(figsize=(4, 4))
      mu=np.linspace(5, 30, M)
      s=mu[1] - mu[0]                  # (A)
      xb=np.linspace(X_min, X_max, 100)
      for j in range(M):
          y=gauss(xb, mu[j], s)
          plt.plot(xb, y, color='gray', linewidth=3)
      plt.grid(True)
      plt.xlim(X_min, X_max)
      plt.ylim(0, 1.2)
      plt.show()
```

Out # 執行結果見圖 5-13 上

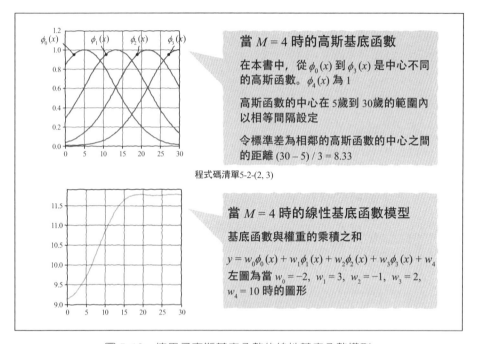

圖 5-13　使用了高斯基底函數的線性基底函數模型

執行程式清單 5-2-(3)，螢幕上會顯示如圖 5-13 所示的圖形。

從左開始依次將這些函數稱為 $\phi_0(x)$、$\phi_1(x)$、$\phi_2(x)$、$\phi_3(x)$。把它們分別與 w_0、w_1、w_2、w_3 相乘，然後全部相加，得到函數：

$$y(x, \boldsymbol{w}) = w_0\phi_0(x) + w_1\phi_1(x) + w_2\phi_2(x) + w_3\phi_3(x) + w_4 \qquad (5\text{-}65)$$

這是 $M=4$ 時的線性基底函數模型。參數 w 稱為權重係數，這樣的計算可以被概括為加權和。最後的 w_4，即 w_M，是一個重要參數，用於調節曲線上下方在的平行移動，但它與其他參數不同，不與 $\phi_j(x)$ 相乘，因而對它的處理也與其他參數不同。為了便於處理，我們增加一個輸出值永遠為 1 的虛擬基底函數 $\phi_4(x) = 1$。這樣一來，函數就可以簡潔地表示為：

$$y(\boldsymbol{x}, \boldsymbol{w}) = \sum_{j=0}^{M} w_j \phi_j(\boldsymbol{x}) = \boldsymbol{w}^\mathsf{T} \boldsymbol{\phi}(\boldsymbol{x}) \tag{5-66}$$

各組成部分的表示與矩陣的表示都很簡潔。這裡令 $\boldsymbol{w}=(w_0, w_1, \cdots, w_M)^\mathsf{T}$、$\boldsymbol{\phi}=(\phi_0, \phi_1, \cdots, \phi_M)^\mathsf{T}$，則均方誤差 J 為：

$$J(\boldsymbol{w}) = \frac{1}{N} \sum_{n=0}^{N-1} \left\{ \boldsymbol{w}^\mathsf{T} \boldsymbol{\phi}(x_n) - t_n \right\}^2 \tag{5-67}$$

可以發現，式 5-67 與上一節的式 5-40 中的線性直線模型的均方誤差在形式上幾乎完全相同。它們之間唯一的不同是，式 5-40 中的 x_n 變成了式 5-67 中的 $\boldsymbol{\phi}(x_n)$。因此，線性基底函數模型可以如下解釋。

(1) 作為「前置處理」，將一維資料 x_n 轉為 M 維資料向量 $\boldsymbol{x}_n = \boldsymbol{\phi}(x_n)$
(2) 對 M 維輸入 x_n 應用線性回歸模型

也就是說，所謂線性基底函數模型，就是「將 $\boldsymbol{\phi}(x_n)$ 解釋為輸入 x_n 的線性回歸模型」。

因此，對於使 J 最小化的參數 w，可以將前面的解析解（式 5-60）中的 X 替換為 $\boldsymbol{\Phi}$，將其表示為：

$$\boldsymbol{w} = (X^\mathsf{T} X)^{-1} X^\mathsf{T} t \tag{5-60}$$

$$\boldsymbol{w} = (\boldsymbol{\Phi}^\mathsf{T} \boldsymbol{\Phi})^{-1} \boldsymbol{\Phi}^\mathsf{T} t \tag{5-68}$$

這裡的 $\boldsymbol{\Phi}$ 表示前置處理後的輸入資料，是一個矩陣，稱為設計矩陣（design matrix）：

$$\boldsymbol{\Phi} = \begin{bmatrix} \phi_0(x_0) & \phi_1(x_0) & \cdots & \phi_M(x_0) \\ \phi_0(x_1) & \phi_1(x_1) & \cdots & \phi_M(x_1) \\ \vdots & \vdots & \vdots & \vdots \\ \phi_0(x_{N-1}) & \phi_1(x_{N-1}) & \cdots & \phi_M(x_{N-1}) \end{bmatrix} \tag{5-69}$$

現在 x 是一維的，可以直接將它擴充為多維的：

$$\boldsymbol{\Phi} = \begin{bmatrix} \phi_0(\boldsymbol{x}_0) & \phi_1(\boldsymbol{x}_0) & \cdots & \phi_M(\boldsymbol{x}_0) \\ \phi_0(\boldsymbol{x}_1) & \phi_1(\boldsymbol{x}_1) & \cdots & \phi_M(\boldsymbol{x}_1) \\ \vdots & \vdots & \vdots & \vdots \\ \phi_0(\boldsymbol{x}_{N-1}) & \phi_1(\boldsymbol{x}_{N-1}) & \cdots & \phi_M(\boldsymbol{x}_{N-1}) \end{bmatrix} \tag{5-70}$$

請注意，在該式中，$\phi(\boldsymbol{x})$ 中的 x 是向量。

下面讓我們使用式 5-68 計算最佳的參數 w。首先在程式清單 5-2-(4) 中定義線性基底函數模型 gauss_func(w, x)。

```
# 程式清單 5-2-(4)
# 線性基底函數模型 ---------------
def gauss_func(w, x):
    m=len(w) - 1
    mu=np.linspace(5, 30, m)
    s=mu[1] - mu[0]
    y=np.zeros_like(x)        # 創建與 x 大小相同、元素為 0 的矩陣 y
    for j in range(m):
        y=y + w[j] * gauss(x, mu[j], s)
    y=y + w[m]
    return y
```

接下來，在程式清單 5-2-(5) 中創建用於計算均方誤差的函數 mse_gauss_func(x, t, w)。雖然它與演算法沒有直接關係，但是在衡量擬合程度時要用到它。

```
# 程式清單 5-2-(5)
# 線性基底函數模型 MSE ---------------
def mse_gauss_func(x, t, w):
    y=gauss_func(w, x)
    mse=np.mean((y - t)**2)
    return mse
```

然後，在程式清單 5-2-(6) 中創建核心部分，即 fit_gauss_func(x, t, m)，它會列出線性基底函數模型中的參數的解析解。

In
```python
# 程式清單 5-2-(6)
# 線性基底函數模型 嚴密解 ----------------
def fit_gauss_func(x, t, m):
    mu=np.linspace(5, 30, m)
    s=mu[1] - mu[0]
    n=x.shape[0]
    phi=np.ones((n, m+1))
    for j in range(m):
        phi[:, j]=gauss(x, mu[j], s)
    phi_T=np.transpose(phi)

    b=np.linalg.inv(phi_T.dot(phi))
    c=b.dot(phi_T)
    w=c.dot(t)
    return w
```

接下來，透過程式清單 5-2-(7) 實際地使用這些程式，顯示圖形。

In
```python
# 程式清單 5-2-(7)
# 顯示高斯基底函數 -----------------------
def show_gauss_func(w):
    xb=np.linspace(X_min, X_max, 100)
    y=gauss_func(w, xb)
    plt.plot(xb, y, c=[.5, .5, .5], lw=4)

# 主處理 --------------------------------
plt.figure(figsize=(4, 4))
M=4
W=fit_gauss_func(X, T, M)
show_gauss_func(W)
plt.plot(X, T, marker='o', linestyle='None',
         color='cornflowerblue', markeredgecolor='black')
plt.xlim(X_min, X_max)
plt.grid(True)
mse=mse_gauss_func(X, T, W)
print('W=' + str(np.round(W, 1)))
print("SD={0:.2f} cm".format(np.sqrt(mse)))
plt.show()
```

Out
```
# 執行結果見圖 5-14
```

圖 5-14 顯示了由線性基底函數模型擬合的結果。這是輸出值永遠為 1 的虛擬函數與圖 5-13 上半部分顯示的 4 個高斯基底函數相加而得到的結果。曲線沿著資料伸展，擬合程度非常理想。誤差的標準差 SD 為 3.98 cm，與直線模型的誤差 7.00 cm 相比要小得多。

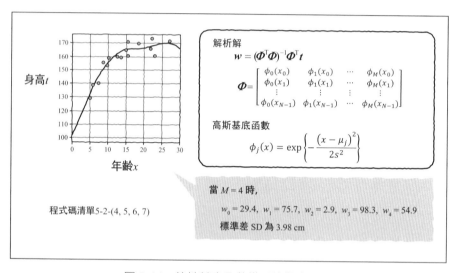

圖 5-14　線性基底函數模型的擬合結果

5.5 ║ 過擬合問題

雖然任何沿曲線展開的分佈都可以用 5.4 節的方法較好地解決，但是這種方法有一個問題：

如何決定基底函數的數量 M 呢？只要 M 夠大，就能極佳地擬合任何資料嗎？

下面，讓我們借助程式清單 5-2-(8) 來看一下當 $M=2$、4、7、9 時使用線性基底函數模型對資料進行擬合的效果。

In

```
# 程式清單 5-2-(8)
plt.figure(figsize=(10, 2.5))
plt.subplots_adjust(wspace=0.3)
M=[2, 4, 7, 9]
for i in range(len(M)):
    plt.subplot(1, len(M), i + 1)
    W=fit_gauss_func(X, T, M[i])
    show_gauss_func(W)
    plt.plot(X, T, marker='o', linestyle='None',
             color='cornflowerblue', markeredgecolor='black')
    plt.xlim(X_min, X_max)
    plt.grid(True)
    plt.ylim(130, 180)
    mse=mse_gauss_func(X, T, W)

    plt.title("M={0:d}, SD={1:.1f}".format(M[i], np.sqrt(mse)))
plt.show()
```

Out

執行結果見圖 5-15

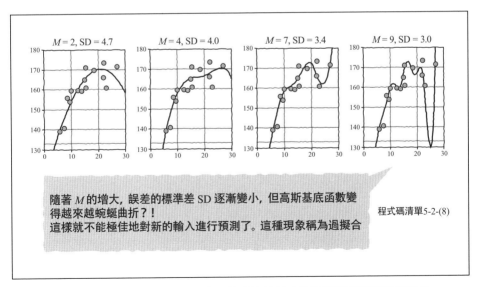

隨著 *M* 的增大，誤差的標準差 SD 逐漸變小，但高斯基底函數變
得越來越蜿蜒曲折？！
這樣就不能極佳地對新的輸入進行預測了。這種現象稱為過擬合

程式碼清單5-2-(8)

圖 5-15　當 M=2、4、7、9 時，使用線性基底函數模型對資料進行擬合

程式清單 5-2-(8) 的結果如圖 5-15 所示。出乎意料的是，當 M 增大到 7 和 9 時，函數變得蜿蜒曲折了。那麼誤差是不是也增大了呢？我們檢查 SD 發現，隨著 M 的增大，SD 變小了。乍一看非常奇怪。

為了進一步研究這個問題，我們計算一下從 $M=2$ 到 $M=9$ 為止的 SD，並畫出圖形。執行程式清單 5-2-(9)。

```
In
# 程式清單 5-2-(9)
plt.figure(figsize=(5, 4))
M=range(2, 10)
mse2=np.zeros(len(M))
for i in range(len(M)):
    W=fit_gauss_func(X, T, M[i])

    mse2[i]=np.sqrt(mse_gauss_func(X, T, W))
plt.plot(M, mse2, marker='o',
        color='cornflowerblue', markeredgecolor='black')
plt.grid(True)
plt.show()
```

```
Out
# 執行結果見圖 5-16
```

結果如圖 5-16 所示。隨著 M 的增大，SD 的確在單調減小。

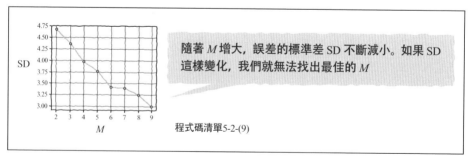

圖 5-16　線性基底函數模型中 M 與 SD 的關係

到底發生了什麼呢？隨著 M 的增大，線性基底函數模型漸漸地連曲線中細微的彎曲都能表示了，所以曲線就會越來越接近資料點，標準差 SD 也會慢慢減小。但是，沒有資料點的地方是與均方誤差無關的，因此，對於有資料點的地方，模型會削尖腦袋地接近資料點；而對於沒有資料點的地方，它就會不管不顧。

這明顯是不合理的。雖然資料點的誤差變小了，但是對新資料的預測卻變差了，這種現象稱為過擬合（over-fitting）。

那麼如何才能找到最佳的 M 呢？均方誤差及標準差 SD 會隨著 M 的增大而不斷減小，所以無法根據它們找到最佳的 M。因此，我們需要回歸本源，從真正的目標——對新資料的預測精度的角度考慮這個問題。

首先我們將手頭的資料 X 和 t 分成兩部分，比如將 1／4 的資料作為測試資料（test data），將剩餘的 3／4 作為訓練資料（training data）。然後，只使用訓練資料對模型的參數 w 進行最佳化。換言之，要選擇使訓練資料的均方誤差最小的參數 w。接著，使用透過這種方式確定的 w 計算測試資料的均方誤差（或標準差 SD），並將其作為 M 的評價基準。也就是說，M 的評價基準就是對訓練時未使用的未知資料進行預測後得到的誤差，這種方法稱為留出驗證（holdout validation）。那麼，要以何種比例將資料分割為測試資料和訓練資料呢？分割比例也會對結果產生一些影響，這次我們先將測試資料的佔比設為 1／4。

下面我們用這種方法試一下前面檢查過的 M=2、4、7、9 時的情況（程式清單 5-2-(10)）。

In

```
# 程式清單 5-2-(10)
# 訓練資料與測試資料 ------------------
X_test=X[:int(X_n / 4)]
T_test=T[:int(X_n / 4)]
X_train=X[int(X_n / 4):]
T_train=T[int(X_n / 4):]

# 主處理 --------------------------------
plt.figure(figsize=(10, 2.5))
plt.subplots_adjust(wspace=0.3)
M=[2, 4, 7, 9]
for i in range(len(M)):
    plt.subplot(1, len(M), i + 1)
    W=fit_gauss_func(X_train, T_train, M[i])
    show_gauss_func(W)
    plt.plot(X_train, T_train, marker='o',
            linestyle='None', color='white',
            markeredgecolor='black', label='training')
    plt.plot(X_test, T_test, marker='o', linestyle='None',
            color='cornflowerblue',
            markeredgecolor='black', label='test')
    plt.legend(loc='lower right', fontsize=10, numpoints=1)
    plt.xlim(X_min, X_max)
    plt.ylim(120, 180)
    plt.grid(True)
    mse=mse_gauss_func(X_test, T_test, W)
    plt.title("M={0:d}, SD={1:.1f}".format(M[i], np.sqrt(mse)))
plt.show()
```

Out

```
# 執行結果見圖 5-17
```

如圖 5-17 所示，隨著 M 陸續增大到 4、7、9，曲線越來越蜿蜒曲折，一方面越來越接近訓練資料，另一方面又逐漸偏離在擬合訓練資料時未使用的測試資料。

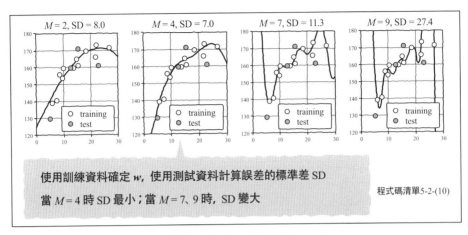

圖 5-17　線性基底函數模型中 M 與 SD 的關係

為了能夠定量地看到變化趨勢，下面我們將 *M* 從 2 遞增到 9，並繪製圖形，展示訓練資料和測試資料的誤差（SD），如程式清單 5-2-(11) 所示。

```
# 程式清單 5-2-(11)
plt.figure(figsize=(5, 4))
M=range(2, 10)
mse_train=np.zeros(len(M))
mse_test=np.zeros(len(M))
for i in range(len(M)):
    W=fit_gauss_func(X_train, T_train, M[i])
    mse_train[i]=np.sqrt(mse_gauss_func(X_train, T_train, W))
    mse_test[i]=np.sqrt(mse_gauss_func(X_test, T_test, W))
plt.plot(M, mse_train, marker='o', linestyle='-',
        markerfacecolor='white', markeredgecolor='black',
        color='black', label='training')
plt.plot(M, mse_test, marker='o', linestyle='-',
        color='cornflowerblue', markeredgecolor='black',
        label='test')
plt.legend(loc='upper left', fontsize=10)
plt.ylim(0, 12)
plt.grid(True)
plt.show()
```

In

Out　# 執行結果見圖 5-18

結果如圖 5-18 所示。雖然隨著 M 增大，訓練資料的誤差單調遞減，但測試資料的誤差的減小趨勢只維持到了 $M=4$，從 $M=5$ 開始，誤差又開始增大了。可以說「從 $M=5$ 開始發生了過擬合」。從結果來看，我們的結論是，以這個留出驗證的案例來說，在 $M=4$ 時模型對資料擬合得最好。

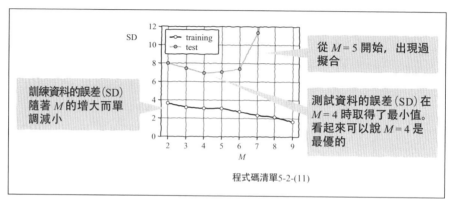

圖 5-18　使用留出驗證時線性基底函數模型的訓練資料和測試資料的 SD

這樣就能選出合適的 M 了，乍看起來問題似乎獲得了解決，但仔細一想會發現，這個結果跟選了哪些資料點作為測試資料有關。我們做個測試，把圖 5-17 的資料分割比例作為「分法 A」，另外重新選 4 個資料點作為測試資料，以這種分割比例作為「分法 B」，看一看這兩種分法的擬合情況。比較結果如圖 5-19 所示，與分法 A 相比，分法 B 的誤差（SD）要大得多。像這樣由資料分割比例導致的誤差的變化，在資料量夠大時基本不會出現，但在像現在這樣資料量小的情況下就會表現得很顯著。

為了使這樣的差異盡可能地小，我們使用交叉驗證（cross-validation）方法試一下（圖 5-20）。交叉驗證是一種對不同分法的誤差取平均值的方法，我們也可以根據資料分割的份數稱之為 K 折交叉驗證（K-fold cross-validation）。

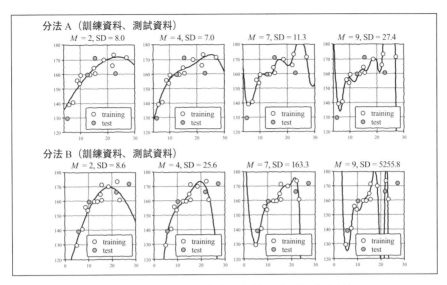

圖 5-19　不同的分法導致留出驗證的結果產生差異

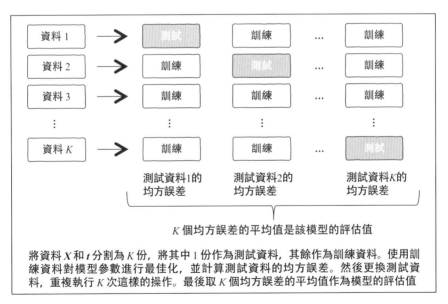

圖 5-20　K 折交叉驗證方法

首先將資料 X 和 t 分割為 K 份，將第 1 份資料作為測試資料，其餘作為訓練資料。使用訓練資料求模型 M 的參數，然後使用求出的參數計算測試資料的均方誤差。同樣地,將第 2 份資料作為測試資料,其餘作為訓練資料,計算測試資料的誤差。把同樣的操作重複 K 次,最後取 K 個均方誤差的平均值作為模型 M 的評估值。

當 $K=N$ 時,分割數最大,這時測試資料的大小是 1,這種特殊的情況又稱為留一驗證(leave-one-out cross-validation,譯註:或譯為留一交叉驗證)。這種方法可以應用於資料特別少的情況。

接下來我們首先在程式清單 5-2-(12) 中編寫將資料分割為 K 份並輸出 K 次驗證的均方誤差的函數 kfold_gauss_func(x, t, m, k)。

```
In    # 程式清單 5-2-(12)
      # K 折交叉驗證 ---------------------------
      def kfold_gauss_func(x, t, m, k):
          n=x.shape[0]
          mse_train=np.zeros(k)
          mse_test=np.zeros(k)
          for i in range(0, k):
              x_train=x[np.fmod(range(n), k) != i]    # (A)
              t_train=t[np.fmod(range(n), k) != i]    # (A)
              x_test=x[np.fmod(range(n), k) == i]     # (A)
              t_test=t[np.fmod(range(n), k) == i]     # (A)
              wm=fit_gauss_func(x_train, t_train, m)
              mse_train[i]=mse_gauss_func(x_train, t_train, wm)
              mse_test[i]=mse_gauss_func(x_test, t_test, wm)
          return mse_train, mse_test
```

程式清單 5-2-(12) 中標記了 (A) 的那幾行使用的 np.fmod(n, k) 函數的作用是輸出 n 被 k 除時的餘數。如果將 n 替換為 range(n),可以得到包含 n 個從 0 到 k-1 之間的數字的清單(程式清單 5-2-(13))。

```
In    # 程式清單 5-2-(13)
      np.fmod(range(10),5)
```

```
Out   array([0, 1, 2, 3, 4, 0, 1, 2, 3, 4], dtype=int32)
```

下面試一下在程式清單 5-2-(12) 中編寫的 kfold_gauss_func(x, t, m, k)。
設基底數 *M*=4，分割數 *K*=4，執行程式清單 5-2-(14)。

```
In    # 程式清單 5-2-(14)
      M=4
      K=4
      kfold_gauss_func(X, T, M, K)
```

```
Out   (array([ 12.87927851,    9.81768697,   17.2615696 ,   12.92270498]),
       array([ 39.65348229,  734.70782017,   18.30921743,   47.52459642]))
```

結果中的上面一行是每種資料分法中的訓練資料的均方誤差，下面一行
是測試資料的均方誤差。接下來，使用這個 kfold_gauss_func 計算當分
割數為最大值 16，M 為從 2 到 7 時誤差的平均值，並繪製圖形（程式清
單 5-2-(15)）。

```
In    # 程式清單 5-2-(15)
      M=range(2, 8)
      K=16
      Cv_Gauss_train=np.zeros((K, len(M)))
      Cv_Gauss_test=np.zeros((K, len(M)))
      for i in range(0, len(M)):
          Cv_Gauss_train[:, i], Cv_Gauss_test[:, i] =\
                      kfold_gauss_func(X, T, M[i], K)
      mean_Gauss_train=np.sqrt(np.mean(Cv_Gauss_train, axis=0))
      mean_Gauss_test=np.sqrt(np.mean(Cv_Gauss_test, axis=0))

      plt.figure(figsize=(4, 3))
      plt.plot(M, mean_Gauss_train, marker='o', linestyle='-',
              color='k', markerfacecolor='w', label='training')
      plt.plot(M, mean_Gauss_test, marker='o', linestyle='-',
              color='cornflowerblue', markeredgecolor='black', label='test')
      plt.legend(loc='upper left', fontsize=10)
      plt.ylim(0, 20)
      plt.grid(True)
      plt.show()
```

```
Out   # 執行結果見圖 5-21
```

結果如圖 5-21 所示。從圖中可以看出，當 $M=3$ 時，測試資料的誤差最小。也就是說，留一交叉驗證的結論是，$M=3$ 是最佳的。這個結果雖然與留出驗證的結果不同，但可以說是更值得信賴的結果。

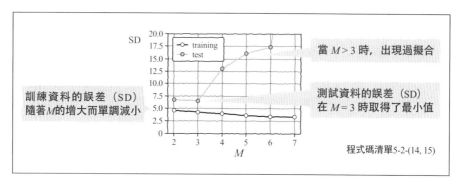

圖 5-21　線性基底函數模型的留一交叉驗證

經過以上系統地學習，第 5 章的內容也接近尾聲了。

交叉驗證只是求 M 的方法，而非求模型參數 w 的方法。現在我們已經知道了 $M=3$ 是最佳的，那麼就可以使用所有的資料最終求出模型的參數 w（程式清單 5-2-(16)、圖 5-22）。然後，使用求得的參數 w 確定曲線，並根據曲線輸出對未知輸入資料 x 的預測值 y 即可。

In
```
# 程式清單 5-2-(16)
M=3
plt.figure(figsize=(4, 4))
W=fit_gauss_func(X, T, M)
show_gauss_func(W)
plt.plot(X, T, marker='o', linestyle='None',
        color='cornflowerblue', markeredgecolor='black')
plt.xlim([X_min, X_max])
plt.grid(True)
mse=mse_gauss_func(X, T, W)
print("SD={0:.2f} cm".format(np.sqrt(mse)))
plt.show()
```

Out
```
# 執行結果見圖 5-22
```

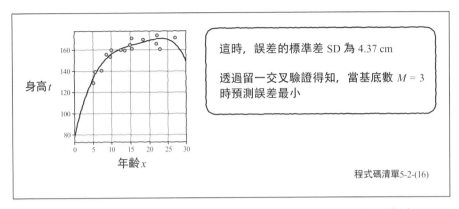

這時，誤差的標準差 SD 為 4.37 cm

透過留一交叉驗證得知，當基底數 $M = 3$ 時預測誤差最小

程式碼清單5-2-(16)

圖 5-22　透過留一交叉驗證得到的 $M = 3$ 的線性基底函數模型的擬合

對於像這次一樣測試資料集（$N=16$）中資料量較少的情況，交叉驗證是有用的。不過資料量越大，交叉驗證所花費的時間就越長。對於這種情況，可以使用留出驗證。只要資料量夠大，留出驗證的結果與交叉驗證基本上就沒什麼區別了。

5.6 ‖ 新模型的生成

引入線性基底函數模型後，曲線對資料的誤差獲得了大幅度的改善（圖 5-22）。不過，圖 5-22 中還會有一個問題：從 25 歲開始，曲線急轉直下。人到 25 歲之後突然變矮，這不符合常識。

這是 30 歲左右的資料比較少而導致的，那麼如何才能使模型符合「身高隨著年齡的增長緩慢增加，達到一定程度後收斂」這一規律呢？

答案是創建符合這個規律的模型。使得身高隨著年齡 x 的增長而緩慢增加，並最終收斂於某個固定值的函數是：

$$y(x) = w_0 - w_1 \exp(-w_2 x) \tag{5-71}$$

式中的 w_0、w_1、w_2 都是值為正數的參數。這裡我們把這個函數稱為「模型 A」。

隨著 x 的增大，$\exp(-w_2x)$ 逐漸接近 0。最終，只有第 1 項的 w_0 有值。換言之，隨著 x 的增大，y 逐漸逼近 w_0。可以說 w_0 是一個決定收斂值的參數。

圖 5-23 顯示了這個函數的特點。w_1 是決定曲線起始點的參數，w_2 是決定曲線上揚斜率的參數。

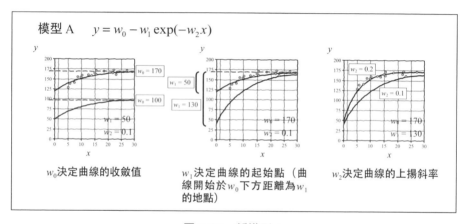

圖 5-23　新模型 A

下面我們求擬合資料的參數 w_0、w_1、w_2。做法與之前完全相同，即選擇使得以下均方誤差 J 最小的 w_0、w_1、w_2：

$$J = \frac{1}{N}\sum_{n=0}^{N-1}(y_n - t_n)^2 \tag{5-72}$$

前面我們學習了使用梯度法求出數值解的方法和推導出解析解的方法，這裡嘗試使用實現了前者的數值解法的函數庫來求解。

求函數最小值或最大值的問題稱為最佳化問題。除了在機器學習領域之外，最佳化問題在其他領域也經常出現，對此人們提出了各種各樣的解決方案，對應地也有許多函數庫被開發出來。

這裡我們使用 Python 的 scipy.optimize 函數庫中包含的 minimize 函數求解最佳的參數。使用這個函數，只需提供求解最小值的函數和參數的初值，而無須提供函數的導數，就能輸出參數的極小值解，非常方便。

下面我們從模型 A 的定義開始編寫程式。在程式清單 5-2-(17) 中，我們定義了模型 A 的函數 model_A(x, w)，還定義了顯示模型 A 的函數 show_model_A(w)，以及輸出 MSE 的函數 mse_model_A(w, x, t)。

In
```
# 程式清單 5-2-(17)
# 模型 A ---------------------------------
def model_A(x, w):
    y=w[0] - w[1] * np.exp(-w[2] * x)
    return y

# 顯示模型 A ------------------------------
def show_model_A(w):
    xb=np.linspace(X_min, X_max, 100)
    y=model_A(xb, w)
    plt.plot(xb, y, c=[.5, .5, .5], lw=4)

# 模型 A 的 MSE ----------------------------
def mse_model_A(w, x, t):
    y=model_A(x, w)
    mse=np.mean((y - t)**2)
    return mse
```

下面的程式清單 5-2-(18) 是核心的參數最佳化部分。

In
```
# 程式清單 5-2-(18)
from scipy.optimize import minimize

# 模型 A 參數的最佳化 ----------------
def fit_model_A(w_init, x, t):
    res1=minimize(mse_model_A, w_init, args=(x, t), method=
"powell")
    return res1.x
```

程式清單 5-2-(18) 在第 1 行呼叫了 scipy.optimize 的最佳化函數庫中的 minimize。最佳化函數 fit_model_A(w_init, x, t) 的參數是參數初值 w_init、輸入資料 x 和目標資料 t。

函數內部的下面這行用於計算使 mse_model_A(w, x, t)（局部）最小的 w。

```
res1=minimize(mse_model_A, w_init, args=(x, t), method="powell")
```

第 1 個參數是要最小化的目標函數，第 2 個參數是 w 的初值，第 3 個參數是目標函數 mse_model_A(w, x, t) 的最佳化參數之外的其他參數。最後，指定可選的參數 method 為 "powell"，以透過不使用梯度的鮑威爾演算法（Powell algorithm）進行最佳化。

下面我們馬上在程式清單 5-2-(19) 中測試一下最佳化函數的效果。

In

```
# 程式清單 5-2-(19)
# 主處理 --------------------------------
plt.figure(figsize=(4, 4))
W_init=[100, 0, 0]
W=fit_model_A(W_init, X, T)
print("w0={0:.1f}, w1={1:.1f}, w2={2:.1f}".format(W[0], W[1], W[2]))
show_model_A(W)
plt.plot(X, T, marker='o', linestyle='None',
         color='cornflowerblue',markeredgecolor='black')
plt.xlim(X_min, X_max)
plt.grid(True)
mse=mse_model_A(W, X, T)
print("SD={0:.2f} cm".format(np.sqrt(mse)))
plt.show()
```

Out

```
# 執行結果見圖 5-24
```

結果如圖 5-24 所示。誤差（SD）為 3.86 cm，不僅比直線模型的誤差 7.00 cm 小得多，而且比當 $M=3$ 時的線性基底函數模型的誤差值 4.32

cm 還要小。曲線形狀也符合我們的期望：曲線隨著年齡的增加而上升，並收斂於某個固定的值。

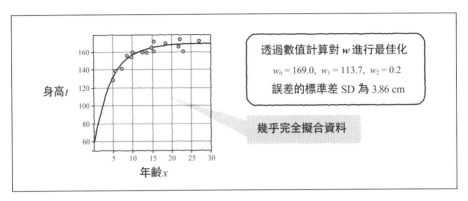

透過數值計算對 w 進行最佳化

$w_0 = 169.0, \ w_1 = 113.7, \ w_2 = 0.2$

誤差的標準差 SD 為 3.86 cm

幾乎完全擬合資料

圖 5-24　使用模型 A 進行擬合

5.7 ‖ 模型的選擇

經過上一節的實踐，我們創建了新的模型，最佳化了參數，使得模型極佳地擬合了資料。現在只剩下最後一個問題，那就是如何判斷哪個模型更好。換言之，如何比較不同的模型呢？你可能會想，或許存在比 5.6 節講解的模型 A 更好的模型 B。那麼，我們該如何判斷哪個模型更好呢？

在比較模型的好壞時，確定線性基底函數模型的 M 的做法，即評估未知資料的預測精度的想法也是有效的。也就是说，留出驗證和交叉驗證也可以用於評估模型的好壞。

接下來，在程式清單 5-2-(20) 中進行模型 A 的留一交叉驗證，然後與圖 5-21 中的線性基底函數模型的結果相比較。

In

```
# 程式清單 5-2-(20)
# 交叉驗證 model_A --------------------------
def kfold_model_A(x, t, k):
    n=len(x)
    mse_train=np.zeros(k)
    mse_test=np.zeros(k)
    for i in range(0, k):
        x_train=x[np.fmod(range(n), k) != i]
        t_train=t[np.fmod(range(n), k) != i]
        x_test=x[np.fmod(range(n), k) == i]
        t_test=t[np.fmod(range(n), k) == i]
        wm=fit_model_A(np.array([169, 113, 0.2]), x_train, t_train)
        mse_train[i]=mse_model_A(wm, x_train, t_train)
        mse_test[i]=mse_model_A(wm, x_test, t_test)
    return mse_train, mse_test

# 主處理 ------------------------------------
K=16
Cv_A_train, Cv_A_test=kfold_model_A(X, T, K)
mean_A_test=np.sqrt(np.mean(Cv_A_test))
print("Gauss(M=3) SD={0:.2f} cm".format(mean_Gauss_test[1]))
print("Model A SD={0:.2f} cm".format(mean_A_test))
SD=np.append(mean_Gauss_test[0:5], mean_A_test)
M=range(6)
label=["M=2", "M=3", "M=4", "M=5", "M=6", "Model A"]
plt.figure(figsize=(5, 3))
plt.bar(M, SD, tick_label=label, align="center",
facecolor="cornflowerblue")
plt.show()
```

Out | # 執行結果見圖 5-25

從圖 5-25 中可以看出，新設計的模型 A 對測試資料的誤差（SD）為 4.72 cm，比當 M=3 時的線性基底函數模型的誤差（SD）6.51 cm 要小得多。因此，可以說模型 A 比線性基底函數模型對資料擬合得更好。

最後，我們揭曉人工資料的謎底。在程式清單 5-1-(1) 中創建的人工資料正是用這個模型生成的，生成資料時的參數 (w_0, w_1, w_2)=(170, 108,

0.2)。雖然資料只有 16 個，但是推測出來的參數 $(w_0, w_1, w_2)=$(169.0, 113.7, 0.2)，可見算出來的參數值與真正的參數值已經頗為接近。

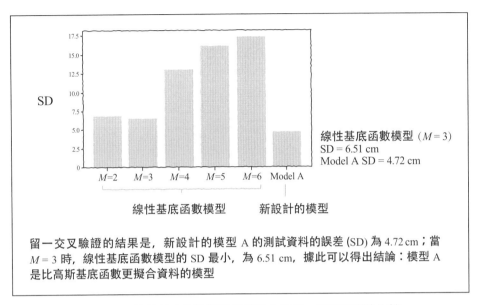

留一交叉驗證的結果是，新設計的模型 A 的測試資料的誤差 (SD) 為 4.72 cm；當 $M = 3$ 時，線性基底函數模型的 SD 最小，為 6.51 cm，據此可以得出結論：模型 A 是比高斯基底函數更擬合資料的模型

圖 5-25　線性基底函數模型與模型 A 的留一交叉驗證的比較

5.8 ‖ 小結

本章我們系統地介紹了監督學習的回歸問題的解法，這些內容非常重要，這裡我們將其整理到圖 5-26 中。無論模型多麼複雜，這個流程基本上都不變。

已知輸入變數和目標變數資料（①），目的是創建能夠根據未知的輸入變數預測目標變數的模型。首先，確定目標函數，並根據它判斷預測精度（②）。本章我們使用的是均方誤差函數，但其實也可以根據實際情況自由決定。比如，可以使用引入了機率概念的似然（likelihood）。

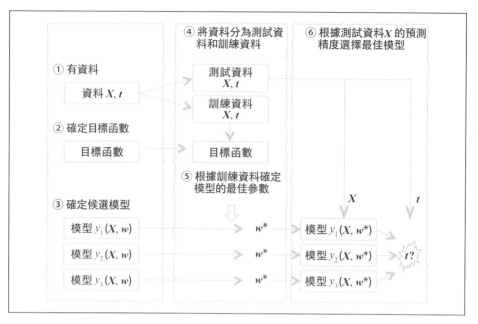

圖 5-26　創建預測模型的流程

接下來，考慮候選模型（③）。是否只用線性回歸模型就夠了？曲線模型是否也滿足需求？如果對資料的特性很熟悉，那麼能否設計出一個考慮了資料特性的模型？這些都是我們需要考慮的事項。

如果準備進行留出驗證，那麼要先將資料分為測試資料和訓練資料（④）。

然後，使用訓練資料確定使各個模型的目標函數最小（或最大）的參數 w^*（⑤）。使用這個模型參數，根據測試資料的輸入 X 預測目標資料 t，並選擇誤差最小的模型（⑥）。

在模型確定後，使用手頭的全部資料，進行模型參數的最佳化。最後得到的最佳化模型就是能夠對未知輸入進行最有力預測的模型。

監督學習：分類

第 5 章探討的是回歸問題，本章我們探討分類問題。回歸問題的目標資料是連續的數值，而分類問題的目標資料是類別。所謂類別，就是像 {0：水果、1：蔬菜、2：穀物 } 這樣的分類資料。雖然可以為分類資料指定整數值，但整數的順序是沒有實際意義的。

此外，本章也將引入機率這個特別重要的概念。前面講過的模型都是輸出目標資料的預測值的函數，接下來我們將探討輸出機率的函數。透過引入機率的概念，預測的「不確定性」將能夠得到量化。

6.1 ‖ 一維輸入的二元分類

首先，我們從最簡單的「輸入資訊是一維、分類的類別是兩個」的情況開始探討。

6.1.1 問題設定

設一維的輸入變數為 x_n，對應的目標變數為 t_n，其中 n 是資料的索引。t_n 是值不是為 0 就是為 1 的變數，如果類別為 0 則值為 0，類別為 1 則值為 1。在分類問題中，可以稱 t_n 為類、類別或標籤。

輸入變數和目標變數的矩陣形如：

$$X = \begin{bmatrix} x_0 \\ x_1 \\ \vdots \\ x_{N-1} \end{bmatrix}, \quad T = \begin{bmatrix} t_0 \\ t_1 \\ \vdots \\ t_{N-1} \end{bmatrix} \tag{6-1}$$

其中，N 表示資料個數。考慮到目標變數在本章後文中會成為矩陣，所以這裡不用 t 表示目標變數，而用 T 表示。

比如，現在我們有 N 隻昆蟲的資料，每隻昆蟲的體重為 x_n，性別（雌雄）為 t_n。t_n 是值為 0 或 1 的變數，0 代表雌性，1 代表雄性。我們的目標是以這些資料為基礎，建立根據體重預測雌雄的模型。

下面透過程式清單 6-1-(1) 創建一些資料。

In
```python
# 程式清單 6-1-(1)
import numpy as np
import matplotlib.pyplot as plt
%matplotlib inline

# 生成資料 -----------------------------
np.random.seed(seed=0) # 固定隨機數
X_min=0
X_max=2.5
X_n=30
X_col=['cornflowerblue', 'gray']
X=np.zeros(X_n) # 輸入資料
T=np.zeros(X_n, dtype=np.uint8) # 目標資料
Dist_s=[0.4, 0.8] # 分佈的起始點
Dist_w=[0.8, 1.6] # 分佈的範圍
Pi=0.5   # 類別 0 的比率
for n in range(X_n):
    wk=np.random.rand()
    T[n]=0 * (wk < Pi) + 1 * (wk >= Pi) # (A)
    X[n]=np.random.rand() * Dist_w[T[n]] + Dist_s[T[n]] # (B)
# 顯示資料 -----------------------------
print('X=' + str(np.round(X, 2)))
print('T=' + str(T))
```

Out
```
X=[ 1.94  1.67  0.92  1.11  1.41  1.65  2.28  0.47  1.07  2.19  2.08
    1.02  0.91  1.16  1.46  1.02  0.85  0.89  1.79  1.89  0.75  0.9
    1.87  0.5   0.69  1.5   0.96  0.53  1.21  0.6 ]
T=[1 1 0 0 1 1 1 0 0 1 1 0 0 0 1 0 0 0 1 1 0 1 1 0 0 1 1 0 1 0]
```

執行後，程式會生成如上所示的 30 個體重資料 X 和性別資料 T（圖 6-1）。

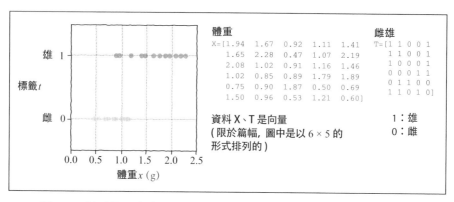

圖 6-1　某種昆蟲的體重和性別（雌或雄）的人工資料（30 隻的資料）

下面我們對程式清單 6-1-(1) 進行簡單說明。首先，由機率決定昆蟲是雄性還是雌性。設昆蟲為雌性的機率為 Pi=0.5，隨機決定（(A)）。其原理是：由於 True 可以被解釋為 1，False 可以被解釋為 0，所以透過 0～1 的隨機數確定了 wk 之後，如果 wk<Pi，那麼 T[n]=0*1+1*0=0；如果 wk>=Pi，那麼 T[n]=0*0+1*1=1。如果不使用 0 和 1，而使用 100 和 200 創建資料，就要把這裡的程式改為 100*(wk<Pi)+ 200*(wk>=Pi)。

然後，對於雌性昆蟲，在從 Dist_s[0]=0.4 開始的寬度為 Dist_w[0]=0.8 的範圍內（即 0.4 和 1.2 之間）按照均勻分佈生成體重資料；對於雄性昆蟲，在從 Dist_s[1]=0.8 開始的寬度為 Dist_w[1]=1.6 的範圍內（即 0.8 和 2.4 之間）按照均勻分佈生成體重資料（(B)）。

下面透過程式清單 6-1-(2) 把創建的資料顯示出來。

```
In
# 程式清單 6-1-(2)
# 顯示資料的分佈 --------------------------
def show_data1(x, t):
    K=np.max(t) + 1
    for k in range(K): # (A)
        plt.plot(x[t==k], t[t==k], X_col[k], alpha=0.5,
                 linestyle='none', marker='o') # (B)
    plt.grid(True)
    plt.ylim(-.5, 1.5)
```

```
        plt.xlim(X_min, X_max)
        plt.yticks([0, 1])

# 主處理 -------------------------------------
fig=plt.figure(figsize=(3, 3))
show_data1(X, T)
plt.show()
```

Out | # 執行結果見圖 6-2

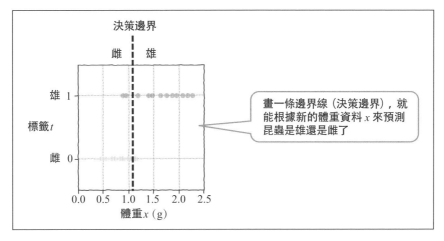

圖 6-2　解決問題的方針

程式清單 6-1-(2) 中的 (B) 是用於顯示資料分佈的程式。這行程式在 k 的
迴圈之中（(A)）。當迴圈開始，即 k=0 時，(B) 處程式只把滿足 t==0 的
x 和 t 的資料提取出來，並繪製在圖形上。x[t==0] 意為提取滿足 t==0 的
元素 x，在類似的情況下，這種寫法非常方便（2.13 節）。

解決問題的方針是確定區分雌雄的邊界線，這條線稱為決策邊界
（decision boundary）。確定了決策邊界後，當新的體重資料小於決策邊
界時，預測它為「雌」；當大於決策邊界時，預測它為「雄」。

那麼，如何確定決策邊界呢？這裡首先想到的是利用我們在第 5 章探討
的線性回歸模型：將類別解釋為 0 和 1 的值，用直線擬合資料的分佈

（圖 6-3）。然後，將直線的值為 0.5 的地方作為決策邊界。不過，從結論來說，這種方法有時效果不好。

如圖 6-3 所示，即使在體重夠大，而且能夠肯定地將資料點判定為雄性的點上，也由於直線和資料點不重合而產生了誤差。因為要消除這個誤差，所以決策邊界會被拉向雄性的資料那一邊。離群值越大，這個現象越嚴重。

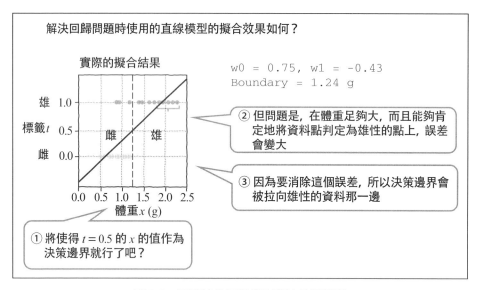

圖 6-3　透過線性回歸模型解決分類問題

6.1.2 使用機率表示類別分類

直接將直線模型應用於分類問題的做法略顯魯莽。接下來讓我們認真思考這個問題，進入極其重要的「機率的世界」。

現在的資料是我們自己造的，所以我們知道真實的資料分佈是什麼樣（圖 6-4）。如果體重 x<0.8 g，就可以肯定地說這只昆蟲是雌的；如果體重 x>1.2 g，就可以斷定它是雄的；如果體重 x 在 0.8 g 和 1.2 g 之間，

那麼昆蟲既有可能是雄的，又有可能是雌的，所以精度 100% 的預測是
不可能的。

但即使體重 x 在 0.8 g 和 1.2 g 之間，也並不表示完全無法預測了。從結
論來說，我們可以進行「昆蟲為雄的機率有 1 / 3」這種以機率形式表現
不確定性的預測。

下面看一下圖 6-4 中表示雄性昆蟲分佈的區域，請把它想像為 100 隻雄
性昆蟲資料呈均勻分佈。同樣地，把表示雌性昆蟲分佈的區域想像為
100 隻雌性昆蟲資料呈均勻分佈。以這個想法為基礎，那麼從圖中可以
看出，當體重 x 在 0.8 g 和 1.2 g 之間時，雌性昆蟲的資料更為集中，是
雄性昆蟲的資料的 2 倍。如果在這個 x 範圍內隨意選擇資料，那麼選中
的資料是雄性昆蟲的機率為 1 / 3。

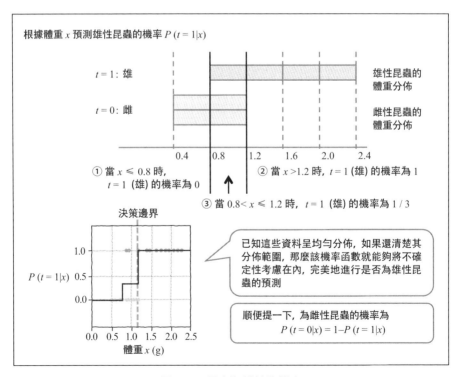

圖 6-4　昆蟲為雄性的機率

我們複習一下：昆蟲為雄性的機率因 x 而不同，當 $x \leq 0.8$ g 時，機率為 0；當 0.8 g<$x \leq 1.2$ g 時，機率為 1 / 3；當 x>1.2 g 時，機率為 1。

像這樣與 x 相關的 t=1（雄）的機率可以用條件機率的形式表示：

$$P(t = 1|x) \tag{6-2}$$

我們可以把條件機率看作 x 的函數。在整個 x 的設定值範圍內繪圖，可以得到如圖 6-4 中下面的圖所示的圖形，圖形呈階梯狀。

這種條件機率的階梯狀圖形可以看作類別分類的答案。對無法明確分類到某個類別的不明確的區域，我們也可以使用機率表示預測結果。這種方法可以使不確定性得到明確，從這一點來說，它比透過直線進行擬合（圖 6-3）的效果更好。

對這種情況，該如何確定決策邊界呢？我們還是希望能夠黑白分明。因此，應該這樣確定決策邊界：如果資料在決策邊界的右側，那麼將其預測為雄性的準確率更高；如果資料在決策邊界的左側，那麼將其預測為雌性的準確率更高。沿著這個想法，我們應該把滿足 $P(t$=1$|x)$=0.5 的 x 作為決策邊界。以這個例子來說，決策邊界在 x=1.2。

在之前的探討中，為了說明使用機率表示更好，我們假設了「資料的真實分佈是已知的」這種特殊情況。但在實際工作中，我們必須根據手頭資料去推測資料的真實分佈。

6.1.3 最大似然估計

在剛才的例子中，由於真實分佈已知，所以我們解析地計算出了當 0.8 g<$x \leq 1.2$ g 時，$P(t$=1$|x)$=1 / 3。但在實際工作中，我們必須根據資料推測出這個值。

比如，我們看一下 x 在 0.8 g<$x \leq$ 1.2 g 範圍內的 t 值，假設前 3 次生成的資料的 $t=0$，而第 4 次 $t=1$。下面根據這個資訊來看一看如何推測出當 0.8 g<$x \leq$ 1.2 g 時的 $P(t=1|x)$。

我們首先探討以下的簡單模型：

$$P(t=1|x) = w \tag{6-3}$$

這是以機率 w 生成 $t=1$ 資料的模型。w 的設定值範圍在 0 和 1 之間。假設這個模型已經生成了 $T=0$、0、0、1 的資料，然後，我們根據這個資訊推測出最合適的 w。

試想，全部 4 個資料中只有 1 個 $t=1$ 的資料，所以 w 的值似乎應該是 $w=1 / 4$。為了使求解過程更具普遍意義，我們用更常用的最大似然（maximum likelihood）方法求解。

首先，我們看一下模型生成類別資料 $T=0$、0、0、1 的機率，這個機率稱為似然。

比如，我們試著求出當 w 為 0.1 時的似然。由於 $w=P(t=1|x)=0.1$，所以 $t=1$ 的機率為 0.1，$t=0$ 的機率為 1-0.1=0.9。那麼，T 為 0、0、0、1 的機率（即似然）為 0.9×0.9×0.9×0.1=0.0729。

以同樣的方式求當 w 為 0.2 時的似然。由於 $w=P(t=1|x)=0.2$，所以 $t=1$ 的機率為 0.2，$t=0$ 的機率為 1-0.2=0.8。也就是説，似然為 0.8×0.8×0.8×0.2=0.1024。

複習一下，當 $w=0.1$ 時，似然為 0.0729；當 $w=0.2$ 時，似然為 0.1024。因此，對於生成 $T=0$、0、0、1 資料的模型，當其參數 w 為 $w=0.1$ 和 $w=0.2$ 這兩種情況時，使似然更大的 $w=0.2$ 更像是正確答案。也就是説，雖然 $w=0.1$ 也有可能是正確答案，但 $w=0.2$ 的可能性更大。

下面，我們不限定 w=0.1 或 w=0.2，而令 w 為 0 和 1 之間的數，並求使似然最大的 w 的解析解。由於 $P(t$=1$|x)$=w，所以 t=1 的機率為 w，t=0 的機率為 1-w。因此，滿足前 3 次 t=0、第 4 次 t=1 的機率，即似然，可以表示為：

$$P(\boldsymbol{T} = 0,\ 0,\ 0,\ 1 | x) = (1-w)^3 w \qquad (6\text{-}4)$$

在 0 到 1 的範圍內將式 6-4 的值繪製成圖，會發現圖形呈山峰形狀（圖 6-5 下）。山頂處的 w 就是最有可能的值，我們把它作為推測值。這就是最大似然估計。

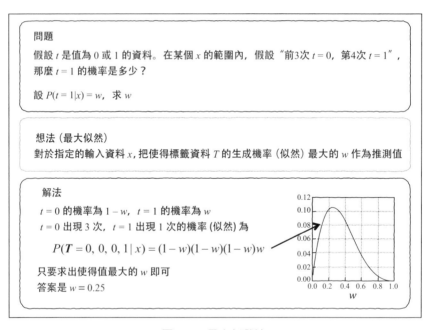

圖 6-5　最大似然法

下面求使式 6-4 取得最大值的 w。首先，處理像式 6-4 這樣的連續乘法是非常麻煩的，所以要在等號兩邊取對數（式 6-5）。這樣一來，乘法變加法，計算就變簡單了（4.7 節）：

$$\log P = \log\left\{(1-w)^3 w\right\} = 3\log(1-w) + \log w \qquad (6\text{-}5)$$

對數是單調遞增的函數，使 P 最大的 w 也是使 $\log P$ 最大的 w（4.7 節）。也就是説，只要求出使 $\log P$ 最大的 w，那麼這個 w 也會使 P 最大。

取了對數之後的似然稱為對數似然（log likelihood）。在引入了機率的領域裡，對數似然取代均方誤差函數而成為目標函數。在使用均方誤差函數時，我們要找的是使函數值最小的參數；而在使用對數似然時，我們要找的是使函數值最大的參數。

求使函數值最大的參數的做法與之前一樣。使用目標函數（對數似然）對參數求偏導數（4.7.4 節），然後求解使導數為 0 的方程式：

$$\frac{\mathrm{d}}{\mathrm{d}w}\log P = \frac{\mathrm{d}}{\mathrm{d}w}\left[3\log(1-w) + \log w\right] = 0$$

$$3\frac{-1}{1-w} + \frac{1}{w} = 0$$

$$\frac{-3w+1-w}{(1-w)w} = 0 \tag{6-6}$$

如果在 0<w<1 這個範圍內求解，分母就不會為 0，所以這裡在等式兩邊乘以 $(1-w)w$，得到：

$$-3w + 1 - w = 0 \tag{6-7}$$

對式 6-7 求解，得到：

$$w = \frac{1}{4} \tag{6-8}$$

得到的值和預想的一樣。也就是説，最有可能使模型生成資料 $T=0$、0、0、1 的參數 $w=1 / 4$，這就是 w 的最大似然估計值。

我們成功地根據資料推測出了參數，但在實踐中這樣做還不夠。之所以這麼説，是因為我們的推測是以 x 在 0.8<$x \leq 1.2$ 的範圍內機率不變這一前提為基礎。在實際場景中，我們不知道在哪個範圍區間內機率不變，甚至可能本來就沒有機率不變的區間。

6.1.4 邏輯回歸模型

前面我們探討的是以均勻分佈生成的資料為基礎。因此，$P(t=1|x)$ 呈現易於處理的階梯狀分佈。但現實中基本上沒有遵循均勻分佈的資料。例如對於身高和體重這種不均勻的資料，高斯函數能更進一步地代表實際的分佈。

因此，雖然簡單起見，我們造的資料是以均勻分佈為基礎生成的，但這裡仍假設資料遵循高斯分佈，並在這個基礎上進行探討。以這個假設為基礎，就可以用邏輯回歸模型表示條件機率 $P(t=1|x)$（請參考畢肖普的 Pattern Recognition and Machine Learning，以及本書第 4 章）。

把下式代入 Sigmoid 函數 $\sigma(x)=1 \, / \, \{1+\exp(-x)\}$（4.7.5 節）中，

$$y = w_0 x + w_1 \tag{6-9}$$

得到邏輯回歸模型：

$$y = \sigma(w_0 x + w_1) = \frac{1}{1 + \exp\{-(w_0 x + w_1)\}} \tag{6-10}$$

這樣一來，直線模型的大的正輸出值會被轉為接近 1 的值，絕對值大的負輸出值會被轉為接近 0 的值，最終直線函數的輸出會被限制在 0 和 1 之間（圖 6-6）。

下面透過程式清單 6-1-(3) 定義邏輯回歸模型。

```
# 程式清單 6-1-(3)
def logistic(x, w):
    y=1 / (1 + np.exp(-(w[0] * x + w[1])))
    return y
```

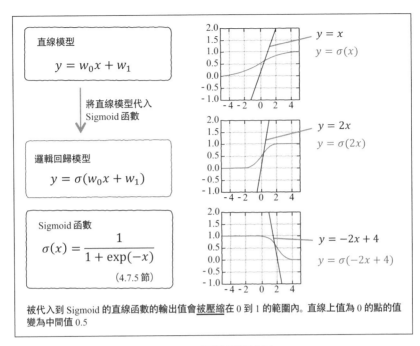

圖 6-6　邏輯回歸模型

透過程式清單 6-1-(4) 創建能同時顯示決策邊界的函數。執行後，邏輯回歸模型與決策邊界同時顯示在介面上。此外，程式還輸出了決策邊界的值。

```
In

# 程式清單 6-1-(4)
def show_logistic(w):
    xb=np.linspace(X_min, X_max, 100)
    y=logistic(xb, w)
    plt.plot(xb, y, color='gray', linewidth=4)
    # 決策邊界
    i=np.min(np.where(y > 0.5))  # (A)
    B=(xb[i - 1] + xb[i]) / 2      # (B)
    plt.plot([B, B], [-.5, 1.5], color='k', linestyle='--')
    plt.grid(True)
    return B


# test
W=[8, -10]
show_logistic(W)
```

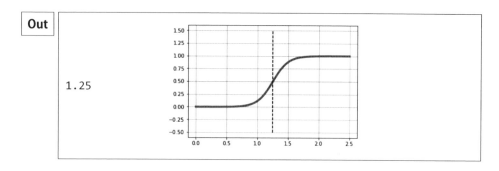

程式清單 6-1-(4) 中的 (A) 和 (B) 是求決策邊界的程式，這裡補充說明一下。決策邊界是使 y=0.5 的 x 的值。(A) 處的 np.where(y>0.5) 是要求傳回所有滿足 y>0.5 的元素索引的敘述。i=np.min(np.where(y>0.5)) 的意思是將所有滿足 y>0.5 的元素索引中最小的索引指定給 i。也就是說，i 是在 y 超過 0.5 之後的第 1 個元素的索引。

(B) 處的 B=(xb[i-1]+xb[i]) / 2 的意思是將 y 超過 0.5 之後的第 1 個元素 xb[i] 和這個元素前面的元素 xb[i-1] 的平均值作為決策邊界的近似值，保存在 B 中。

6.1.5 交叉熵誤差

「x 使得 t=1 的機率」可以使用邏輯回歸模型表示為：

$$y = \sigma(w_0 x + w_1) = P(t = 1 | x) \tag{6-11}$$

下面對使模型擬合昆蟲資料的參數 w_0 和 w_1 進行最大似然估計。想法是：假設昆蟲資料是使用此模型生成的，求出模型最有可能（機率最高）的參數。上一節我們使用 4 個特定的資料（T=0、0、0、1）進行了最大似然估計，這裡我們探討如何支援對任何資料的計算。

首先求由這個模型生成昆蟲資料的機率，即似然。假設只有 1 個資料，如果對於某個體重 x 有 t=1，那麼 t=1 由模型生成的機率就是邏輯回歸模型的輸出值 y 本身；反之，如果 t=0，那麼機率為 1-y。

生成機率因 t 值不同而不同，在 y 和 1-y 之間變來變去，考慮到對一般情況的處理，這很不方便。因此，這裡我們使用數學上的技巧，將類別的生成機率表示為：

$$P(t|x) = y^t(1-y)^{1-t} \tag{6-12}$$

看起來一下子變得複雜了，但是不要擔心。在 $t=1$ 時，類別的生成機率為：

$$P(t=1|x) = y^1(1-y)^{1-1} = y \tag{6-13}$$

在 $t=0$ 時，則以下式 6-14 所示，因此不管是在 $t=1$ 時還是在 $t=0$ 時，我們都可以用式 6-12 表示 $P(t|x)$。這裡的指數有著開關的作用：

$$P(t=0|x) = y^0(1-y)^{1-0} = 1-y \tag{6-14}$$

那麼，在有 N 個資料的情況下，對於指定資料 $X=x_0, \cdots, x_{N-1}$，生成類別 $T=t_0, \cdots, t_{N-1}$ 的機率是多少呢？只要把每個資料的生成機率相乘就行了，這就是似然：

$$P(T|X) = \prod_{n=0}^{N-1} P(t_n|x_n) = \prod_{n=0}^{N-1} y_n^{t_n}(1-y_n)^{1-t_n} \tag{6-15}$$

對式 6-15 取對數，得到對數似然。只要求出使這個對數似然最大的參數 w_0、w_1 即可：

$$\log P(T|X) = \sum_{n=0}^{N-1} \{ t_n \log y_n + (1-t_n) \log(1-y_n) \} \tag{6-16}$$

從式 6-15 到式 6-16 的變形用到了式 4-108。到第 5 章為止，我們求的都是使均方誤差最小的參數，所以為了保持統一，我們考慮在式 6-16 的基礎上乘以 -1，這個誤差叫作交叉熵誤差（cross-entropy error）。這樣就可以採用與之前的均方誤差同樣的做法，求出使誤差最小的參數就行了。然後，將交叉熵誤差除以 N，得到平均交叉熵誤差，並將其定義為 $E(w)$：

$$E(\boldsymbol{w}) = -\frac{1}{N}\log P(\boldsymbol{T}|\boldsymbol{X}) = -\frac{1}{N}\sum_{n=0}^{N-1}\{t_n\log y_n + (1-t_n)\log(1-y_n)\} \quad (6\text{-}17)$$

這樣做可以減輕資料數量對誤差的影響,在評估誤差值時更方便。下面透過程式清單 6-1-(5) 創建計算平均交叉熵誤差的函數 cee_logistic(w, x, t)。

In
```python
# 程式清單 6-1-(5)
# 平均交叉熵誤差 ---------------------
def cee_logistic(w, x, t):
    y=logistic(x, w)
    cee=0
    for n in range(len(y)):
        cee=cee - (t[n] * np.log(y[n]) + (1 - t[n]) * np.log(1 - y[n]))
    cee=cee / X_n
    return cee


# test
W=[1,1]
cee_logistic(W, X, T)
```

Out
```
1.0288191541851066
```

最後一行用 w_0=1、w_1=1 測試了這個函數。可以看到,函數傳回值看上去沒什麼問題。

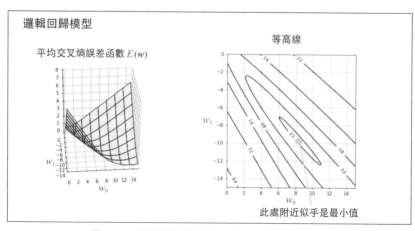

圖 6-7 邏輯回歸模型的平均交叉熵誤差函數

那麼這個平均交叉熵誤差是什麼樣子的呢？我們透過程式清單 6-1-(6) 看一看它的圖形（圖 6-7）。

In

```python
# 程式清單 6-1-(6)
from mpl_toolkits.mplot3d import Axes3D

# 計算 -------------------------------------
wn=80    # 等高線的解析度
w_range=np.array([[0, 15], [-15, 0]])
w0=np.linspace(w_range[0, 0], w_range[0, 1], wn)
w1=np.linspace(w_range[1, 0], w_range[1, 1], wn)
ww0, ww1=np.meshgrid(w0, w1)
C=np.zeros((len(w1), len(w0)))
w=np.zeros(2)
for i0 in range(wn):
    for i1 in range(wn):
        w[0]=w0[i0]
        w[1]=w1[i1]
        C[i1, i0]=cee_logistic(w, X, T)

# 顯示 -------------------------------------
plt.figure(figsize=(12, 5))
plt.subplots_adjust(wspace=0.5)
ax=plt.subplot(1, 2, 1, projection='3d')
ax.plot_surface(ww0, ww1, C, color='blue', edgecolor='black',
                rstride=10, cstride=10, alpha=0.3)
ax.set_xlabel('$w_0$', fontsize=14)
ax.set_ylabel('$w_1$', fontsize=14)
ax.set_xlim(0, 15)
ax.set_ylim(-15, 0)
ax.set_zlim(0, 8)
ax.view_init(30, -95)

plt.subplot(1, 2, 2)
cont=plt.contour(ww0, ww1, C, 20, colors='black',
                 levels=[0.26, 0.4, 0.8, 1.6, 3.2, 6.4])
cont.clabel(fmt='%.1f', fontsize=8)
plt.xlabel('$w_0$', fontsize=14)
plt.ylabel('$w_1$', fontsize=14)
plt.grid(True)
plt.show()
```

Out

```
# 執行結果見圖 6-7
```

平均交叉熵誤差函數的形狀就像一個兩個角被提起來的方巾一樣。看起來最小值在 $w_0=9$、$w_1=-9$ 附近。

6.1.6 學習法則的推導

我們無法求出使交叉熵誤差最小的參數的解析解。這是由於 yn 中包含了非線性的 Sigmoid 函數。因此，我們打算使用之前用過的梯度法求數值解。要使用梯度法，需要求出對參數的偏導數。

下面我們就求式 6-17 中的平均交叉熵誤差 $E(\boldsymbol{w})$ 對 w_0 的偏導數。首先，將式 6-17 表示為：

$$E(\boldsymbol{w}) = \frac{1}{N} \sum_{n=0}^{N-1} E_n(\boldsymbol{w}) \tag{6-18}$$

其中，求和符號中的 $E_n(\boldsymbol{w})$ 的定義為：

$$E_n(\boldsymbol{w}) = -t_n \log y_n - (1-t_n)\log(1-y_n) \tag{6-19}$$

由於求導與求和的順序可以互換（4.4 節），所以式 6-18 可以變形為：

$$\frac{\partial}{\partial w_0} E(\boldsymbol{w}) = \frac{1}{N} \frac{\partial}{\partial w_0} \sum_{n=0}^{N-1} E_n(\boldsymbol{w}) = \frac{1}{N} \sum_{n=0}^{N-1} \frac{\partial}{\partial w_0} E_n(\boldsymbol{w}) \tag{6-20}$$

下面，我們考慮先求出求和符號內部的，然後計算它們的平均值，進而求出 $\frac{\partial}{\partial w_0} E(\boldsymbol{w})$。

$E_n(\boldsymbol{w})$ 內（式 6-19）的 y_n 是邏輯回歸模型的輸出（式 6-21），為了後面計算方便，這裡用 a_n 表示 Sigmoid 函數內的 $w_0 x_n + w_1$（式 6-22）。我們稱 a_n 為輸入總和：

$$y_n = \sigma(a_n) = \frac{1}{1+\exp(-a_n)} \tag{6-21}$$

$$a_n = w_0 x_n + w_1 \tag{6-22}$$

這樣一來，$E_n(w)$ 就可以解釋為複合函數 $E_n(y_n(a_n(w)))$，所以在對 w_0 求偏導數時，可以使用 4.4.4 節介紹的連鎖律的公式：

$$\frac{\partial E_n}{\partial w_0} = \frac{\partial E_n}{\partial y_n} \cdot \frac{\partial y_n}{\partial a_n} \cdot \frac{\partial a_n}{\partial w_0} \tag{6-23}$$

式 6-23 右邊 3 項中的第 1 項是式 6-19 對 y_n 的偏導數：

$$\frac{\partial E_n}{\partial y_n} = \frac{\partial}{\partial y_n} \{-t_n \log y_n - (1-t_n) \log(1-y_n)\} \tag{6-24}$$

上面的偏導數符號只對與 y_n 有關的部分起作用：

$$= -t_n \frac{\partial}{\partial y_n} \log y_n - (1-t_n) \frac{\partial}{\partial y_n} \log(1-y_n) \tag{6-25}$$

根據 $\{\log(x)\}'=1\,/\,x$ 和 $\{\log(1\text{-}x)\}'=\text{-}1\,/\,(1\text{-}x)$，得到：

$$\frac{\partial E_n}{\partial y_n} = -\frac{t_n}{y_n} + \frac{1-t_n}{1-y_n} \tag{6-26}$$

然後是式 6-23 右邊第 2 項。使用 Sigmoid 函數的導數公式 $\{\sigma(x)\}'=\sigma(x)\{1\text{-}\sigma(x)\}$（4.7.5 節），得到式 6-27。為了便於後續計算，這裡將 $\sigma(an)$ 恢復為 y_n：

$$\frac{\partial y_n}{\partial a_n} = \frac{\partial}{\partial a_n} \sigma(a_n) = \sigma(a_n)\{1-\sigma(a_n)\} = y_n(1-y_n) \tag{6-27}$$

最後是式 6-23 右邊第 3 項。這個計算很簡單：

$$\frac{\partial a_n}{\partial w_0} = \frac{\partial}{\partial w_0}(w_0 x_n + w_1) = x_n \tag{6-28}$$

至此，各項就都計算完畢了。將式 6-26、式 6-27 和式 6-28 代入式 6-23，得到：

$$\frac{\partial E_n}{\partial w_0} = \left(-\frac{t_n}{y_n} + \frac{1-t_n}{1-y_n}\right) y_n(1-y_n)x_n \tag{6-29}$$

將分數部分約分，得到：

$$= \left\{ -t_n(1-y_n) + (1-t_n)y_n \right\} x_n \tag{6-30}$$

整理後的式子非常簡潔：

$$\frac{\partial E_n}{\partial w_0} = (y_n - t_n)x_n \tag{6-31}$$

最後代入式 6-20，就求出了 E 對 w_0 的偏導數：

$$\frac{\partial E}{\partial w_0} = \frac{1}{N} \sum_{n=0}^{N-1} (y_n - t_n)x_n \tag{6-32}$$

以同樣的方式求對 w_1 的偏導數：

$$\frac{\partial E}{\partial w_1} = \frac{1}{N} \sum_{n=0}^{N-1} (y_n - t_n) \tag{6-33}$$

在推導過程中，除了式 6-23 的第 3 項的結果（式 6-34）以外，其餘都跟求 E 對 w_0 的偏導數時相同：

$$\frac{\partial a_n}{\partial w_1} = \frac{\partial}{\partial w_1}(w_0 x_n + w_1) = 1 \tag{6-34}$$

程式的實現如程式清單 6-1-(7) 所示。

```
In
# 程式清單 6-1-(7)
# 平均交叉熵誤差的導數 --------------
def dcee_logistic(w, x, t):
    y=logistic(x, w)
    dcee=np.zeros(2)
    for n in range(len(y)):
        dcee[0]=dcee[0] + (y[n] - t[n]) * x[n]
        dcee[1]=dcee[1] + (y[n] - t[n])
    dcee=dcee / X_n
    return dcee


# --- test
W=[1, 1]
dcee_logistic(W, X, T)
```

Out	`array([ 0.30857905,  0.39485474])`

在最後一行輸入 w_0=1、w_1=1，驗證一下程式。輸出是包含 w_0 方向的偏導數值和 w_1 方向的偏導數值的 ndarray 陣列（圖 6-8）。

邏輯回歸模型

$$y_n = \sigma(a_n) = \frac{1}{1 + \exp(-a_n)} \qquad a_n = w_0 x_n + w_1 \qquad \text{(6-21、6-22)}$$

平均交叉熵誤差函數

$$E(\boldsymbol{w}) = -\frac{1}{N} \sum_{n=0}^{N-1} \{t_n \log y_n + (1 - t_n) \log(1 - y_n)\} \qquad \text{(6-17)}$$

學習法則中用到的偏導數

$$\frac{\partial E}{\partial w_0} = \frac{1}{N} \sum_{n=0}^{N-1} (y_n - t_n) x_n \qquad \frac{\partial E}{\partial w_1} = \frac{1}{N} \sum_{n=0}^{N-1} (y_n - t_n) \qquad \text{(6-32、6-33)}$$

圖 6-8　邏輯回歸模型的學習

6.1.7 透過梯度法求解

下面我們用梯度法求邏輯回歸模型的參數，如程式清單 6-1-(8) 所示。這次使用曾經在 5.6 節使用過的 minimize() 函數來應用梯度法（(A)）。5.6 節沒有用到偏導數，但這裡將使用偏導數的方法求極小解。

minimize() 的參數包括交叉熵誤差函數 cee_logistic、W 的初值 w_init、用於指定 cee_logistic 中除 w 外的參數的 args=(x, t)、用於指定導函數的 jac=dcee_logistic，以及用於指定使用共軛梯度法的 method="CG"。共軛梯度法是梯度法的一種，無須指定學習率，非常方便。

In

```
# 程式清單 6-1-(8)
from scipy.optimize import minimize

# 尋找參數
def fit_logistic(w_init, x, t):
    res1=minimize(cee_logistic, w_init, args=(x, t),
                  jac=dcee_logistic, method="CG")      # (A)
    return res1.x

# 主處理 ------------------------------------
plt.figure(1, figsize=(3, 3))
W_init=[1,-1]
W=fit_logistic(W_init, X, T)
print("w0={0:.2f}, w1={1:.2f}".format(W[0], W[1]))
B=show_logistic(W)
show_data1(X, T)
plt.ylim(-.5, 1.5)
plt.xlim(X_min, X_max)
cee=cee_logistic(W, X, T)
print("CEE={0:.2f}".format(cee))
print("Boundary={0:.2f} g".format(B))
plt.show()
```

Out

執行結果見圖 6-9

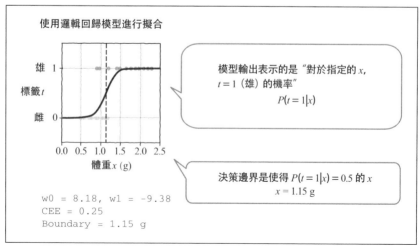

圖 6-9　使用邏輯回歸模型進行擬合的結果

執行結果如圖 6-9 所示。推測出的參數也與在圖 6-7 中預想的值大致相符。決策邊界是 1.15 g，與使用最小平方法擬合直線模型時的決策邊界（1.24 g）相比，位置略偏左。

再強調一次，這個模型的優點是輸出值是對 $P(t=1|x)$ 這個條件機率（後驗機率）的近似，而且預測結果表現了不確定性。

6.2 ‖ 二維輸入的二元分類

之前我們探討的都是輸入資料為一維的情況，下面我們將輸入資料擴充到二維。

6.2.1 問題設定

重置資料，使用二維輸入創建新的資料。執行以下指令後，介面會出現提示，和你確認是否真的重置，此時要按下 y 鍵，並按下確認鍵。

In	`%reset`

Out	`Once deleted, variables cannot be recovered. Proceed (y/[n])? y`

程式清單 6-2-(1) 一併創建了二元分類和三元分類的資料。

In	
| | ```python
# 程式清單 6-2-(1)
import numpy as np
import matplotlib.pyplot as plt
%matplotlib inline


# 生成資料 -------------------------------
np.random.seed(seed=1)   # 固定隨機數
N=100   # 資料個數
``` |
```

```
K=3   # 分佈的個數
T3=np.zeros((N, 3), dtype=np.uint8)
T2=np.zeros((N, 2), dtype=np.uint8)
X=np.zeros((N, 2))
X_range0=[-3, 3]   # X0 的範圍，用於顯示
X_range1=[-3, 3]   # X1 的範圍，用於顯示
Mu=np.array([[-.5, -.5], [.5, 1.0], [1, -.5]])  # 分佈的中心
Sig=np.array([[.7, .7], [.8, .3], [.3, .8]])    # 分佈的離散值
Pi=np.array([0.4, 0.8, 1])  # (A) 各分佈所佔的比例 0.4 0.8 1
for n in range(N):
    wk=np.random.rand()
    for k in range(K):         # (B)
        if wk < Pi[k]:
            T3[n, k]=1
            break
    for k in range(2):
        X[n, k]=(np.random.randn() * Sig[T3[n, :] == 1, k]
                 + Mu[T3[n, :] == 1, k])
T2[:, 0]=T3[:, 0]
T2[:, 1]=T3[:, 1] | T3[:, 2]
```

資料個數 $N=100$，輸入資料是 $N \times 2$ 的 X，二元分類的類別資料保存在 $N \times 2$ 的 T2 中，三元分類的類別資料保存在 $N \times 3$ 的 T3 中。

讓我們試著查看一下輸入資料 X 的前 5 個資料（程式清單 6-2-(2)）。

In
```
# 程式清單 6-2-(2)
print(X[:5,:])
```

Out
```
[[-0.14173827  0.86533666]
 [-0.86972023 -1.25107804]
 [-2.15442802  0.29474174]
 [ 0.75523128  0.92518889]
 [-1.10193462  0.74082534]]
```

類別資料 T2 的前 5 個資料如程式清單 6-2-(3) 所示。

```
In    # 程式清單 6-2-(3)
      print(T2[:5,:])
```

```
Out   [[0 1]
       [1 0]
       [1 0]
       [0 1]
       [1 0]]
```

介面上的輸出表示這 5 個資料從上到下分別屬於分類 1、0、0、1、0。
值為 1 的數值所在的列的序號為類別的序號。

類別資料 T3 的前 5 個資料如程式清單 6-2-(4) 所示。與 T2 的輸出一
樣，介面上的輸出表示這 5 個資料從上到下分別屬於分類 1、0、0、1、
0（碰巧前 5 個資料中沒有屬於類 2 的）。

```
In    # 程式清單 6-2-(4)
      print(T3[:5,:])
```

```
Out   [[0 1 0]
       [1 0 0]
       [1 0 0]
       [0 1 0]
       [1 0 0]]
```

這種只有目標變數的向量 t_n 的第 k 個元素為 1，其餘元素都為 0 的表示
方法稱為 1-of-K 標記法或獨熱編碼（one-hot encodig）。

下面透過程式清單 6-2-(5) 繪製 T2 和 T3 的圖形。

```
In    # 程式清單 6-2-(5)
      # 顯示資料 --------------------------
      def show_data2(x, t):
          wk, K=t.shape
          c=[[.5, .5, .5], [1, 1, 1], [0, 0, 0]]
          for k in range(K):
```

```
        plt.plot(x[t[:, k] == 1, 0], x[t[:, k] == 1, 1],
                 linestyle='none', markeredgecolor='black',
                 marker='o', color=c[k], alpha=0.8)
    plt.grid(True)

# 主處理 ----------------------------
plt.figure(figsize=(7.5, 3))
plt.subplots_adjust(wspace=0.5)
plt.subplot(1, 2, 1)
show_data2(X, T2)
plt.xlim(X_range0)
plt.ylim(X_range1)

plt.subplot(1, 2, 2)
show_data2(X, T3)
plt.xlim(X_range0)
plt.ylim(X_range1)
plt.show()
```

Out | # 執行結果見圖 6-10

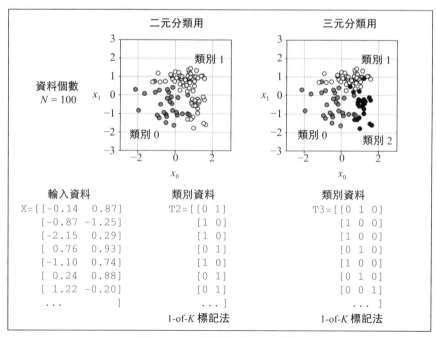

圖 6-10　二維輸入的人工資料

分類資料是這樣創建的：先創建三元分類資料 T3，然後把 T3 中的類別 2 和類別 1 整合到一起作為 T2 的資料（圖 6-10）。

回頭看一下程式清單 6-2-(1)，資料是按以下步驟創建的：首先透過 Pi=np.array([0.4, 0.8, 1]) 設定資料屬於某個類別的機率（(A)）。將根據均勻分佈生成的 0 ～ 1 的隨機數指定給 wk，如果值小於 Pi[0]，則屬於類別 0；如果值大於等於 Pi[0] 且小於 Pi[1]，則屬於類別 1；如果值大於等於 Pi[1] 且小於 Pi[2]，則屬於類別 2（(B)）。

在確定了類別之後，在每個類別下分別以不同的高斯分佈為基礎生成輸入資料。

6.2.2 邏輯回歸模型

邏輯回歸模型可以從一維輸入版本（式 6-11）簡單地擴充到二維輸入版本（式 6-35、式 6-36），如圖 6-11 所示。

$$y = \sigma(a) \tag{6-35}$$

$$a = w_0 x_0 + w_1 x_1 + w_2 \tag{6-36}$$

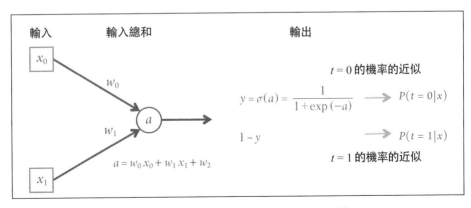

圖 6-11　二維輸入的二元分類的邏輯回歸模型

這次設模型的輸出 y 是類別為 0 的機率 $P(t=0|x)$ 的近似。模型的參數多了一個，分別是 w_0、w_1 和 w_2。

透過程式清單 6-2-(6) 定義模型。

In
```python
# 程式清單 6-2-(6)
# 邏輯回歸模型 ------------------
def logistic2(x0, x1, w):
    y=1 / (1 + np.exp(-(w[0] * x0 + w[1] * x1 + w[2])))
    return y
```

程式清單 6-2-(7) 用於在三維立體圖形上顯示當 W=[-1, -1, -1] 時的二維邏輯回歸模型和資料。

In
```python
# 程式清單 6-2-(7)
# 在三維立體圖形上顯示模型 -----------------------------
from mpl_toolkits.mplot3d import axes3d

def show3d_logistic2(ax, w):
    xn=50
    x0=np.linspace(X_range0[0], X_range0[1], xn)
    x1=np.linspace(X_range1[0], X_range1[1], xn)
    xx0, xx1=np.meshgrid(x0, x1)
    y=logistic2(xx0, xx1, w)
    ax.plot_surface(xx0, xx1, y, color='blue', edgecolor='gray',
                    rstride=5, cstride=5, alpha=0.3)

def show_data2_3d(ax, x, t):
    c=[[.5, .5, .5], [1, 1, 1]]
    for i in range(2):
        ax.plot(x[t[:, i] == 1, 0], x[t[:, i] == 1, 1], 1 - i,
                marker='o', color=c[i], markeredgecolor='black',
                linestyle='none', markersize=5, alpha=0.8)
    ax.view_init(elev=25, azim=-30)

# test ---
Ax=plt.subplot(1, 1, 1, projection='3d')
```

```
W=[-1, -1, -1]
show3d_logistic2(Ax, W)
show_data2_3d(Ax,X,T2)
plt.show()
```

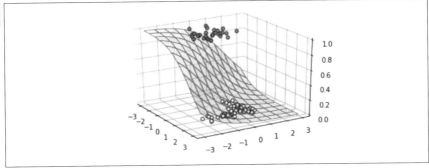

接下來，透過程式清單 6-2-(8) 顯示模型的等高線。執行後，程式將以等高線的形式顯示當 W=[-1,-1,-1] 時的邏輯回歸模型的輸出。

In

```
# 程式清單 6-2-(8)
# 以二維等高線的形式顯示模型 -----------------------

def show_contour_logistic2(w):
    xn=30   # 要生成的取樣點個數
    x0=np.linspace(X_range0[0], X_range0[1], xn)
    x1=np.linspace(X_range1[0], X_range1[1], xn)
    xx0, xx1=np.meshgrid(x0, x1)
    y=logistic2(xx0, xx1, w)
    cont=plt.contour(xx0, xx1, y, levels=(0.2, 0.5, 0.8),
                      colors=['k', 'cornflowerblue', 'k'])
    cont.clabel(fmt='%.1f', fontsize=10)
    plt.grid(True)

# test ---
plt.figure(figsize=(3,3))
W=[-1, -1, -1]
show_contour_logistic2(W)
plt.show()
```

Out

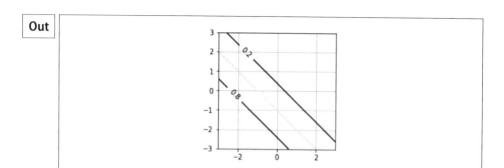

模型的平均交叉熵誤差函數可以沿用下式：

$$E(\boldsymbol{w}) = -\frac{1}{N} \log P(\boldsymbol{T} | \boldsymbol{X}) = -\frac{1}{N} \sum_{n=0}^{N-1} \{ t_n \log y_n + (1 - t_n) \log(1 - y_n) \} \qquad (6\text{-}17)$$

這裡的類別資料雖然用到了 1-of-K 標記法，但由於是二元分類問題，所以將 T 的第 0 列 t_{n0} 作為 t_n，如果值為 1 則作為類別 0，如果值為 0 則作為類別 1，這樣就能與上一節同樣地處理這個問題了。

下面透過程式清單 6-2-(9) 定義計算交叉熵誤差的函數。

In

```
# 程式清單 6-2-(9)
# 交叉熵誤差 ------------
def cee_logistic2(w, x, t):
    X_n=x.shape[0]
    y=logistic2(x[:, 0], x[:, 1], w)
    cee=0
    for n in range(len(y)):
        cee=cee - (t[n, 0] * np.log(y[n]) +
                   (1 - t[n, 0]) * np.log(1 - y[n]))
    cee=cee / X_n
    return cee
```

與 6.1.6 節同樣地求對各參數的偏導數，得到：

$$\frac{\partial E}{\partial w_0} = \frac{1}{N} \sum_{n=0}^{N-1} (y_n - t_n) x_{n0} \qquad (6\text{-}37)$$

$$\frac{\partial E}{\partial w_1} = \frac{1}{N}\sum_{n=0}^{N-1}(y_n - t_n)x_{n1} \tag{6-38}$$

$$\frac{\partial E}{\partial w_2} = \frac{1}{N}\sum_{n=0}^{N-1}(y_n - t_n) \tag{6-39}$$

下面透過程式清單 6-2-(10) 定義計算偏導數的函數。執行後，程式會傳回當 W=[-1, -1, -1] 時的偏導數的值。

In
```
# 程式清單 6-2-(10)
# 交叉熵誤差的導數 -----------
def dcee_logistic2(w, x, t):
    X_n=x.shape[0]
    y=logistic2(x[:, 0], x[:, 1], w)
    dcee=np.zeros(3)
    for n in range(len(y)):
        dcee[0]=dcee[0] + (y[n] - t[n, 0]) * x[n, 0]
        dcee[1]=dcee[1] + (y[n] - t[n, 0]) * x[n, 1]
        dcee[2]=dcee[2] + (y[n] - t[n, 0])
    dcee=dcee / X_n
    return dcee


# test ---
W=[-1, -1, -1]
dcee_logistic2(W, X, T2)
```

Out
```
array([ 0.10272008,  0.04450983, -0.06307245])
```

最後，求出使平均交叉熵誤差最小的邏輯回歸模型的參數，並顯示結果（程式清單 6-2-(11)）。

In
```
# 程式清單 6-2-(11)
from scipy.optimize import minimize


# 尋找邏輯回歸模型的參數 --
def fit_logistic2(w_init, x, t):
    res=minimize(cee_logistic2, w_init, args=(x, t),
                jac=dcee_logistic2, method="CG")
```

```
    return res.x

# 主處理 ------------------------------------
plt.figure(1, figsize=(7, 3))
plt.subplots_adjust(wspace=0.5)

Ax=plt.subplot(1, 2, 1, projection='3d')
W_init=[-1, 0, 0]
W=fit_logistic2(W_init, X, T2)
print("w0={0:.2f}, w1={1:.2f}, w2={2:.2f}".format(W[0], W[1], W[2]))
show3d_logistic2(Ax, W)
show_data2_3d(Ax, X, T2)
cee=cee_logistic2(W, X, T2)
print("CEE={0:.2f}".format(cee))

Ax=plt.subplot(1, 2, 2)
show_data2(X, T2)
show_contour_logistic2(W)
plt.show()
```

Out | # 執行結果見圖 6-12

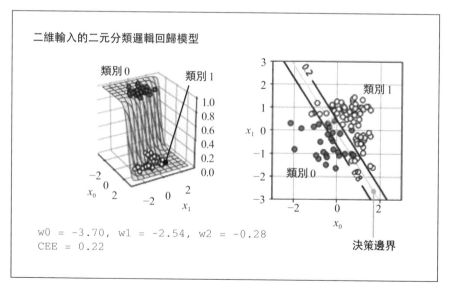

圖 6-12　使用二維輸入的邏輯回歸模型進行擬合的結果

這裡的做法與上一節相同，就是把導函數傳給 minimize()，用共軛梯度法求參數。結果如圖 6-12 所示，從圖中可以看出，模型完美地在分佈出現分離的地方畫了一條決策邊界。

我們使用的邏輯回歸模型的 Sigmoid 函數的物件是一個平面模型，我們可以把這個平面想像為被 Sigmoid 函數壓扁到 0 和 1 之間了，這樣得到的形狀如圖 6-12 的左半部分所示。由於壓扁的是個平面，所以模型的決策邊界肯定是直線。

6.3 二維輸入的三元分類

6.3.1 三元分類邏輯回歸模型

前面我們處理的都是二元分類，接下來在模型輸出時使用 4.7.6 節介紹的 Softmax 函數，以支援 3 個類別以上的分類（圖 6-13）。

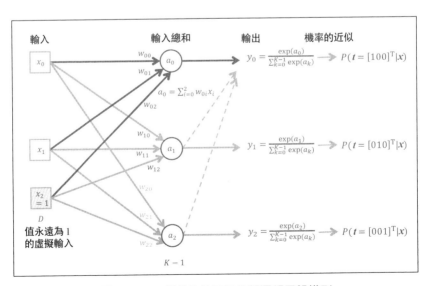

圖 6-13　二維輸入的三元分類邏輯回歸模型

下面以 3 個類別的分類問題為例，看一下支持 3 個類別的輸入總和 a_k（k=0, 1, 2）：

$$a_k = w_{k0}x_0 + w_{k1}x_1 + w_{k2} \quad (k = 0, 1, 2) \tag{6-40}$$

w_{ki} 是用於根據輸入 x_i 調節類別 k 的輸入總和的參數。這裡，我們好好整理一下上式。現在的輸入是二維的 $\boldsymbol{x}=[x_0, x_1]^T$，假設第 3 個輸入是值永遠為 1 的 x_2=1，可得到：

$$a_k = w_{k0}x_0 + w_{k1}x_1 + w_{k2}x_2 = \sum_{i=0}^{D} w_{ki}x_i \quad (k = 0, 1, 2) \tag{6-41}$$

我們準備把這個輸入總和作為 Softmax 函數的輸入。首先對輸入總和應用指數函數 $\exp(a_k)$，把所有類別的指數函數相加，得到的和為 u：

$$u = \exp(a_0) + \exp(a_1) + \exp(a_2) = \sum_{k=0}^{K-1} \exp(a_k) \tag{6-42}$$

K 表示分類的類別個數，這次 K=3。

Softmax 函數的輸出用到了 u：

$$y_k = \frac{\exp(a_k)}{u} \quad (k = 0, 1, 2) \tag{6-43}$$

這個模型如圖 6-13 所示。模型的輸入為 $x=[x_0, x_1, x_2]^T$，其中，x_2 是值永遠為 1 的虛擬輸入。這個輸入對應的輸出為 $y=[y_0, y_1, y_2]^T$，而且 $y_0+y_1+y_2=1$ 永遠成立（與資料 x 對應的輸出 y 也跟 x 一樣，以列向量的形式表示）。模型的參數為 w_{ki}(k=0, 1, 2，i=0, 1, 2)，參數整理後的矩陣為：

$$\boldsymbol{W} = \begin{bmatrix} w_{00} & w_{01} & w_{02} \\ w_{10} & w_{11} & w_{12} \\ w_{20} & w_{21} & w_{22} \end{bmatrix} \tag{6-44}$$

為了使模型的輸出 y_0、y_1 和 y_2 能夠表示輸入 x 屬於各個類別的機率 $P(t=[1, 0, 0]^T|x)$（類別 0）、$P(t=[0, 1, 0]^T|x)$（類別 1）和 $P(t=[0, 0, 1]^T|x)$

（類別 2），我們要讓模型去學習資訊（與一個資料對應的 1-of-K 標記法的 *t* 也以列向量的形式表示。表示全部資料的 *T* 可以解釋為垂直排列的該向量 *t* 的轉置）。

接下來，透過程式清單 6-2-(12) 實現用於進行三元分類的邏輯回歸模型 logistic3。

```
In
# 程式清單 6-2-(12)
# 用於進行三元分類的邏輯回歸模型 -----------------
def logistic3(x0, x1, w):
    K=3
    w=w.reshape((3, 3))
    n=len(x1)
    y=np.zeros((n, K))
    for k in range(K):
        y[:, k]=np.exp(w[k, 0] * x0 + w[k, 1] * x1 + w[k, 2])
    wk=np.sum(y, axis=1)
    wk=y.T / wk
    y=wk.T
    return y

# test ---
W=np.array([1, 2, 3, 4 ,5, 6, 7, 8, 9])
y=logistic3(X[:3, 0], X[:3, 1], W)
print(np.round(y, 3))
```

```
Out
[[ 0.     0.006  0.994]
 [ 0.965  0.033  0.001]
 [ 0.925  0.07   0.005]]
```

這個模型的參數 W 有 9 個元素。為了支援 minimize，這裡把將 3×3 矩陣扁平化後得到的具有 9 個元素的向量作為輸入 W。在 test 程式中，我們選擇從頭開始的 3 個資料 X[:3, 0]，驗證它們在使用測試用的參數 W 時的輸出。

輸出為 N×3（N=3）矩陣 y，可以看出每一行的元素（水平排列的數）之和為 1。

6.3.2 交叉熵誤差

似然這個詞聽起來可能讓人霧裡看花,但其實它是由「對於全部輸入資料 X,各類別資料 T 均為特定值」的模型生成的機率。

對於輸入資料 x,如果它的類別為 0($t=[1, 0, 0]^T$),那麼這個類別的生成機率為:

$$P(t = [1, 0, 0]^T | x) = y_0 \qquad (6\text{-}45)$$

如果類別為 1($t=[0, 1, 0]^T$),那麼機率為:

$$P(t = [0, 1, 0]^T | x) = y_1 \qquad (6\text{-}46)$$

正如 6.1.5 節介紹的那樣,上式可以表示為支持所有類別的下式:

$$P(t | x) = y_0^{t_0} y_1^{t_1} y_2^{t_2} \qquad (6\text{-}47)$$

有了該式,如果類別為 1($t=[t_0, t_1, t_2]^T =[0, 1, 0]^T$),就可以像下面這樣取出 y_1:

$$P(t = [0, 1, 0]^T | x) = y_0^0 y_1^1 y_2^2 = y_1 \qquad (6\text{-}48)$$

如果要計算所有的 N 個資料的生成機率,只要把每個資料的機率全部相乘即可:

$$P(T | X) = \prod_{n=0}^{N-1} P(t_n | x_n) = \prod_{n=0}^{N-1} y_{n0}^{t_{n0}} y_{n1}^{t_{n1}} y_{n2}^{t_{n2}} = \prod_{n=0}^{N-1} \prod_{k=0}^{K-1} y_{nk}^{t_{nk}} \qquad (6\text{-}49)$$

平均交叉熵誤差函數是似然的負的對數的平均值:

$$E(W) = -\frac{1}{N} \log P(T | X) = -\frac{1}{N} \log \prod_{n=0}^{N-1} P(t_n | x_n) = -\frac{1}{N} \sum_{n=0}^{N-1} \sum_{k=0}^{K-1} t_{nk} \log y_{nk} \qquad (6\text{-}50)$$

程式清單 6-2-(13) 定義了計算交叉熵誤差的函數 cee_logistic3。

In
```
# 程式清單 6-2-(13)
# 交叉熵誤差 ------------
def cee_logistic3(w, x, t):
    X_n=x.shape[0]
    y=logistic3(x[:, 0], x[:, 1], w)
    cee=0
    N, K=y.shape
    for n in range(N):

        for k in range(K):
            cee=cee - (t[n, k] * np.log(y[n, k]))
    cee=cee / X_n
    return cee


# test ----
W=np.array([1, 2, 3, 4 ,5, 6, 7, 8, 9])
cee_logistic3(W, X, T3)
```

Out
```
3.9824582404787288
```

輸入參數為含有 9 個元素的陣列 W、X 和 T3，輸出為純量值。

6.3.3 透過梯度法求解

若要用梯度法求出使 $E(W)$ 最小化的 W，需要計算 $E(W)$ 對各 w_{ki} 的偏導數：

$$\frac{\partial E}{\partial w_{ki}} = \frac{1}{N}\sum_{n=0}^{N-1}(y_{nk} - t_{nk})x_{ni} \tag{6-51}$$

該式對於所有的 k 和 i 形式都相同，其推導過程包含 Softmax 函數的偏導數計算，我們將在接下來的第 7 章仔細推導，這裡直接用這個結果即可。

程式清單 6-2-(14) 定義了用於輸出各參數的偏導數的值的函數 dcee_logistic3。

In
```
# 程式清單 6-2-(14)
# 交叉熵誤差的導數 ------------
def dcee_logistic3(w, x, t):
    X_n=x.shape[0]
    y=logistic3(x[:, 0], x[:, 1], w)
    dcee=np.zeros((3, 3))  # (類別數 K) × (x 的維度 D + 1)
    N, K=y.shape
    for n in range(N):
        for k in range(K):
            dcee[k, :]=dcee[k, :]-(t[n, k]-y[n, k])* np.r_[x[n, :], 1]
    dcee=dcee / X_n
    return dcee.reshape(-1)


# test ----
W=np.array([1, 2, 3, 4 ,5, 6, 7, 8, 9])
dcee_logistic3(W, X, T3)
```

Out
```
array([ 0.03778433,  0.03708109, -0.1841851 , -0.21235188, -0.44408101,
       -0.38340835,  0.17456754,  0.40699992,  0.56759346])
```

輸出為對 9 個元素分別執行 $\partial E / \partial w_{ki}$ 之後得到的陣列。

創建將這個陣列傳給 minimize()，並尋找參數的函數（程式清單 6-2-(15)）。

In
```
# 程式清單 6-2-(15)
# 尋找參數 ----------------
def fit_logistic3(w_init, x, t):
    res=minimize(cee_logistic3, w_init, args=(x, t),
                      jac=dcee_logistic3, method="CG")
    return res.x
```

另外，再創建一個用於以等高線的形式顯示結果的函數 show_contour_logistic3（程式清單 6-2-(16)）。

In
```
# 程式清單 6-2-(16)
# 以二維等高線的形式顯示模型 --------------------
def show_contour_logistic3(w):
    xn=30   # 要生成的取樣點個數
    x0=np.linspace(X_range0[0], X_range0[1], xn)
    x1=np.linspace(X_range1[0], X_range1[1], xn)

    xx0, xx1=np.meshgrid(x0, x1)
    y=np.zeros((xn, xn, 3))
    for i in range(xn):
        wk=logistic3(xx0[:, i], xx1[:, i], w)

        for j in range(3):
            y[:, i, j]=wk[:, j]
    for j in range(3):
        cont=plt.contour(xx0, xx1, y[:, :, j],
                            levels=(0.5, 0.9),
                            colors=['cornflowerblue', 'k'])
        cont.clabel(fmt='%.1f', fontsize=9)
    plt.grid(True)
```

將權重參數 w 傳給程式清單 6-2-(16) 中的 show_contour_logistic3 後，
要顯示的輸入空間會被分割為 30×30。另外，程式會根據所有的輸入檢
查網路的輸出。然後，以等高線的形式顯示每個類別中輸出為 0.5 或 0.9
以上的區域。

至此，所有的準備工作就都做好了。接下來，透過下面的程式清單 6-2-
(17) 進行擬合。

In
```
# 程式清單 6-2-(17)
# 主處理 ----------------------------------
W_init=np.zeros((3, 3))
W=fit_logistic3(W_init, X, T3)
print(np.round(W.reshape((3, 3)),2))
cee=cee_logistic3(W, X, T3)
print("CEE={0:.2f}".format(cee))
```

```
plt.figure(figsize=(3, 3))
show_data2(X, T3)
show_contour_logistic3(W)
plt.show()
```

Out | # 執行結果見圖 6-14

結果如圖 6-14 所示，各類別之間的邊界線畫得似乎恰到好處，效果非常理想。這個多元邏輯回歸模型的類別之間的邊界線是由直線組合而成的。計算過程似乎有些複雜，但這個模型的好處是將不確定性作為條件機率（後驗機率），獲得了它的近似值。

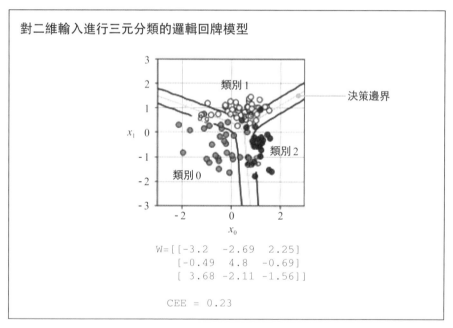

圖 6-14　對二維輸入進行三元分類的邏輯回歸模型的擬合結果

## 第 7 章

神經網路與深度學習

近年來，我們經常在各種媒體上接觸到深度學習這個詞。深度學習是機器學習的分支，在機器學習中存在一種被稱為神經網路模型的演算法，該演算法受到了腦神經網路的啟發。其中，使用了多個層的模型就稱為深度學習（圖 7-1）。

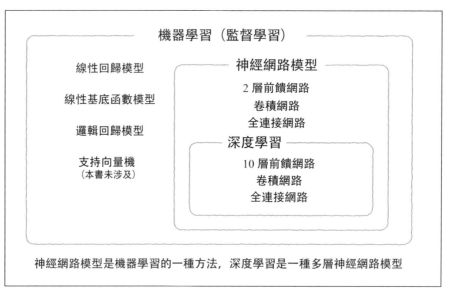

圖 7-1　機器學習（監督學習）的分類

近年來，隨著深度學習技術的進步，圖型辨識和語音辨識的精度獲得了飛躍性的進步，並在網際網路和行動網際網路等場景中得到實際應用。2016 年甚至發生了應用深度學習的演算法戰勝了圍棋職業選手這種劃時代的事件。現在許多企業和大學都在關注這個技術。

深度學習也稱為深度神經網路。「深度」的意思是「由深的層組成」，「神經網路」指的是模仿了人腦神經網路的計算模型。因此，深度學習的意思就是「由深的層組成的神經網路模型」。在 20 世紀 50 年代和 80 年代，神經網路模型分別迎接了第 1 次和第 2 次研究浪潮，然而這兩次浪潮都無法達到人們期待的效果，基本上沒有實際的應用實作就退去了。

但是，多倫多大學的傑佛瑞·辛頓（Geoffrey Hinton）教授一直堅信神經網路的可能性，堅持研究。2012 年，辛頓教授率領研究團隊參加了大規模圖型辨識競賽（ImageNet Large Scale Visual Recognition Challenge，ILSVRC），並使用自己設計的神經網路模型贏得了比賽。這個獲得了歷史性突破的模型就是 AlexNet。

從 2012 年開始，在大規模圖型辨識競賽上，使用深度學習的模型每次都能取得前幾名的成績。而且深度學習不只在圖型辨識領域，還在語音辨識和自然語言處理等各種領域獲得了應用。可以說現在正是神經網路的第 3 次浪潮。

本章我們將講解作為神經網路組成要素的神經元模型，以及二層神經網路模型。

在第 8 章中，我們將應用本章的知識，挑戰手寫數字辨識問題。

7.1 ｜｜ 神經元模型

神經網路模型以神經元模型為單位組成。神經元模型是受人腦神經細胞啟發而設計的數學模型。神經細胞也被稱為神經元（neuron），神經元模型因此得名。為了便於區分，本書將真正的大腦中的原型稱為神經細胞，將這個數學模型稱為神經元。

7.1.1 神經細胞

神經細胞擁有被稱為軸突的管道，軸突可以將電脈衝傳遞到其他神經細胞（圖 7-2），然後透過被稱為突觸的接點來告訴下一個神經細胞脈衝的到來。

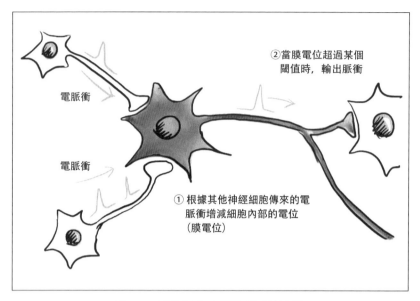

②當膜電位超過某個
閾值時，輸出脈衝

電脈衝

電脈衝

①根據其他神經細胞傳來的電
脈衝增減細胞內部的電位
（膜電位）

圖 7-2　神經細胞中訊號傳輸的原理

神經細胞收到來自其他細胞的電脈衝後，細胞內的電位（膜電位）會增
加或減少。突觸有幾個種類，不同的突觸可使得膜電位增加或減少。至
於增加多少、減少多少，則由接收輸入的突觸的狀態（突觸傳遞強度）
決定。如果突觸傳遞強度大，那麼即使只到來一個脈衝，膜電位的變化
也很大；反之，如果突觸傳遞強度小，那麼膜電位幾乎不會變化。受到
像這樣的輸入的影響，膜電位不斷地增加或減少。當膜電位超過一定值
（閾值）時，這個神經細胞會發出電脈衝，脈衝透過軸突傳遞到下一個
神經細胞。

我們人類在學習過程中，大腦內就發生著各種各樣的神經細胞間的突觸
傳遞強度的變化。我們能夠進行各種類型的學習，比如學習語言、自然
而然地記住最近發生的事情、經過多次嘗試學會騎自行車等，在每一種
類型的學習過程中，大腦內對應的部位都會發生突觸傳遞強度的變化。

7.1.2 神經元模型

下面介紹將上述神經細胞的行為簡化後形成的數學模型 —— 神經元模型。假設某個神經元有兩個輸入,分別是 x_0 和 x_1(圖 7-3)。

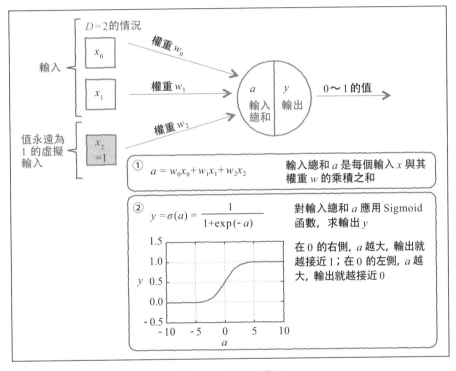

圖 7-3 神經元模型

我們限制輸入值是可能為正或負的實數值。設每個輸入的突觸傳遞強度(也可稱之為權重、負載等)為 w_0、w_1,把這些強度與其對應的輸入相乘,然後計算所有輸入的權重和,再加上常數 w_2,得到輸入總和(膜電位、邏輯回歸)a:

$$a = w_0 x_0 + w_1 x_1 + w_2 \tag{7-1}$$

參數 w_2（偏置參數、偏置項）用於表示我們在第 5 章（5.1.2 節）探討的截距。與之前一樣，增加值永遠為 1 的第 3 個輸入項 x_2，得到：

$$a = w_0 x_0 + w_1 x_1 + w_2 x_2 \qquad (7\text{-}2)$$

然後就可以用求和符號簡化式 7-2，得到：

$$a = \sum_{i=0}^{2} w_i x_i \qquad (7\text{-}3)$$

上一章提到過，x_2 這樣的輸入稱為虛擬輸入（偏置輸入）。對輸入總和 a 應用 Sigmoid 函數（4.7.5 節），得到神經元的輸出值 y：

$$y = \frac{1}{1 + \exp(-a)} \qquad (7\text{-}4)$$

y 是 0 和 1 之間的連續值。雖然神經細胞的輸出只有發出脈衝和不發脈衝這兩種值，但是現在我們假設輸出值表示的是每個單位時間的脈衝數量，即啟動頻率。a 越大，啟動頻率就越接近上限值 1；反過來，a 的值越小，啟動頻率就越接近 0，此時神經細胞處於基本上不啟動的狀態。

式 7-1 ～ 式 7-4 定義的神經元模型正是 6.2.2 節介紹的二維輸入的二元分類的邏輯回歸模型。也就是説，這個神經元模型能夠透過直線把二維輸入空間 (x_0, x_1) 分成兩部分：一側是 0 到 0.5 的數值，另一側是 0.5 到 1 的數值。圖 7-4 顯示了當 w_0=-1、w_1=2、w_2=4 時輸入總和與神經元的輸出的關係。我們把這樣的圖形稱為輸入輸出映射圖。

輸入空間的輸入總和表示為平面。使輸入總和剛好為 0 的是在直線 $w_0 x_0 + w_1 x_1 + w_2 = 0$ 上的輸入，就圖 7-4 中的例子來説，就是在直線 $-x_0 + 2x_1 + 4 = 0$ 上的輸入。這條直線的一側為正值，另一側為負值。

輸出是對輸入總和的平面應用 Sigmoid 函數後的值，表現為將輸入總和的平面壓扁到 0 ～ 1 的形狀。在使輸入總和為 0 的直線上，輸出介於 0 與 1 之間的 0.5。

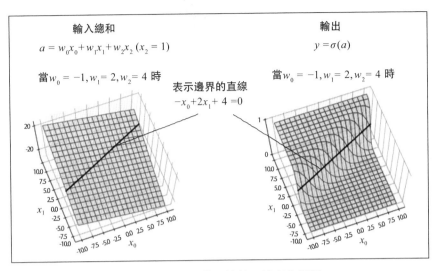

圖 7-4　神經元模型的輸入輸出的關係

如果輸入維度不是 2，而是更通用的 D，那麼 a 和 y 為：

$$a = \sum_{i=0}^{D} w_i x_i \tag{7-5}$$

$$y = \frac{1}{1 + \exp(-a)} \tag{7-6}$$

這裡的 x_D 是值永遠為 1 的虛擬輸入。我們可以在腦海中想像一下將圖 7-4 擴充後的樣子：神經元模型透過 $D-1$ 維的平面（之類的空間）把 D 維輸入空間劃分成了兩部分。

下面我們了解一下神經元模型的學習方法，這相當於對 6.2.2 節的線性邏輯回歸模型的複習。首先，將平均交叉熵誤差作為目標函數：

$$E(\boldsymbol{w}) = -\frac{1}{N} \sum_{n=0}^{N-1} \left\{ t_n \log y_n + (1 - t_n) \log(1 - y_n) \right\} \tag{7-7}$$

該誤差函數對參數的梯度為：

$$\frac{\partial E}{\partial w_i} = \frac{1}{N} \sum_{n=0}^{N-1} (y_n - t_n) x_{ni} \tag{7-8}$$

參數的學習法則要用到這個梯度：

$$w_i(\tau+1) = w_i(\tau) - \alpha\frac{\partial E}{\partial w_i} \tag{7-9}$$

程式實現與 6.2.2 節的線性邏輯回歸模型相同，這裡就不再贅述了。

7.2 神經網路模型

7.2.1 二層前饋神經網路

接下來進入本章的正題。每個神經元模型只能做到用線把輸入空間分開這樣簡單的功能，但如果把它們作為零件，然後把大量的這種零件組合起來，就能發揮出強大的力量。這樣的神經元集合體的模型就稱為神經網路模型（或簡單地稱為神經網路）。人們提出了擁有各種結構和功能的神經網路模型，這裡我們只考慮訊號不會反向傳遞、只會朝一個方向傳遞的前饋神經網路（圖 7-5）。

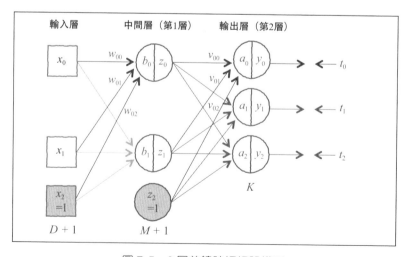

圖 7-5　2 層前饋神經網路模型

圖 7-5 所示的是一個二層前饋神經網路。有人把輸入層也包含在內，認為它是三層的，我們這裡遵循畢肖普的 *Pattern Recognition and Machine Learning* 一書中的叫法，稱它為二層的。考慮到權重參數只有 w 和 v 這兩層，把它當作二層的做法似乎更為妥當。

這個神經網路接收二維的輸入（圖 7-5 中灰色的輸入是虛擬輸入，所以不算在輸入維度中），然後用三個神經元進行輸出，所以它能夠把二維的輸入分類到三個類別中。我們要對網路進行訓練，使得每個輸出神經元的輸出值能夠代表資料屬於每個類別的機率。

下面詳細看一下網路的數學式。輸入為 x_0、x_1 這兩個維度，這裡再加上值永遠為 1 的虛擬的 x_2，向中間層的兩個神經元傳遞資訊。設第 i 個輸入到第 j 個神經元的權重為 w_{ji}，第 j 個神經元的輸入總和為 b_j：

$$b_j = \sum_{i=0}^{2} w_{ji} x_i \tag{7-10}$$

權重 w_{ji} 有兩個索引，它的方向可能讓人覺得很容易弄混，但只要記住「左方向」即可。不是右方向，而是左方向。這樣一來，在輸入總和的計算式中，就會出現同一個索引相鄰的效果，便於使用矩陣表示（圖 7-6）。

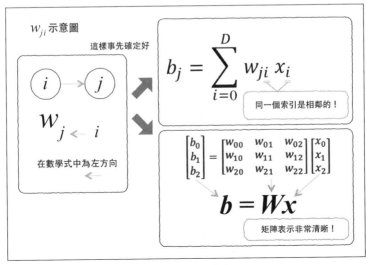

圖 7-6　關於複合索引

對式 7-10 的輸入總和應用 Sigmoid 函數後，得到中間層神經元的輸出 z_j：

$$z_j = h(b_j) \tag{7-11}$$

這裡之所以使用 $h()$ 表示 Sigmoid 函數，而不使用 $\sigma()$，是因為我們今後不一定一直使用 Sigmoid 函數，有可能使用別的函數。$h()$ 的意思是根據輸入總和決定輸出的某個函數，我們稱之為啟動函數。

這個中間層的輸出決定了輸出層的神經元的活動。中間層第 j 個神經元到輸出層第 k 個神經元的權重表示為 v_{kj}，輸出層第 k 個神經元的輸出總和 a_k 為：

$$a_k = \sum_{j=0}^{2} v_{kj} z_j \tag{7-12}$$

式 7-12 中 z_j 包含的 z_2 是輸出值永遠為 1 的虛擬神經元。這樣做是為了讓求和運算式中包含偏置項，大家已經很熟悉了。

輸出層的輸出 y_k 使用了 Softmax 函數：

$$y_k = \frac{\exp(a_k)}{\sum_{l=0}^{2} \exp(a_l)} = \frac{\exp(a_k)}{u} \tag{7-13}$$

在式 7-13 中，$u = \sum_{l=0}^{2} \exp(a_l)$。由於這裡使用了 Softmax 函數，所以輸出 y_k 的和 $y_0+y_1+y_2$ 等於 1，因此就可以把這些值解釋為機率了。這樣就完成了網路功能的定義。

我們將網路拓展到更通用的情況，設輸入維度為 D，中間層的神經元數量為 M，輸出維度為 K，那麼與網路有關的各式的定義如下所示。

中間層的輸入總和：
$$b_j = \sum_{i=0}^{D} w_{ji} x_i \tag{7-14}$$

中間層的輸出：
$$z_j = h(b_j) \tag{7-15}$$

輸出層的輸入總和：
$$a_k = \sum_{j=0}^{M} v_{kj} z_j \tag{7-16}$$

輸出層的輸出： $$y_k = \frac{\exp(a_k)}{\sum_{l=0}^{K-1} \exp(a_l)} = \frac{\exp(a_k)}{u} \qquad (7\text{-}17)$$

x_D 和 z_M 分別是值永遠為 1 的虛擬輸入和虛擬神經元。式 7-14 和式 7-16 中求和的次數包括了對虛擬神經元的計算，所以需要注意這兩個式子中的求和次數分別為 $D+1$、$M+1$。

7.2.2 二層前饋神經網路的實現

下面我們就用 Python 編寫程式，來驗證網路的功能。不過在這之前，我們先透過程式清單 7-1-(1) 生成一些需要用到的資料，生成的資料與 6.3.1 節的三元分類使用的資料相同。

```
In    # 程式清單 7-1-(1)
      import numpy as np

      # 生成資料
      np.random.seed(seed=1)   # 固定隨機數
      N=200   # 資料個數
      K=3     # 分佈個數
      T=np.zeros((N, 3), dtype=np.uint8)
      X=np.zeros((N, 2))
      X_range0=[-3, 3]   # X0 的範圍，用於顯示
      X_range1=[-3, 3]   # X1 的範圍，用於顯示
      Mu=np.array([[-.5, -.5], [.5, 1.0], [1, -.5]])   # 分佈的中心
      Sig=np.array([[.7, .7], [.8, .3], [.3, .8]])        # 分佈的離散值
      Pi=np.array([0.4, 0.8, 1])   # 各分佈所佔的比例
      for n in range(N):
          wk=np.random.rand()
          for k in range(K):
              if wk < Pi[k]:
                  T[n, k]=1
                  break
          for k in range(2):
              X[n, k]=np.random.randn() * Sig[T[n, :] == 1, k] + \
                      Mu[T[n, :] == 1, k]
```

程式清單 7-1-(2) 將資料分為訓練資料 X_train、T_train 和測試資料 X_test、T_test。這是為了驗證是否發生了過擬合。最後一行用於保存資料。

```
# 程式清單 7-1-(2)
# -------- 將二元分類的資料分割為測試資料、訓練資料
TrainingRatio=0.5
X_n_training=int(N * TrainingRatio)
X_train=X[:X_n_training, :]
X_test=X[X_n_training:, :]
T_train=T[:X_n_training, :]
T_test=T[X_n_training:, :]


# -------- 將資料保存到 'class_data.npz' 檔案
np.savez('class_data.npz', X_train=X_train, T_train=T_train,
                           X_test=X_test, T_test=T_test,
                           X_range0=X_range0, X_range1=X_range1)
```

程式清單 7-1-(3) 用於在圖形中顯示分割後的資料（圖 7-7 下）。

```
# 程式清單 7-1-(3)
import matplotlib.pyplot as plt
%matplotlib inline

# 用圖形顯示資料 -----------------------------
def Show_data(x, t):
    wk, n=t.shape
    c=[[0, 0, 0], [.5, .5, .5], [1, 1, 1]]
    for i in range(n):
        plt.plot(x[t[:, i] == 1, 0], x[t[:, i] == 1, 1],
                 linestyle='none',
                 marker='o', markeredgecolor='black',
                 color=c[i], alpha=0.8)
    plt.grid(True)

# 主處理 ------------------------------------
plt.figure(1, figsize=(8, 3.7))
plt.subplot(1, 2, 1)
Show_data(X_train, T_train)
plt.xlim(X_range0)
```

```
plt.ylim(X_range1)
plt.title('Training Data')
plt.subplot(1, 2, 2)
Show_data(X_test, T_test)
plt.xlim(X_range0)
plt.ylim(X_range1)
plt.title('Test Data')
plt.show()
```

Out | # 執行結果見圖 7-7 下

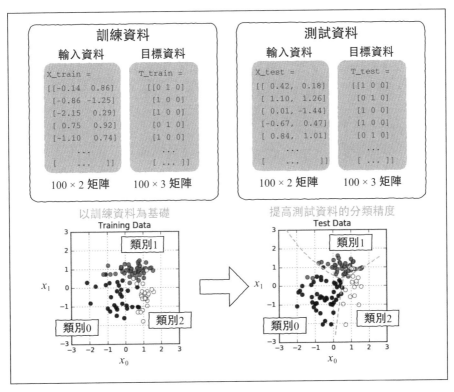

圖 7-7　三元分類問題的人工資料

這樣我們就完成了用於顯示分佈的函數 Show_data(x, t)，它既可用於訓練資料，也可用於測試資料。

既然資料準備已完成，現在我們就來創建如圖 7-5 所示的網路，並看一下這個網路能在多大程度上解決三元分類問題。

我們把定義了二層前饋神經網路的函數命名為 FNN（圖 7-8）。如程式清單 7-1-(4) 所示，首先看一下參數和輸出。FNN 接收傳給網路的輸入 x，輸出 y。輸入 x 是 D 維向量，輸出 y 是 K 維向量，目前我們先探討 D=2、K=3 的情形。

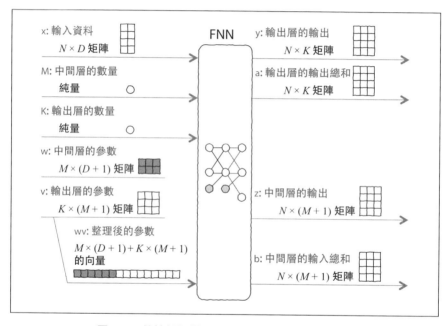

圖 7-8　前饋網路模型的函數 FNN 的參數和輸出

我們希望網路的函數能夠一次處理 N 個資料，因此將 x 作為資料量 $N×D$ 維的矩陣，將 y 作為資料量 $N×K$ 維的矩陣。向量 y 的元素 y[n, 0]、y[n, 1]、y[n, 2] 表示 x[n, :] 屬於類別 0、1、2 的機率。這裡要注意的是，必須保證所有機率的和為 1。另外，為了使中間層的數量和輸出的維度也能自由修改，我們把二者分別命名為 M、K，並將其作為網路的參數（透過輸入資料 x 就能知道 N 和 D 的值，所以 N 和 D 不在參數裡）。

影響網路行為的重要參數 —— 中間層的權重 W 和輸出層的權重 V 也要傳給網路。W 是 $M\times(D+1)$ 矩陣（由於還有偏置輸入的權重，所以為 $D+1$），V 是 $K\times(M+1)$ 矩陣（這裡也需要考慮中間層的偏置神經元，所以為 $M+1$）。

W 和 V 的資訊透過整理了 W 和 V 資訊的向量 wv 傳遞。比如，中間層的神經中繼資料 $M=2$，輸出維度 $K=3$，那麼向網路傳遞的權重為：

$$W = \begin{bmatrix} 0 & 1 & 2 \\ 3 & 4 & 5 \end{bmatrix} \qquad M \times (D+1) = 2 \times 3$$

$$V = \begin{bmatrix} 6 & 7 & 8 \\ 9 & 10 & 11 \\ 12 & 13 & 14 \end{bmatrix} \qquad K \times (M+1) = 3 \times 3$$

這時的 wv 為：

```
wv=np.array([0,1,2,3,4,5,6,7,8,9,10,11,12,13,14])
```

wv 的長度是 $M\times(D+1)+K\times(M+1)$。將學習參數整理為一個，後面編寫進行最佳化的程式就會更容易。

FNN 的輸出是與 N 個資料對應的輸出 y（$N\times K$ 矩陣），中間層的輸出 z，輸出層和中間層的輸入總和 a、b。這些資料在模型學習 wv 的資訊時要用到。

網路的程式碼如程式清單 7-1-(4) 所示。

```
In   # 程式清單 7-1-(4)
     # Sigmoid 函數 -----------------------
     def Sigmoid(x):
         y=1 / (1 + np.exp(-x))
         return y

     # 網路 -----------------------
     def FNN(wv, M, K, x):
         N, D=x.shape                # 輸入維度
```

```
        w=wv[:M * (D + 1)]        # 傳遞到中間層神經元時用到的權重
        w=w.reshape(M, (D + 1))
        v=wv[M * (D + 1):]        # 傳遞到輸出層神經元時用到的權重
        v=v.reshape((K, M + 1))
        b=np.zeros((N, M + 1))    # 中間層神經元的輸入總和
        z=np.zeros((N, M + 1))    # 中間層神經元的輸出
        a=np.zeros((N, K))        # 輸出層神經元的輸入總和
        y=np.zeros((N, K))        # 輸出層神經元的輸出
        for n in range(N):
            # 中間層的計算
            for m in range(M):
                b[n, m]=np.dot(w[m, :], np.r_[x[n, :], 1])  # (A)
                z[n, m]=Sigmoid(b[n, m])
            # 輸出層的計算
            z[n, M]=1              # 虛擬神經元
            wkz=0
            for k in range(K):
                a[n, k]=np.dot(v[k, :], z[n, :])
                wkz=wkz + np.exp(a[n, k])
            for k in range(K):
                y[n, k]=np.exp(a[n, k]) / wkz
        return y, a, z, b

# test ---
WV=np.ones(15)
M=2
K=3
FNN(WV, M, K, X_train[:2, :])
```

Out
```
(array([[ 0.33333333,  0.33333333,  0.33333333],
        [ 0.33333333,  0.33333333,  0.33333333]]),
 array([[ 2.6971835 ,  2.6971835 ,  2.6971835 ],
        [ 1.49172649,  1.49172649,  1.49172649]]),
 array([[ 0.84859175,  0.84859175,  1.        ],
        [ 0.24586324,  0.24586324,  1.        ]]),
 array([[ 1.72359839,  1.72359839,  0.        ],
        [-1.12079826, -1.12079826,  0.        ]]))
```

最後一行用於測試程式的效果。設 M=2、K=3，WV 是長度為 2×3+ 3×3=15 的權重向量。WV 的元素全部為 1，輸入只使用 X_train 的兩個

資料，顯示的輸出從上到下依次是 y、a、z 和 b 的值。由於輸入只有兩個資料，所以輸出的所有矩陣都是只有兩行的矩陣。

(A) 行中的 np.r_[x[n, :], 1] 作用是將值永遠為 1 的虛擬輸入作為 x 的第三個元素附加在後面。np.r_[A, B] 是水平連接矩陣的指令。

7.2.3 數值導數法

我們準備用這個二層前饋神經網路求解三元分類問題。首先，由於是分類問題，所以使用如下所示的平均交叉熵誤差作為誤差函數：

$$E(\boldsymbol{W}, \boldsymbol{V}) = -\frac{1}{N}\sum_{n=0}^{N-1}\sum_{k=0}^{K-1} t_{nk} \log(y_{nk}) \tag{7-18}$$

下面的 CE_FNN 函數是平均交叉熵誤差的實現（程式清單 7-1-(5)）。

```
# 程式清單 7-1-(5)
# 平均交叉熵誤差 ---------
def CE_FNN(wv, M, K, x, t):
    N, D=x.shape
    y, a, z, b=FNN(wv, M, K, x)
    ce=-np.dot(t.reshape(-1), np.log(y.reshape(-1))) / N
    return ce

# test ---
WV=np.ones(15)
M=2
K=3
CE_FNN(WV, M, K, X_train[:2, :], T_train[:2, :])
```

Out | 1.0986122886681098

與 FNN 一樣，CE_FNN 的輸入也是整理了參數 w 和 v 的 wv。此外，決定網路規模的 M 和 K，以及輸入資料 x 和目標資料 t 也作為輸入參數。在函數內部，FNN 根據 x 輸出 y，並透過比較 y 和 t 來計算交叉熵。

在驗證程式的效果時，設 M=2、K=3，那麼 wv 就是長度為 2×3+3×3=15 的向量。向量元素都是 1，只使用資料 x、t 的前兩個資料作為訓練資料，並顯示對應的輸出。

在應用梯度法時，需要用到誤差函數對各個參數的偏導數，不過如果對導數計算的要求不那麼嚴謹，並且對計算速度沒有要求，就可以用簡單的數值導數求得同樣的結果。我們先嘗試使用數值導數的做法。

下面看一個例子，已知如圖 7-9 所示的誤差函數 $E(w)$，w 的值為 $w*$。在應用梯度法時，要計算在 $w*$ 地點的 $E(w)$ 對 w 的偏導數 $\partial E / \partial w$，然後在這個偏導數乘以 -1 的方向更新 $w*$。

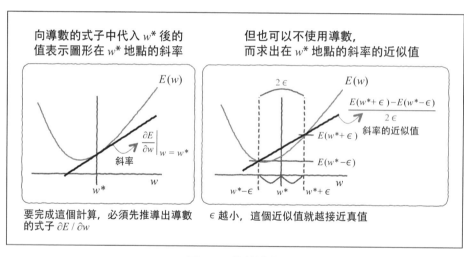

圖 7-9　數值導數

但假如對根據導數計算斜率的要求不那麼嚴謹，那麼只要求出在 $w*$ 前面一點點的地點 $w*- \epsilon$（ϵ 是 0.001 這種夠小的數）的 $E(w*- \epsilon)$ 和在 $w*$ 後面一點點的地點 $w*+ \epsilon$ 的 $E(w*+\epsilon)$，就可以根據下式求出在 $w*$ 地點的斜率的近似值（圖 7-9）：

$$\left. \frac{\partial E}{\partial w} \right|_{w*} \cong \frac{E(w^* + \epsilon) - E(w^* - \epsilon)}{2\epsilon} \tag{7-19}$$

實際上，參數不只有一個，而是有多個。舉例來說，有三個參數 w_0、$w1$ 和 w_2，現在想知道在 w_0^*、w_1^* 和 w_2^* 地點的 $E(w_0, w_1, w_2)$ 的斜率。首先，直接固定 w_1^*、w_2^*，然後將 w_0^* 前後分別偏移 ϵ，把得到的兩個點的斜率作為對 w_0 的偏導數的近似值：

$$\left.\frac{\partial E}{\partial w_0}\right|_{w_0^*, w_1^*, w_2^*} \cong \frac{E(w_0^*+\epsilon,\ w_1^*,\ w_2^*) - E(w_0^*-\epsilon,\ w_1^*,\ w_2^*)}{2\epsilon} \tag{7-20}$$

對 w_1、w_2 的做法也一樣，都是固定其餘的參數求偏導數。直觀地說，這個方法就是立足於在參數空間中所處的地點，求出該點附近的誤差函數的值，然後看誤差函數是朝哪個方向傾斜的。

這個方法只能求得近似值，但只要取的 ϵ 夠小，這個近似值就會十分接近真值。比起精度上的誤差，這個方法的缺點更在於計算負擔大：為了計算一個參數的導數，需要計算兩次 E 的值。

下面透過程式清單 7-1-(6) 創建輸出 CE_FNN 的數值導數的函數 dCE_FNN_num。

```
In

# 程式清單 7-1-(6)
# - 數值導數 ------------------
def dCE_FNN_num(wv, M, K, x, t):
    epsilon=0.001
    dwv=np.zeros_like(wv)
    for iwv in range(len(wv)):
        wv_modified=wv.copy()
        wv_modified[iwv]=wv[iwv] - epsilon
        mse1=CE_FNN(wv_modified, M, K, x, t)
        wv_modified[iwv]=wv[iwv] + epsilon
        mse2=CE_FNN(wv_modified, M, K, x, t)
        dwv[iwv]=(mse2 - mse1) / (2 * epsilon)
    return dwv


# -- 顯示 dWV------------------
def Show_WV(wv, M):
    N=wv.shape[0]
```

```
    plt.bar(range(1, M * 3 + 1), wv[:M * 3], align="center", color=
'black')
    plt.bar(range(M * 3 + 1, N + 1), wv[M * 3:],
            align="center", color='cornflowerblue')
    plt.xticks(range(1, N + 1))
    plt.xlim(0, N + 1)

# -test----
M=2
K=3
nWV=M * 3 + K * (M + 1)
np.random.seed(1)
WV=np.random.normal(0, 1, nWV)
dWV=dCE_FNN_num(WV, M, K, X_train[:2, :], T_train[:2, :])
print(dWV)
plt.figure(1, figsize=(5, 3))
Show_WV(dWV, M)
plt.show()
```

Out | # 執行結果見圖 7-10

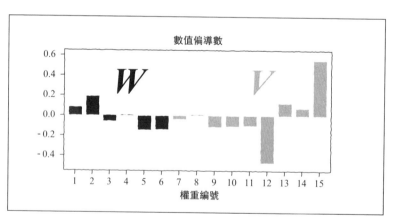

圖 7-10　數值偏導數

ϵ 在程式中的值為 epsilon=0.001。在驗證程式的效果時，設 M=2、K=3，權重隨機生成，只使用資料 X_train 和 T_train 的前兩個資料作為輸入，並顯示對應的輸出。這裡的輸出就是函數對 15 個權重參數的數值偏導數的值。不過只看數值不容易了解，所以我們編寫了用柱狀圖顯示參數值的函數 Show_MV，並顯示了圖形（圖 7-10）。稍後我們會把它與用解析方法求出的導數結果進行比較。

雖然程式比較短，也很簡單，但是求出了對二層網路的各參數的偏導數值。

7.2.4 透過數值導數法應用梯度法

接下來，我們使用這個函數應用梯度法，解決圖 7-7 中的分類問題。函數名稱如下所示，為 Fit_FNN_num：

```
Fit_FNN_num(wv_init, M, K, x_train, t_train, x_test, t_test, n, alpha)
```

該函數的輸入與之前有幾點不同：首先，增加了訓練時要用到的權重的初值 wv_init 參數；另外，除了訓練資料，還將測試資料作為輸入。這是為了確認是否發生了過擬合，所以才在訓練時每一輪之後用測試資料檢查一下誤差。當然，在學習參數時，不會使用測試資料的資訊。n 是學習輪數，alpha 是學習常數。Fit_FNN_num 的輸出是最佳化過的參數 wv。

下面我們就透過程式清單 7-1-(7) 求一下權重參數。不過需要注意的是，執行這段程式可能會花費一些時間。在我的電腦（Intel Core i7 2.6 GHz）上，1000 輪的計算花費了 2 分 43 秒。如果你擔心自己使用的電腦設定不夠好，建議你減少學習輪數。程式清單 7-1-(7) 中 (B) 處的 N_step=1000 表示的就是輪數，可以把它換成 10 左右的數，看一看這樣執行要花多少時間。如果這個時間乘以 100 倍你也可以接受，那就把輪數恢復為 1000 再執行。如果無法接受，那就跳過這段程式，試一下後面會介紹的更快的程式。

In

```
# 程式清單 7-1-(7)
import time

# 使用了數值導數的梯度法 -------
def Fit_FNN_num(wv_init, M, K, x_train, t_train, x_test, t_test, n,
alpha):
    wv=wv_init
    err_train=np.zeros(n)
    err_test=np.zeros(n)
    wv_hist=np.zeros((n, len(wv_init)))
    for i in range(n): # (A)
        wv=wv - alpha * dCE_FNN_num(wv, M, K, x_train, t_train)
        err_train[i]=CE_FNN(wv, M, K, x_train, t_train)
        err_test[i]=CE_FNN(wv, M, K, x_test, t_test)
        wv_hist[i, :]=wv
    return wv, wv_hist, err_train, err_test

# 主處理 --------------------------
startTime=time.time()
M=2
K=3
np.random.seed(1)
WV_init=np.random.normal(0, 0.01, M * 3 + K * (M + 1))
N_step=1000      # (B) 學習輪數
alpha=0.5
WV, WV_hist, Err_train, Err_test=Fit_FNN_num(
    WV_init, M, K, X_train, T_train, X_test, T_test, N_step, alpha)
calculation_time=time.time() - startTime
print("Calculation time:{0:.3f} sec".format(calculation_time))
```

Out

```
Calculation time:162.675 sec
```

程式會在計算結束後輸出計算所花費的時間。程式清單 7-1-(7) 在最開始
的 import time 行呼叫的 time 函數庫用於測量計算時間。for 迴圈中 (A)
處的程式只是簡單地使用 dCE_FNN_num 更新 wv，並同時計算使用訓
練資料的誤差和使用測試資料的誤差。

計算結束後，我們透過程式清單 7-1-(8) 將結果用圖形顯示出來。

```
In    # 程式清單 7-1-(8)
      # 顯示學習誤差 -----------------------------
      plt.figure(1, figsize=(3, 3))
      plt.plot(Err_train, 'black', label='training')
      plt.plot(Err_test, 'cornflowerblue', label ='test')
      plt.legend()
      plt.show()
```

```
Out   # 執行結果見圖 7-11(A)
```

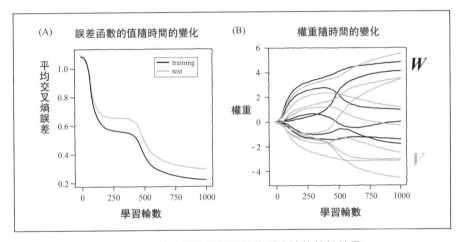

圖 7-11　使用了數值偏導數的梯度法的執行結果

如果學習程式能夠正常執行，我們就應該能看到訓練資料的誤差單調遞減，並收斂於某個值（圖 7-11(A) 下方的線）。假如未在學習中使用的測試資料的誤差沒有中途增大，而是直接單調遞減（圖 7-11(A) 上方的線），就可以認為沒有發生過擬合。有意思的是，在第 400 輪附近，從圖中看起來學習已經收斂了，但很快學習過程又急速地前進了，這裡到底發生了什麼呢？

下面使用程式清單 7-1-(9) 把權重隨時間的變化也用圖形顯示出來。

```
In    # 程式清單 7-1-(9)
      # 顯示權重隨時間的變化 --------------------------
      plt.figure(1, figsize=(3, 3))
      plt.plot(WV_hist[:, :M * 3], 'black')
      plt.plot(WV_hist[:, M * 3:], 'cornflowerblue')
      plt.show()
```

```
Out   # 執行結果見圖 7-11(B)
```

從圖 7-11(B) 中可以看出，從 0 附近的初值開始的權重最終都會緩慢地收斂於某個值。不過再仔細一看，就會發現在第 400 輪左右，權重的曲線會兩兩相交。這表示權重更新的方向，也就是誤差函數的梯度的方向發生了變化。這可能是因為權重經過了被稱為鞍點（saddle point）的地點附近（圖 7-12）。

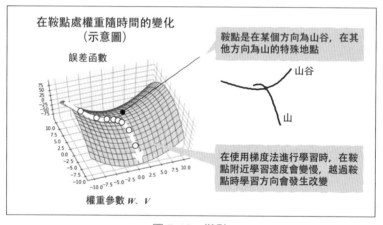

圖 7-12　鞍點

鞍點指的是在某個方向為山谷，在其他方向為山的地點。由於權重空間有 15 維，所以誤差函數無法以圖形展現，假如權重空間是 2 維的，鞍點的示意圖就如圖 7-12 所示。在使用梯度法進行學習時，權重會朝著山谷中心的方向前進，越接近中心梯度就越小，權重的更新也變緩。但如果前進到一定程度，方向就會慢慢變化，更新速度會再次加快。

透過神經網路創建的誤差函數的「地形」很複雜。在非線性較強的神經網路的情況下，經常會像圖 7-11 那樣，看上去學習過程要收斂了，但其實並未停止，常常會再次快速進行。確定神經網路的訓練輪數是一個非常難的問題。

不過，光看誤差和權重，我們還是不能切身體會到網路是否真正地學習了。因此，下面我們透過程式清單 7-1-(10) 在資料空間中畫出區分類別 0、1、2 的邊界線。向下面的 show_FNN 傳入權重參數 wv 之後，該函數會將輸入空間分割為 60×60 的區域，並對所有的輸入檢查網路的輸出。然後，在每個類別中以等高線顯示輸出為 0.5 或 0.9 以上的區域。

```
# 程式清單 7-1-(10)
# 顯示邊界線的函數 -------------------------
def show_FNN(wv, M, K):
    xn=60   # 等高線的解析度
    x0=np.linspace(X_range0[0], X_range0[1], xn)
    x1=np.linspace(X_range1[0], X_range1[1], xn)
    xx0, xx1=np.meshgrid(x0, x1)
    x=np.c_[np.reshape(xx0, xn * xn, 1), np.reshape(xx1, xn * xn, 1)]
    y, a, z, b=FNN(wv, M, K, x)
    plt.figure(1, figsize=(4, 4))
    for ic in range(K):
        f=y[:, ic]
        f=f.reshape(xn, xn)
        f=f.T
        cont=plt.contour(xx0, xx1, f, levels=[0.5, 0.9],
                         colors=['cornflowerblue', 'black'])
        cont.clabel(fmt='%.1f', fontsize=9)
    plt.xlim(X_range0)
    plt.ylim(X_range1)

# 顯示邊界線 -------------------------
plt.figure(1, figsize=(3, 3))
Show_data(X_test, T_test)
show_FNN(WV, M, K)
plt.show()
```

| **Out** | # 執行結果見圖 7-13 |

程式清單 7-1-(10) 的執行結果如圖 7-13 所示。從圖中可以看到，即使是學習時沒有使用的測試資料，程式也能極佳地畫出邊界線來。

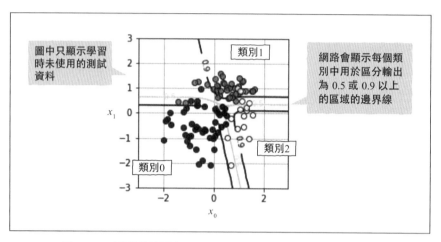

圖 7-13　透過數值導數法應用梯度法得到的類別間的邊界線

可是，我們是根據什麼樣的內部機制畫出這樣的邊界線的呢？大家一定有許多疑問，不過這些都是跟數值導數有關的話題，我們先暫時打住，在後面的 7.2.9 節再詳細探討。

雖然我們獲得了結果，可是數值導數的執行速度太慢了。在接下來的 7.2.5 節，我們將以解析方法求偏導數，並提升執行速度。

7.2.5　誤差反向傳播法

在訓練前饋神經網路的方法中，誤差反向傳播法（Back Propagation，BP）非常有名。誤差反向傳播法使用網路輸出中的誤差（輸出與監督訊號的差）資訊，從輸出層權重 v_{kj} 到中間層權重 w_{ji}，即與輸入方向反方向地更新權重，這也是這個方法名稱的由來。但其實誤差反向傳播法就是梯度法。將梯度法應用在前饋神經網路中，自然就會推導出誤差反向傳播的法則。

為了應用梯度法，接下來我們求誤差函數對參數的偏導數。首先，為了使網路能夠支援類別分類，我們考慮使用前面的式 7-18 所示的平均交叉熵誤差作為誤差函數：

$$E(W,\,V) = -\frac{1}{N}\sum_{n=0}^{N-1}\sum_{k=0}^{K-1} t_{nk}\log(y_{nk}) \tag{7-21}$$

然後，定義對一個資料 n 的交叉熵誤差 E_n：

$$E(W,\,V) = -\sum_{k=0}^{K-1} t_{nk}\log(y_{nk}) \tag{7-22}$$

再將式 7-21 變形為：

$$E(W,\,V) = \frac{1}{N}\sum_{n=0}^{N-1} E_n(W,\,V) \tag{7-23}$$

也就是說，平均交叉熵誤差可以解釋為每個資料的交叉熵誤差的平均值。在求梯度法中用到的 E 對參數的偏導數，比如求 $\partial E\,/\,\partial w_{ji}$ 時，由於求和與求導可交換（4.4 節），所以只要求得對各資料 n 的 $\partial E_n\,/\,\partial w_{ji}$，然後取平均值，就能求得想要計算的 $\partial E\,/\,\partial w_{ji}$：

$$\frac{\partial E}{\partial w_{ji}} = \frac{\partial}{\partial w_{ji}}\frac{1}{N}\sum_{n=0}^{N-1} E_n = \frac{1}{N}\sum_{n=0}^{N-1}\frac{\partial E_n}{\partial w_{ji}} \tag{7-24}$$

因此，我們將目標轉向推導出 $\partial E_n\,/\,\partial w_{ji}$。

網路中的參數不只有 W，還有 V。這裡我們假設 $D=2$、$M=2$、$K=3$，先去求 E_n 對 v_{kj} 的偏導數（7.2.6 節），然後求 E_n 對 w_{ji} 的偏導數（7.2.7 節）。

這個推導可以說是本書最後的困難，因此我們一步一步地慢慢看。有了這樣的推導經驗，今後大家在思索自己的原創模型時一定會有所受益。

7.2.6 求 $\partial E / \partial v_{kj}$

首先，使用偏導數的連鎖律（4.5 節），將 $\partial E / \partial v_{kj}$ 分解為兩個導數的乘積：

$$\frac{\partial E}{\partial v_{kj}} = \frac{\partial E}{\partial a_k} \frac{\partial a_k}{\partial v_{kj}} \tag{7-25}$$

這裡的 E 就是前面提到的 E_n。為了使式子更易讀，這裡暫時省略了 n。首先，求當 $k=0$ 時的 $\partial E / \partial a_k$。在 E 的部分代入式 7-22，得到：

$$\frac{\partial E}{\partial a_0} = \frac{\partial}{\partial a_0}(-t_0 \log y_0 - t_1 \log y_1 - t_2 \log y_2) \tag{7-26}$$

這裡的 t_k 是監督訊號，所以不因輸入總和 a_0 的變化而變化，而網路的輸出 y_k 當然與輸入總和 a_0 有關係。因此，可以將 t_k 作為常數，將 y_k 作為 a_0 的函數，展開式 7-26，得到：

$$\frac{\partial E}{\partial a_0} = -t_0 \frac{1}{y_0} \frac{\partial y_0}{\partial a_0} - t_1 \frac{1}{y_1} \frac{\partial y_1}{\partial a_0} - t_2 \frac{1}{y_2} \frac{\partial y_2}{\partial a_0} \tag{7-27}$$

這個變形用到了對數函數的導數公式（式 4-111）。由於 y 是 a 的 Softmax 函數，所以可以使用在 4.7.6 節推導的公式 4-130 計算上式中的第 1 項 $\partial y_0 / \partial a_0$ 的部分，結果為：

$$\frac{\partial y_0}{\partial a_0} = y_0(1 - y_0) \tag{7-28}$$

同樣地使用公式 4-130 計算式 7-27 的第 2 項和第 3 項的導數部分，結果分別為：

$$\frac{\partial y_1}{\partial a_0} = -y_0 y_1 \tag{7-29}$$

$$\frac{\partial y_2}{\partial a_0} = -y_0 y_2 \tag{7-30}$$

因此，式 7-27 可以變形為：

$$
\begin{aligned}
\frac{\partial E}{\partial a_0} &= -t_0 \frac{1}{y_0} \frac{\partial y_0}{\partial a_0} - t_1 \frac{1}{y_1} \frac{\partial y_1}{\partial a_0} - t_2 \frac{1}{y_2} \frac{\partial y_2}{\partial a_0} \\
&= -t_0(1 - y_0) + t_1 y_0 + t_2 y_0 \\
&= (t_0 + t_1 + t_2)y_0 - t_0 \\
&= y_0 - t_0
\end{aligned}
\tag{7-31}
$$

最後的推導用到了 $t_0+t_1+t_2=1$。這是由於 t_0、t_1 和 t_2 中某一個值為 1，其餘的值都為 0，所以不管在哪種情況下，都有 $t_0+t_1+t_2=1$ 成立。不過結果還是出乎意料地簡單。可以概括為 y_0 是第 1 個神經元的輸出，t_0 是對應的監督訊號，而 y_0-t_0 表示誤差。同樣地計算當 k=1、2 時的情況，結果為：

$$
\frac{\partial E}{\partial a_1} = y_1 - t_1 \quad , \quad \frac{\partial E}{\partial a_2} = y_2 - t_2
\tag{7-32}
$$

然後將式 7-31、式 7-32 整理，這樣一來，式 7-25 的前半部分就可以表示為：

$$
\frac{\partial E}{\partial a_k} = y_k - t_k
\tag{7-33}
$$

如前所述，這個 $\partial E / \partial a_k$ 表示的是輸出層（第 2 層）的誤差，所以可以表示為：

$$
\frac{\partial E}{\partial a_k} = \delta_k^{(2)}
\tag{7-34}
$$

這裡需要注意的是，這個結果（式 7-33）是使用交叉熵作為誤差函數而得出的。如果使用平方誤差作為誤差函數，那麼結果為：

$$
\frac{\partial E}{\partial a_k} = \delta_k^{(2)} = (y_k - t_k)h'(a_k)
\tag{7-35}
$$

$h(x)$ 是輸出層神經元的啟動函數，如果使用 Sigmoid 函數 $\sigma(x)$ 作為啟動函數，那麼 $h'(x)=(1-\sigma(x))\sigma(x)$（4.7.5 節）。

下面回過頭來看式 7-25，這次我們要想一想後半部分 $\partial a_k / \partial v_{kj}$ 怎麼推導。根據式 7-16，如果 $k=0$，那麼 a_0 為：

$$a_0 = v_{00}z_0 + v_{01}z_1 + v_{02}z_2 \tag{7-36}$$

各參數的偏導數為：

$$\frac{\partial a_0}{\partial v_{00}} = z_0 \,, \quad \frac{\partial a_0}{a v_{01}} = z_1 \,, \quad \frac{\partial a_0}{\partial v_{02}} = z_2 \tag{7-37}$$

可以將它們整理表示為：

$$\frac{\partial a_0}{\partial v_{0j}} = z_j \tag{7-38}$$

當 $k=1$、$k=2$ 時，也可以得到同樣的結果，因此，可以將所有式子整理，得到：

$$\frac{\partial a_k}{\partial v_{kj}} = z_j \tag{7-39}$$

把這個結果和式 7-34 合到一起，得到：

$$\frac{\partial E}{\partial v_{kj}} = \frac{\partial E}{\partial a_k}\frac{\partial a_k}{\partial v_{kj}} = (y_k - t_k)z_j = \delta_k^{(2)}z_j \tag{7-40}$$

因此，v_{kj} 的更新規則為：

$$v_{kj}(\tau+1) = v_{kj}(\tau) - \alpha\frac{\partial E}{\partial v_{kj}} = v_{kj}(\tau) - \alpha\delta_k^{(2)}z_j \tag{7-41}$$

下面我們思考一下應用梯度法匯出的式 7-41 的含義（圖 7-14）。權重 v_{kj} 是中間層（第 1 層）神經元 j 向輸出層（第 2 層）神經元 k 傳遞資訊的連接的權重。式 7-41 的含義是，這個連接的變化幅度由該連接的輸入的大小 z_j 和在該連接的頭部產生的誤差 $\delta_k^{(2)}$ 的乘積決定。誤差 $\delta_k^{(2)}$ 的值可能為正值、負值或 0，而由於 $z_j = \sigma(b_j)$，所以 z_j 永遠為 0 和 1 之間的正值。

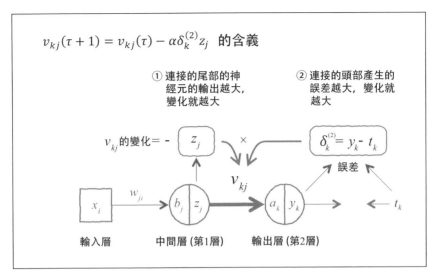

圖 7-14　v 的學習法則的含義

根據式 7-41，如果輸出 y_k 與目標資料 t_k 一致，那麼誤差 $\delta_k^{(2)} = (y_k - t_k)$ 為 0，因而變化的部分 $-\alpha\delta_k^{(2)}z_j$ 也為 0，相當於最終 v_{kj} 沒有發生變化。這表示如果沒有誤差，那就沒有必要修改連接（實際上，輸出值在 0 和 1 之間，所以誤差不可能完全變為 0）。

即使目標資料 t_k 為 0，但如果輸出 y_k 的值大於 0，那麼誤差 $\delta_k^{(2)} = (y_k - t_k)$ 也仍然為正值。由於 z_j 永遠為正，所以 $-\alpha\delta_k^{(2)}z_j$ 為負，v_{kj} 將朝著減小的方向變化。換言之，輸出過大產生了誤差，所以模型將沿著減輕神經元 z_j 影響的方向變更權重。另外還可以這樣解釋：如果輸入 z_j 較大，那麼它透過連接對輸出的影響也大，所以 v_{kj} 的變化量也對應地變大。

7.2.7 求 $\partial E / \partial w_{ji}$

下面我們接著推導從輸入層到中間層的權重參數 w_{ji} 的學習法則。這也只需要細心地求誤差函數 E 對 w_{ji} 的偏導數即可。與計算 v_{kj} 時同樣地使用偏導數的連鎖律分解 $\partial E / \partial w_{ji}$：

$$\frac{\partial E}{\partial w_{ji}} = \frac{\partial E}{\partial b_j} \frac{\partial b_j}{\partial w_{ji}} \qquad (7\text{-}42)$$

仿照式 7-34 定義的輸出層的輸入總和的偏導數 $\partial E / \partial a_k = \delta_k^{(2)}$，定義誤差函數 E 對第 1 個中間層神經元的輸入總和 b_j 的偏導數 $\partial E / \partial b_j$：

$$\frac{\partial E}{\partial b_j} = \delta_j^{(1)} \qquad (7\text{-}43)$$

這裡的 (1) 指的是第 1 層（中間層）。

式 7-42 中等號右邊第 2 項 $\partial b_j / \partial w_{ji}$ 為：

$$\frac{\partial b_j}{\partial w_{ji}} = \frac{\partial}{\partial w_{ji}} \sum_{i'=0}^{D} w_{ji'} x_{i'} = x_i \qquad (7\text{-}44)$$

因此，w_{ji} 的更新規則為：

$$w_{ji}(\tau + 1) = w_{ji}(\tau) - \alpha \frac{\partial E}{\partial w_{ji}} = w_{ji}(\tau) - \alpha \delta_j^{(1)} x_i \qquad (7\text{-}45)$$

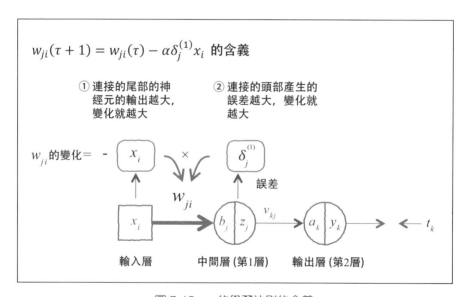

圖 7-15　w 的學習法則的含義

它與式 7-41 所示的 v_{kj} 的更新規則在形式上相同。這就是說，w_{ji} 的變化也與連接的頭部產生的誤差和連接的尾部的輸入成正比（圖 7-15）。

不過，還有問題需要解決，我們還沒有研究 $\delta_j^{(1)}$ 是什麼。同樣地使用偏導數的連鎖律（4.5.4 節）進行展開，以下式所示。請注意，函數的巢狀結構關係是 $E(a_0(z_0(b_0),\ z_1(b_1)),\ a_1(z_0(b_0),\ z_1(b_1)),\ a_2(z_0(b_0),\ z_1(b_1)))$。

$$\delta_j^{(1)} = \frac{\partial E}{\partial b_j} = \left\{ \sum_{k=0}^{K-1} \frac{\partial E}{\partial a_k} \frac{\partial a_k}{\partial z_j} \right\} \frac{\partial z_j}{\partial b_j} \tag{7-46}$$

根據式 7-34 的定義，分解後的式 7-46 的第 1 部分 $\partial E / \partial a_k$ 可以表示為 $\delta_k^{(2)}$，第 2 部分 $\partial a_k / \partial z_j$ 為：

$$\frac{\partial a_k}{\partial z_j} = \frac{\partial}{\partial z_j} \sum_{j'=0}^{M} v_{kj'} z_{j'} = v_{kj} \tag{7-47}$$

設中間層的啟動函數為 $h()$，式 7-46 的第 3 部分 $\partial z_j / \partial b_j$ 可以表示為（雖然現在中間層的啟動函數是 Sigmoid 函數，但我們這裡先用 $h()$ 表示啟動函數）：

$$\frac{\partial z_j}{\partial b_j} = \frac{\partial}{\partial b_j} h(b_j) = h'(b_j) \tag{7-48}$$

因此，式 7-46 變為：

$$\delta_j^{(1)} = h'(b_j) \sum_{k=0}^{K-1} v_{kj} \delta_k^{(2)} \tag{7-49}$$

下面詳細地看一下該式。最左邊的 $h'(b_j)$ 是啟動函數的導數，這個導數永遠為正數。緊接著的求和符號呈現的是透過 v_{kj} 權重收集輸出的誤差 $\delta_k^{(2)}$ 的形式（圖 7-16）。這樣就可以將 $\delta_j^{(1)}$ 看作透過反向傳播在連接頭部產生的誤差 $\delta_k^{(2)}$ 並進行計算的。

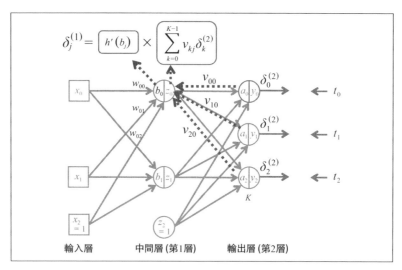

圖 7-16　誤差的反向傳播

下面讓我們透過圖形直觀地感受所推導出的網路參數的更新方法，步驟如下。

（1）向網路輸入 x，得到輸出 y（圖 7-17）。這時還要保留計算過程中算出的 b、z 和 a

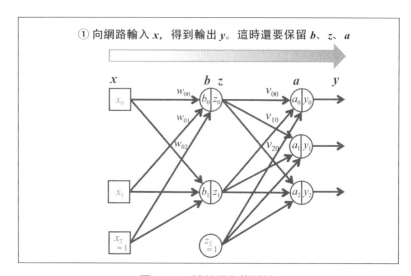

圖 7-17　誤差反向傳播法

（2）比較輸出 y 和目標資料 t，計算二者的差（誤差）。我們考慮把這個
　　誤差分配到輸出層的各個神經元（圖 7-18）

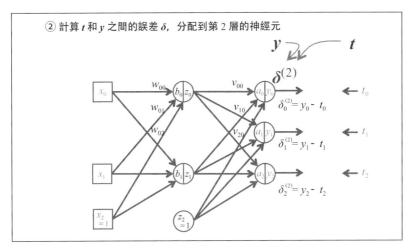

圖 7-18　誤差反向傳播法

（3）使用輸出層的誤差，計算中間層的誤差（圖 7-19）

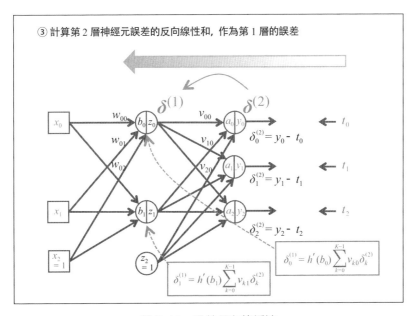

圖 7-19　誤差反向傳播法

（4）使用連接尾部的訊號強度和連接頭部的誤差的資訊，更新權重參數
（圖 7-20）

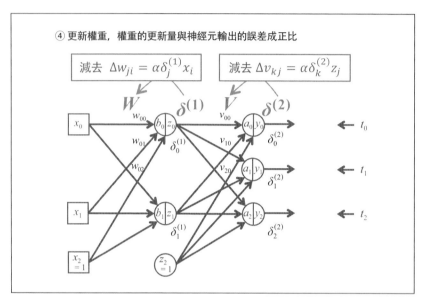

圖 7-20　誤差反向傳播法

如同在式 7-24 中說明的那樣，這一系列操作用於更新 1 個資料。但實際
上資料有 N 個，所以要對每個資料執行①～④的操作，共執行 N 次更新
（ Δv_{kj} 和 Δw_{ji} ）。然後，透過 N 次更新的平均值，更新 v_{kj} 和 w_{ji}（圖 7-21）。

我們得到的學習法則是以二層前饋神經網路為基礎推導的，如果以三層
或四層網路等為基礎，將推導出什麼樣的更新規則呢？有趣的是，形式
完全相同。即使層數增多，也可以透過步驟②和③，沿著接近輸出側的
層向輸入層的方向，依次計算各神經元的誤差。然後透過步驟④，使用
連接尾部的神經元的啟動值和連接頭部的神經元的誤差資訊修改每個權
重。

目前為止的數學式如圖 7-21 所示。接下來我們將據此編寫程式，最終實
現模型。

二層前饋神經網路的誤差反向傳播法
輸入為 D 維、中間層為 M 維、輸出層為 K 維

① 代入第 n 個資料的輸入 x_i, 得到輸出

$$b_j = \sum_{i=0}^{D} w_{ji}x_i$$

$$z_j = h(b_j)$$

$$a_k = \sum_{j=0}^{M} v_{kj}z_j$$

$$y_k = \frac{\exp(a_k)}{\sum_{l=0}^{K-1}\exp(a_l)}$$

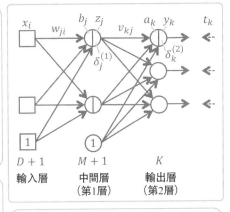

$D + 1$ $M + 1$ K
輸入層   中間層   輸出層
       （第1層） （第2層）

②③ 得到每個神經元的誤差

$$\delta_k^{(2)} = y_k - t_k$$

$$\delta_j^{(1)} = h'(b_j)\sum_{k=0}^{K-1} v_{kj}\delta_k^{(2)}$$

對所有資料執行 ① ~ ④, 根據更新權重的均值更新參數

$$v_{kj}(\tau + 1) = v_{kj}(\tau) - \alpha\frac{1}{N}\sum_{n=0}^{N-1}\Delta v_{kj}(n)$$

$$w_{ji}(\tau + 1) = w_{ji}(\tau) - \alpha\frac{1}{N}\sum_{n=0}^{N-1}\Delta w_{ji}(n)$$

④ 得到資料 n 的更新權重

$$\Delta v_{kj}(n) = \delta_k^{(2)}z_j$$

$$\Delta w_{ji}(n) = \delta_j^{(1)}x_i$$

圖 7-21　誤差反向傳播法複習

7.2.8 誤差反向傳播法的實現

下面我們編寫程式清單 7-1-(11)，用於透過梯度法，也就是誤差反向傳播法，求 $\partial E / \partial w$ 和 $\partial E / \partial v$。函數名稱為 dCE_FNN。輸入資訊與 CE_FNN 完全相同。$\partial E / \partial w$ 和 $\partial E / \partial v$ 在程式中分別為 dw 和 dv，函數的輸出為整理了二者資訊的 dwv。

In

```
# 程式清單 7-1-(11)
# -- 解析導數 ----------------------------------
def dCE_FNN(wv, M, K, x, t):
    N, D=x.shape
    # 把 wv 恢復為 w 和 v
    w=wv[:M * (D + 1)]
    w=w.reshape(M, (D + 1))
    v=wv[M * (D + 1):]
    v=v.reshape((K, M + 1))
    # ① 輸入 x，得到 y
    y, a, z, b=FNN(wv, M, K, x)
    # 準備輸出變數
    dwv=np.zeros_like(wv)
    dw=np.zeros((M, D + 1))
    dv=np.zeros((K, M + 1))
    delta1=np.zeros(M)  # 第 1 層的誤差
    delta2=np.zeros(K)  # 第 2 層的誤差（不使用 k=0 的部分）
    for n in range(N): # (A)
        # ② 求輸出層的誤差
        for k in range(K):
            delta2[k]=(y[n, k] - t[n, k])
        # ③ 求中間層的誤差
        for j in range(M):
            delta1[j]=z[n, j] * (1 - z[n, j]) * np.dot(v[:, j],
delta2)
        # ④ 求 v 的梯度 dv
        for k in range(K):
            dv[k, :]=dv[k, :] + delta2[k] * z[n, :] / N
        # ⑤ 求 w 的梯度 dw
        for j in range(M):
            dw[j, :]=dw[j, :] + delta1[j] * np.r_[x[n, :], 1] / N
    # 整理 dw 和 dv 的資訊，形成 dmv
    dwv=np.c_[dw.reshape((1, M * (D + 1))), \
              dv.reshape((1, K * (M + 1)))]
    dwv=dwv.reshape(-1)
    return dwv

# ------Show dWV
def Show_dWV(wv, M):
```

```
        N=wv.shape[0]
        plt.bar(range(1, M * 3 + 1), wv[:M * 3],
                align="center", color='black')
        plt.bar(range(M * 3 + 1, N + 1), wv[M * 3:],
                align="center", color='cornflowerblue')
        plt.xticks(range(1, N + 1))
        plt.xlim(0, N + 1)

# -- 驗證功能
M=2
K=3
N=2
nWV=M * 3 + K * (M + 1)
np.random.seed(1)
WV=np.random.normal(0, 1, nWV)

dWV_ana=dCE_FNN(WV, M, K, X_train[:N, :], T_train[:N, :])
print("analytical dWV")
print(dWV_ana)

dWV_num=dCE_FNN_num(WV, M, K, X_train[:N, :], T_train[:N, :])
print("numerical dWV")
print(dWV_num)

plt.figure(1, figsize=(8, 3))
plt.subplots_adjust(wspace=0.5)
plt.subplot(1, 2, 1)
Show_dWV(dWV_ana, M)
plt.title('analitical')
plt.subplot(1, 2, 2)
Show_dWV(dWV_num, M)
plt.title('numerical')
plt.show()
```

Out ｜ # 執行結果見圖 7-22

作為對功能的驗證，我們輸出隨機生成的權重參數 WV 的解析導數值 dWV_ana，並顯示上次創建的數值導數值 dWV_num。

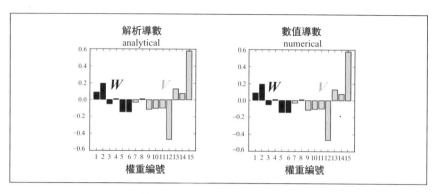

圖 7-22　解析導數與數值導數

我們看到，解析導數值與 7.2.3 節計算的數值導數值基本一致，圖形也大致相同（圖 7-22）。這就說明我們成功地計算了解析導數。迴圈 (A) 的程式重複了 N 次②～⑤的處理，並將在每次迴圈中得到的 dv 全部相加，計算出了平均值。對 dw 的處理也一樣。

下面，讓我們用這個誤差反向傳播法求解之前用數值導數方法解過的分類問題（程式清單 7-1-(12)）。函數 Fit_FNN 與用數值導數時的 Fit_FNN_num 大致相同，只需把使用了數值導數 dCE_FNN_num 的部分替換為剛才創建的 dCE_FNN 即可（(A)）。

```
# 程式清單 7-1-(12)
# 使用解析導數的梯度法 -------
def Fit_FNN(wv_init, M, K, x_train, t_train, x_test, t_test, n,
alpha):
    wv=wv_init.copy()
    err_train=np.zeros(n)
    err_test=np.zeros(n)
    wv_hist=np.zeros((n, len(wv_init)))
    for i in range(n):
        wv=wv - alpha * dCE_FNN(wv, M, K, x_train, t_train) # (A)
        err_train[i]=CE_FNN(wv, M, K, x_train, t_train)
        err_test[i]=CE_FNN(wv, M, K, x_test, t_test)
        wv_hist[i, :]=wv
    return wv, wv_hist, err_train, err_test
```

```
# 主處理 --------------------------
startTime=time.time()
M=2
K=3
np.random.seed(1)
WV_init=np.random.normal(0, 0.01, M * 3 + K * (M + 1))
N_step=1000
alpha=0.5
WV, WV_hist, Err_train, Err_test=Fit_FNN(
    WV_init, M, K, X_train, T_train, X_test, T_test, N_step, alpha)
calculation_time=time.time() - startTime
print("Calculation time:{0:.3f} sec".format(calculation_time))
```

Out
```
Calculation time:19.101 sec
```

與用數值導數時相比，計算要快得多。在我的電腦上只花了 19.101 秒，速度是用數值導數的梯度法（162.675 秒）的 8.5 倍。真是令人欣喜！推導導數時的疲憊也煙消雲散了。現在大家應該實際感受到認真推導導數的必要性了吧？下面的程式清單 7-1-(13) 顯示了執行結果。

In
```
# 程式清單 7-1-(13)
plt.figure(1, figsize=(12, 3))
plt.subplots_adjust(wspace=0.5)
# 顯示學習誤差 --------------------------
plt.subplot(1, 3, 1)
plt.plot(Err_train, 'black', label='training')
plt.plot(Err_test, 'cornflowerblue', label='test')
plt.legend()
# 顯示權重隨時間的變化 --------------------------
plt.subplot(1, 3, 2)
plt.plot(WV_hist[:, :M * 3], 'black')
plt.plot(WV_hist[:, M * 3:], 'cornflowerblue')
# 顯示決策邊界 --------------------------
plt.subplot(1, 3, 3)
Show_data(X_test, T_test)
M=2
K=3
show_FNN(WV, M, K)
plt.show()
```

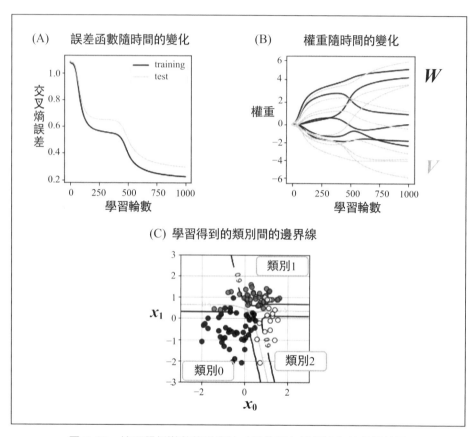

圖 7-23　使用解析導數的梯度法（誤差反向傳播法）的執行結果

得到的結果與使用數值導數時大致相同（圖 7-23）。

現在的網路是最小規模的，網路規模越大，越有必要借助解析導數提升計算速度。那麼，數值導數就沒有意義了嗎？並非如此。數值導數是檢查所推導出的導數是否正確的強大工具。今後在需要求新的誤差函數的導數時，建議大家首先用數值導數算出正確的值。

下面我們一起回顧一下目前為止創建的主要程式（圖 7-24）。求網路參數的主體程式是剛才創建的 Fit_FNN。X_train 和 T_train 用於訓練 wv，X_test 和 T_test 用於進行評估。為了求出使交叉熵更小的 wv，程式中使用了求交叉熵的 CE_FNN 及其導數 dCE_FNN。這兩個函數中還用到了輸出網路的 FNN。FNN 中用到了決定中間層神經元的啟動特性的啟動函數 Sigmoid。

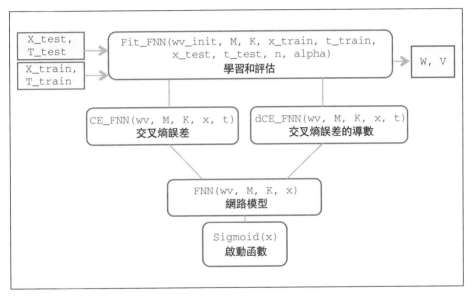

圖 7-24　主要程式的關係圖

7.2.9 學習後的神經元的特性

那麼，為什麼這個二層網路能夠創建如圖 7-23(C) 所示的曲線邊界線呢？最終各神經元學習到了哪些特性呢？下面透過程式清單 7-1-(14) 嘗試在圖形上展現 b_j、z_j、a_k 和 y_k 的特性（圖 7-25）。

In

```python
# 程式清單 7-1-(14)
from mpl_toolkits.mplot3d import Axes3D

def show_activation3d(ax, v, v_ticks, title_str):
    f=v.copy()
    f=f.reshape(xn, xn)
    f=f.T
    ax.plot_surface(xx0, xx1, f, color='blue', edgecolor='black',
                    rstride=1, cstride=1, alpha=0.5)
    ax.view_init(70, -110)
    ax.set_xticklabels([])
    ax.set_yticklabels([])
    ax.set_zticks(v_ticks)
    ax.set_title(title_str, fontsize=18)

M=2

K=3
xn=15   # 等高線的解析度
x0=np.linspace(X_range0[0], X_range0[1], xn)
x1=np.linspace(X_range1[0], X_range1[1], xn)
xx0, xx1=np.meshgrid(x0, x1)
x=np.c_[np.reshape(xx0, xn * xn, 1), np.reshape(xx1, xn * xn, 1)]
y, a, z, b=FNN(WV, M, K, x)

fig=plt.figure(1, figsize=(12, 9))
plt.subplots_adjust(left=0.075, bottom=0.05, right=0.95,
                    top=0.95, wspace=0.4, hspace=0.4)
for m in range(M):
    ax=fig.add_subplot(3, 4, 1 + m * 4, projection='3d')
    show_activation3d(ax, b[:, m], [-10, 10], '$b_{0:d}$'.format(m))
    ax=fig.add_subplot(3, 4, 2 + m * 4, projection='3d')
    show_activation3d(ax, z[:, m], [0, 1], '$z_{0:d}$'.format(m))

for k in range(K):
    ax=fig.add_subplot(3, 4, 3 + k * 4, projection='3d')
    show_activation3d(ax, a[:, k], [-5, 5], '$a_{0:d}$'.format(k))
    ax=fig.add_subplot(3, 4, 4 + k * 4, projection='3d')
    show_activation3d(ax, y[:, k], [0, 1], '$y_{0:d}$'.format(k))

plt.show()
```

Out	# 執行結果見圖 7-25

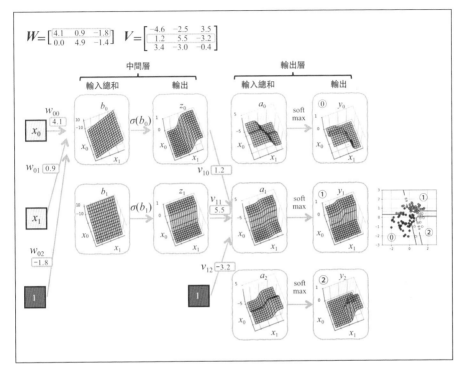

圖 7-25　透過誤差反向傳播法得到的權重的輸入總和、神經元輸出的特性

圖 7-25 的各圖形表示的是在成對輸入不同的 x_0、x_1 的情況下各變數的值（輸入輸出映射）。中間層的輸入總和 b_j 是輸入 x_i 的線性和，所以輸入輸出映射呈平面形狀。W 決定了平面的傾斜度。

對輸入總和 b_j 的輸入輸出映射應用 Sigmoid 函數 $\sigma()$ 後，低的部分和高的部分分別被壓扁到 $0 \sim 1$ 的範圍，得到的輸出是 z_j。

輸出層的輸入總和 a_k 的輸入輸出映射是 z_0、z_1 這兩個輸入輸出映射的線性和。比如，將 z_0 的映射乘以 1.2 和 z_1 的映射乘以 5.5 後相加，最後整體下降 3.2，得出 a_1 的映射。因此，a_1 的映射表現了 z_0 和 z_1 二者的特性。同樣，可知 a_0 也和 a_1 的映射一樣，由 z_0 和 z_1 組合而成。

對 a 應用 Softmax 函數後，值被壓扁到 $0 \sim 1$ 的範圍，生成 y_k。y_0、y_1、y_2 隆起的部分分別對應資料被分類到類別、①、②的範圍。y_k 是 Softmax 作用後的結果，所以、①、②三個面相加，結果為高為 1 的平面。

簡簡單單的神經元組合成網路之後，卻能畫出更複雜的邊界線，其中的原理大家都了解了嗎？到這裡，本書最難的內容，也就是前饋神經網路的理論介紹就告一段落了。

7.3 ‖ 使用 Keras 實現神經網路模型

在此之前，神經網路的程式都是我們自己實現的，如今出現了用於神經網路的各種各樣的函數庫，使用這些函數庫可以用較短的程式實現大規模的神經網路，而且執行速度很快。比如 Google 開發的 TensorFlow 就很有名。另外，使用 2015 年發佈的 Keras 函數庫，可以非常簡單地執行 TensorFlow（或 Theano）。接下來，我們開始使用 Keras。

Keras 的安裝請參考第 1 章。

7.3.1 二層前饋神經網路

下面用 Keras 實現與之前一樣的求解三元分類問題的二層前饋神經網路並執行。

我們首先釋放一下記憶體。

In	`%reset`
Out	`Once deleted, variables cannot be recovered. Proceed (y/[n])? y`

透過下面的程式呼叫（import）所需的函數庫，並載入（load）已保存
的資料（程式清單 7-2-(1)）。

```
In    # 程式清單 7-2-(1)
      import numpy as np
      import matplotlib.pyplot as plt
      import time
      np.random.seed(1) # (A)
      import keras.optimizers # (B)
      from keras.models import Sequential # (C)
      from keras.layers.core import Dense, Activation # (D)

      # 載入資料 load -------------------------
      outfile=np.load('class_data.npz')
      X_train=outfile['X_train']
      T_train=outfile['T_train']
      X_test=outfile['X_test']
      T_test=outfile['T_test']
      X_range0=outfile['X_range0']
      X_range1=outfile['X_range1']
```

(B)、(C) 和 (D) 處呼叫了 Keras 的相關函數庫。呼叫 Keras 之前的程式
np.random.seed(1) 是為了重置 Keras 內部使用的隨機數（(A)）。有了這
行程式，就能保證每次執行都會得到同樣的結果。

透過下面的程式重新定義上次定義的用圖形顯示資料的函數（程式清單
7-2-(2)）。

```
In    # 程式清單 7-2-(2)
      # 用圖形展示資料 -----------------------------
      def Show_data(x, t):
          wk, n=t.shape
          c=[[0, 0, 0], [.5, .5, .5], [1, 1, 1]]
          for i in range(n):
              plt.plot(x[t[:, i] == 1, 0], x[t[:, i] == 1, 1],
                       linestyle='none', marker='o',
                       markeredgecolor='black',
                       color=c[i], alpha=0.8)
          plt.grid(True)
```

接著，使用 Keras 創建 7.2 節建構的二層前饋神經網路模型，並訓練模型（程式清單 7-2-(3)）。

In

```python
# 程式清單 7-2-(3)
# 初始化隨機數
np.random.seed(1)

# --- 創建 Sequential 模型
model=Sequential()
model.add(Dense(2, input_dim=2, activation='sigmoid',
            kernel_initializer='uniform'))              # (A)
model.add(Dense(3,activation='softmax',
            kernel_initializer='uniform'))              # (B)
sgd=keras.optimizers.SGD(lr=0.5, momentum=0.0,
                        decay=0.0, nesterov=False)  # (C)
model.compile(optimizer=sgd, loss='categorical_crossentropy',
            metrics=['accuracy'])  # (D)

# ---------- 訓練
startTime=time.time()
history=model.fit(X_train, T_train, epochs=1000, batch_size=100,
                verbose=0, validation_data=(X_test, T_test))  # (E)

# ---------- 評估模型
score=model.evaluate(X_test, T_test, verbose=0)          # (F)
print('cross entropy {0:.2f}, accuracy {1:.2f}'\
                    .format(score[0], score[1]))
calculation_time=time.time() - startTime
print("Calculation time:{0:.3f} sec".format(calculation_time))
```

Out

```
cross entropy 0.30, accuracy 0.88
Calculation time:1.879 sec
```

這麼短的程式就實現了我們在 7.2 節辛辛苦苦創建的功能。訓練得到的模型的最終交叉熵誤差為 0.30，正確率為 0.88。在我的電腦上，完成 1000 輪的計算花費了 1.879 秒，這個速度是我們自己編寫的誤差反向傳播法的 10 倍，是數值導數法的 87 倍。Keras 真是非常棒的函數庫！

7.3.2 Keras 的使用流程

下面我們結合程式清單 7-2-(1) 和程式清單 7-2-(3)，簡單地介紹一下 Keras 的使用流程。詳細資訊請參考 Keras 官方網站。

首先，匯入（import）需要用到的 Keras 函數庫。

```
import keras.optimizers
from keras.models import Sequential
from keras.layers.core import Dense, Activation
```

然後，創建 model，它是 Sequential 類型的網路模型。

```
model=Sequential()
```

這個 model 不是變數，而是使用 Sequential 類別生成的物件。請把物件當作幾個變數和函數的集合。Keras 透過在 model 中增加層的方式定義網路結構。

首先，在這個 model 增加全連接層 Dense 作為中間層。

```
model.add(Dense(2, input_dim=2, activation='sigmoid',
          kernel_initializer='uniform'))                      # (A)
```

Dense() 的第一個參數的值 2 是神經元數量。input_dim=2 的意思是輸入維度為 2。activation='sigmoid' 的意思是啟動函數為 Sigmoid 函數。kernel_initializer='uniform' 的意思是，權重參數的初值由均勻隨機數（uniform random number）決定。虛擬輸入（偏置）設定為預設值。

同樣地，輸出層也透過 Dense() 定義。

```
model.add(Dense(3, activation='softmax',
              kernel_initializer='uniform'))                  # (B)
```

Dense() 的第一個參數的值 3 是神經元數量。activation='softmax' 的意思是啟動函數為 Softmax 函數。kernel_initializer='uniform' 的意思是，權重參數的初值由均勻隨機數決定。這樣就完成了網路結構的定義。

接下來，透過 keras.optimizers.SGD() 定義學習方法，將其傳回值定義為sgd。

```
sgd=keras.optimizers.SGD(lr=0.5, momentum=0.0,
                         decay=0.0, nesterov=False)          # (C)
```

我們是按照第 6 章講解的標準的梯度法設定參數的。lr 是學習率。下面將 sgd 傳給 model.compile()，以設定訓練方法。

```
model.compile(optimizer=sgd, loss='categorical_crossentropy',
              metrics=['accuracy'])                          # (D)
```

loss='categorical_crossentropy' 的意思是將交叉熵誤差作為目標函數。metrics=['accuracy'] 的意思是同時計算出用於評估學習結果的正確率。所謂正確率，是指在將預測機率最高的類別作為預測值時，預測正確的樣本在全體資料中所佔的比例。

實際的訓練透過 model.fit() 進行。

```
history=model.fit(X_train, T_train, epochs=1000, batch_size=100,
                  verbose=0, validation_data=(X_test, T_test)) # (E)
```

model.fit 的參數 X_train 和 T_train 用於指定訓練資料，batch_size=100 是一輪的梯度計算中使用的訓練資料的數量，epochs=1000 是訓練時所有資料被使用的輪數，verbose=0 的意思是不顯示訓練的進度情況，validation_data=(X_test, T_test) 用於指定評估用的資料。輸出 history 中是訓練過程的資訊。

最後，透過 model.evaluate() 輸出最終的訓練的評估值。score[0] 是測試資料的交叉熵誤差，score[1] 是測試資料的正確率。

```
# ---------- 評估模型
score=model.evaluate(X_test, T_test, verbose=0)              # (F)
print('cross entropy {0:.2f}, accuracy {1:.2f}'\
                  .format(score[0], score[1]))
```

下面透過程式清單 7-2-(4) 在圖形上展示訓練過程及其結果（圖 7-26）。

In

```python
# 程式清單 7-2-(4)
plt.figure(1, figsize=(12, 3))
plt.subplots_adjust(wspace=0.5)

# 顯示學習曲線 --------------------------
plt.subplot(1, 3, 1)
plt.plot(history.history['loss'], 'black', label='training') # (A)
plt.plot(history.history['val_loss'], 'cornflowerblue', label='test')
# (B)
plt.legend()

# 顯示正確率 --------------------------
plt.subplot(1, 3, 2)
plt.plot(history.history['acc'], 'black', label='training') # (C)
plt.plot(history.history['val_acc'], 'cornflowerblue', label='test') #
(D)
plt.legend()

# 顯示決策邊界 --------------------------
plt.subplot(1, 3, 3)
Show_data(X_test, T_test)
xn=60   # 等高線的解析度
x0=np.linspace(X_range0[0], X_range0[1], xn)
x1=np.linspace(X_range1[0], X_range1[1], xn)
xx0, xx1=np.meshgrid(x0, x1)
x=np.c_[np.reshape(xx0, xn * xn, 1), np.reshape(xx1, xn * xn, 1)]
y=model.predict(x) # (E)
K=3
for ic in range(K):
    f=y[:, ic]
    f=f.reshape(xn, xn)
    f=f.T
    cont=plt.contour(xx0, xx1, f, levels=[0.5, 0.9], colors=[
                        'cornflowerblue', 'black'])
    cont.clabel(fmt='%.1f', fontsize=9)
    plt.xlim(X_range0)
    plt.ylim(X_range1)
plt.show()
```

Out | # 執行結果見圖 7-26

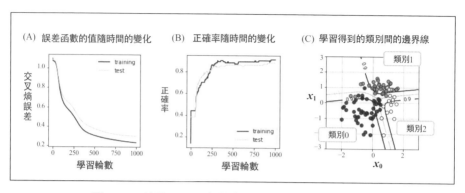

圖 7-26 使用 Keras 實現的二層前饋網路的執行結果

我們可以從 history.history['loss'] 獲取訓練過程中的訓練資料的交叉熵誤差的時間序列資訊（(A)），從 history.history['val_loss'] 獲取測試資料的交叉熵誤差（(B)）。

同樣地，從 history.history['acc'] 獲取訓練資料的正確率（(C)），從 history.history['val_acc'] 獲取測試資料的正確率（(D)）。

透過 model.predict(x) 可以得到已訓練完畢的模型對任意輸入 x 的預測（(E)）。輸入 x 是 X_train 這樣的將資料整理到一起的矩陣，輸出也是與輸入相對應的矩陣。

從圖 7-26A 可以看出，訓練資料的誤差在快速減小。此外，由於測試資料的誤差沒有增加，所以還可以說沒有發生過擬合。圖 7-26B 顯示了訓練資料和測試資料的正確率。如果訓練順利進行，那麼正確率將接近 1，但由於目標函數不同，有時會發生正確率降低的情況。透過正確率，我們能夠直接地感受到性能的好壞，所以正確率經常被用於網路的性能評估。從圖 7-26C 可以看出，學習後的模型與 7.2 節的模型同樣極佳地顯示了類別間的邊界線。

使用 Keras，我們的模型跟之前的模型一樣地完成了學習。在接下來的第 8 章，我們將介紹手寫數字辨識這個實踐性的內容。

神經網路與深度學習的應用（手寫數字辨識）

本章將開始處理實際問題，讓前饋網路辨識手寫數字（28 像素 ×28 像素的灰階圖型）。

我們將使用第 7 章後半部分介紹的 Keras，從簡單的網路開始，然後逐步應用對應的技術，提升網路的性能。

8.1 ‖ MINST 資料集

我們使用著名的 MNIST 資料集作為手寫數字的資料集。MNIST 可以從 THE MNIST DATABASE of handwritten digits 網站免費下載，透過簡單的 Keras 程式直接讀取也很方便，如程式清單 8-1-(1) 所示。

In
```
# 程式清單 8-1-(1)
from keras.datasets import mnist

(x_train, y_train), (x_test, y_test)=mnist.load_data()
```

Out
```
Using TensorFlow backend.

Downloading data from https://s3.amazonaws.com/img-datasets/mnist.npz
11403264/11490434 [============================>.] - ETA: 0s
```

執行後，60000 個訓練用資料被保存到 x_train、y_train，10 000 個測試用資料被保存到 x_test、y_test。

x_train 是 60000×28×28 的陣列變數，各元素是 0 ~ 255 的整數值。第 i 個圖型可以透過 x_train[i, :, :] 取出。y_train 是長度為 60000 的一維陣列變數，各元素是 0 ~ 9 的整數值，y_train[i] 中保存的是與圖型 i 對應的 0 ~ 9 的值。

為了對資料有直觀的感受，下面用程式清單 8-1-(2) 顯示 x_train 中保存
的前 3 個圖型（圖 8-1）。圖型右下角的數字表示的是目標資料 y_train
的值。

In

```
# 程式清單 8-1-(2)
import numpy as np
import matplotlib.pyplot as plt
%matplotlib inline

plt.figure(1, figsize=(12, 3.2))
plt.subplots_adjust(wspace=0.5)
plt.gray()
for id in range(3):
    plt.subplot(1, 3, id + 1)
    img=x_train[id, :, :]
    plt.pcolor(255 - img)
    plt.text(24.5, 26, "%d" % y_train[id],
             color='cornflowerblue', fontsize=18)
    plt.xlim(0, 27)
    plt.ylim(27, 0)
plt.show()
```

Out ｜ # 執行結果見圖 8-1

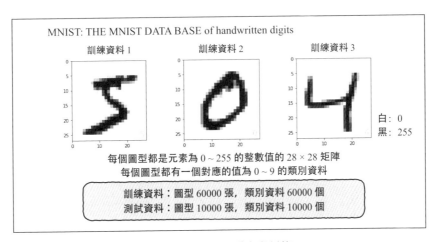

圖 8-1 MNIST 手寫資料集

8.2 ‖ 二層前饋神經網路模型

我們先來看一看第 7 章介紹的二層前饋網路模型對這個手寫數字分類問題效果如何。首先，用程式清單 8-1-(3) 把資料轉為容易使用的形式。

```
# 程式清單 8-1-(3)
from keras.utils import np_utils

x_train=x_train.reshape(60000, 784)   # (A)
x_train=x_train.astype('float32')      # (B)
x_train=x_train / 255                  # (C)
num_classes=10
y_train=np_utils.to_categorical(y_train, num_classes)  # (D)

x_test=x_test.reshape(10000, 784)
x_test=x_test.astype('float32')
x_test=x_test / 255
y_test=np_utils.to_categorical(y_test, num_classes)
```

下面是對程式清單 8-1-(3) 的講解。這個網路是把 28×28 的圖像資料當作長度為 784 的向量處理。因此，要用程式把 $60000 \times 28 \times 28$ 的陣列轉為 60000×28 的陣列（(A)）。此外，由於需要把輸入作為實數值處理，所以這裡把資料由 int 類型轉為 float 類型（(B)），然後除以 255（(C)），轉為 0 ~ 1 的實數值。y_train 的元素是 0 ~ 9 的整數值，要使用 Keras 函數 np_utils.to_categorical() 把它轉為 1-of-K 標記法的編碼（(D)）。同樣地對 x_test 和 y_test 進行該轉換。

至此，資料準備工作就完成了。下面我們來考慮核心的網路模型（圖 8-2）。

輸入是 784 維的向量。網路的輸出層有 10 個神經元，這是為了確保能對 10 種數字進行分類。為了使每個神經元的輸出值表示的是機率，我們使用 Softmax 函數作為啟動函數。連接輸入和輸出的中間層有 16 個神經元，其啟動函數為 7.2 節介紹過的 Sigmoid 函數。程式清單 8-1-(4)[1] 中定義了這個網路。

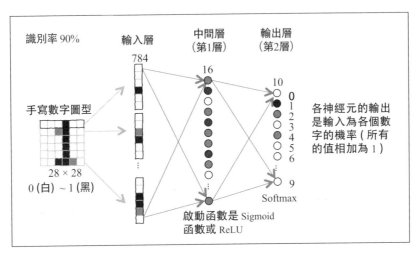

圖 8-2　用於手寫數字辨識的二層前饋網路

```
In    # 程式清單 8-1-(4)
      np.random.seed(1)                                         # (A)
      from keras.models import Sequential
      from keras.layers import Dense, Activation
      from keras.optimizers import Adam


      model=Sequential()                                        # (B)
      model.add(Dense(16, input_dim=784, activation='sigmoid')) # (C)
      model.add(Dense(10, activation='softmax'))                # (D)
      model.compile(loss='categorical_crossentropy',
                    optimizer=Adam(), metrics=['accuracy'])     # (E)
```

1　就第 1 章介紹的截至 2019 年 6 月的最新版的組成（Python 3.7.3、Keras 2.2.4 和 TensorFlow 1.13.1）來說，在使用 Keras 時會彈出 "colocate_with(from tensorflow.python. framework.ops) is deprecated and will be removed in a future version." 的警告，但並不會對實際執行造成影響。相信未來版本升級後該警告就會消失。

第 1 行程式（(A)）使用 NumPy 設定了固定的隨機數（seed 值的設定）。這行指令能使每次執行的結果大致相同。

(B) 行的 Sequential() 定義了 model，(C) 行定義了將 784 維資料作為輸入的、擁有 16 個神經元的中間層，(D) 行則定義了擁有 10 個神經元的輸出層。

(E) 行的 model.compile() 的參數清單中的 optimizer=Adam() 指定了演算法為 Adam。Adam（Adaptive moment estimation，自我調整矩估計）是 2015 年由杜克・金馬（Durk Kingma）等發表的演算法，該演算法能夠使梯度法的性能更好。

下面透過程式清單 8-1-(5) 訓練網路。

In
```
# 程式清單 8-1-(5)
import time

startTime=time.time()
history=model.fit(x_train, y_train, epochs=10, batch_size=1000,
                  verbose=1, validation_data=(x_test, y_test)) # (A)
score=model.evaluate(x_test, y_test, verbose=0)
print('Test loss:', score[0])
print('Test accuracy:', score[1])
print("Computation time:{0:.3f} sec".format(time.time() - startTime))
```

Out
```
Train on 60000 samples, validate on 10000 samples
Epoch 1/10
60000/60000 [==============================] -0s-loss: 2.0609-acc:
0.2892-val_loss: 1.7853-val_acc: 0.5011
Epoch 2/10
60000/60000 [==============================] -0s-loss: 1.6047-acc:
0.6524-val_loss: 1.4361-val_acc: 0.7675
(……中間省略……)
Epoch 10/10
60000/60000 [==============================] -0s-loss: 0.5539-acc:
0.8892-val_loss: 0.5282-val_acc: 0.8951
Test loss: 0.528184900331
Test accuracy: 0.8951
Computation time:7.647 sec
```

由於 (A) 處設定了 verbose=1，所以執行後會顯示每輪訓練的評估值，並在最後顯示根據測試資料評估的交叉熵誤差（Test loss）、正確率（Test accuracy）和計算時間（Computation time）。

(A) 處的 batch_size 和 epochs 在 7.3 節出現過，這裡對它們加以補充說明。在此之前，我們每次更新時對誤差函數的梯度的計算都是以整個資料集為物件進行的，如果資料量很大，計算就會非常花時間。在這種情況下，可以使用只根據部分資料計算誤差函數梯度的隨機梯度法。一次更新使用的資料的大小叫作批大小（batch_size），(A) 處程式將批大小指定為 batch_size=1000。這樣指定後，每次更新時將使用不同的 1000 個資料計算梯度並更新參數。

使用部分資料集計算的梯度方向與根據整個資料集計算的真正的梯度方向有些不同。也就是說，參數的更新並不是朝著使整體誤差最小的方向筆直前進的，而是像受到一些雜訊的影響一樣搖搖晃晃，慢慢地朝著誤差變小的方向前進（圖 8-3）。

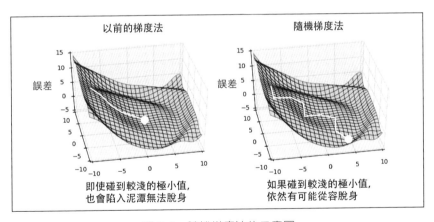

圖 8-3　隨機梯度法的示意圖

如果是以前的梯度法，那麼一旦陷入局部解，不管這個解有多「淺」，都無法脫身；而如果是隨機梯度法，借助搖搖晃晃的效果，則有可能從局部解脫身。

(A) 處的輪數（epochs）是決定訓練的更新次數的參數。比如在訓練資料有 60000 個，batch_size 為 1000 時，如果要使用全部訓練資料進行訓練，需要進行 60 次參數更新，這樣的 1 次操作稱為 1 輪。如果將輪數指定為 nb_epochs=10，那麼更新次數將變為之前的 10 倍，共計進行 600 次的參數更新。

(A) 處的 verbose=1 指明要顯示訓練過程，因此介面上將顯示訓練的進展程度，以及每輪的誤差、正確率、計算時間等資訊（如果不想顯示詳細資訊，就設定 verbose=0）。

在我的電腦上，大約 7 秒計算就完成了。Test accuracy：0.8951 是根據測試資料計算出的正確率。換言之，輸出資訊表明模型對 89.51% 的測試資料回答正確。

為了確認是否發生了過擬合，下面透過程式清單 8-1-(6) 顯示測試資料的誤差隨時間的變化情況。

```
In    # 程式清單 8-1-(6)
      plt.figure(1, figsize=(10, 4))
      plt.subplots_adjust(wspace=0.5)

      plt.subplot(1, 2, 1)
      plt.plot(history.history['loss'], label='training', color='black')
      plt.plot(history.history['val_loss'], label='test',
      color='cornflowerblue')
      plt.ylim(0, 10)
      plt.legend()
      plt.grid()
      plt.xlabel('epoch')
      plt.ylabel('loss')

      plt.subplot(1, 2, 2)
      plt.plot(history.history['acc'], label='training', color='black')
      plt.plot(history.history['val_acc'],label='test', color=
      'cornflowerblue')
      plt.ylim(0, 1)
```

```
plt.legend()
plt.grid()
plt.xlabel('epoch')
plt.ylabel('acc')
plt.show()
```

Out | # 執行結果見圖 8-4

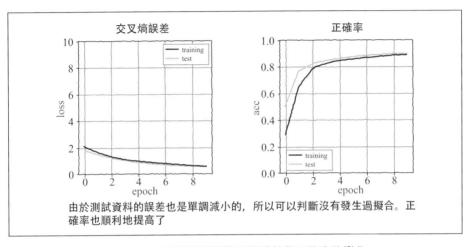

圖 8-4　二層前饋網路模型的誤差和正確率的變化

由圖 8-4 所示的輸出結果可知，沒有發生過擬合。

正確率是 89.51%，這個結果是否理想呢？下面透過程式清單 8-1-(7) 看一下在輸入實際的測試資料時模型的輸出。

In |
```
# 程式清單 8-1-(7)
def show_prediction():
    n_show=96
    y=model.predict(x_test)  # (A)
    plt.figure(2, figsize=(12, 8))
    plt.gray()
    for i in range(n_show):
        plt.subplot(8, 12, i + 1)
        x=x_test[i, :]
        x=x.reshape(28, 28)
```

```
        plt.pcolor(1 - x)
        wk=y[i, :]
        prediction=np.argmax(wk)
        plt.text(22, 25.5, "%d" % prediction, fontsize=12)
        if prediction != np.argmax(y_test[i, :]):
                plt.plot([0, 27], [1, 1], color='cornflowerblue',
linewidth=5)
        plt.xlim(0, 27)
        plt.ylim(27, 0)
        plt.xticks([], "")
        plt.yticks([], "")
# -- 主處理
show_prediction()
plt.show()
```

Out | # 執行結果見圖 8-5

顯示在右下角的數字是網路的輸出。橫線表示的是識別錯誤的資料

圖 8-5　二層前饋網路模型的測試資料的輸出結果

透過 (A) 處的 y=model.predict(x_test)，可以得到對 x_test 中所有資料的模型輸出 y。圖中顯示的是其中前 96 個資料及其輸出結果（圖 8-5）。

像這樣直接查看模型的性能也是很重要的，可以讓我們對模型的工作情況有直觀感受。雖然乍看上去結果還不錯，但是這次的執行結果中有 9

個判斷失敗了（由於這裡固定了 NumPy 的隨機數 Seed 值，所以能夠得到相似的結果，但其他函數庫也會使用隨機數，所以每次執行的結果不一定相同）。看一下這些判斷錯誤的數字，會發現其中確實有些數字很難辨識，但也有把 3 辨識為 2，或反過來把 2 辨識為 3 的情況。這樣看來，這個正確率還沒達到令人滿意的程度。

8.3 ‖ ReLU 啟動函數

以前人們常用 Sigmoid 函數作為啟動函數，近來 ReLU（Rectified Linear Unit，線性整流函數）作為啟動函數非常受歡迎（圖 8-6）。2015 年楊立昆（Yann LeCun）、約書亞·班吉歐（Yoshua Bengio）和傑佛瑞·辛頓三人在《自然》雜誌發表論文，其中將 ReLU 評為最好的啟動函數。

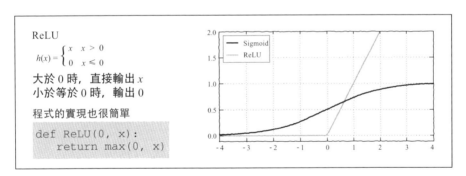

圖 8-6　ReLU 啟動函數

由於 Sigmoid 函數在輸入 x 大到一定程度後，永遠輸出近乎為 1 的值，所以輸入的變化很難反映到輸出。這使得誤差函數對權重參數的偏導數是近乎為 0 的值，進而導致透過梯度法學習緩慢。不過，如果使用 ReLU，就能回避在輸入為正時學習停滯的問題。而且由於程式上只需 max(0, x) 一行程式即可簡單實現，所以 ReLU 方法還有計算快速的優點。

下面我們馬上把剛才網路中間層的啟動函數換為 ReLU 並執行（程式清單 8-1-(8)）。這段程式僅是整合了程式清單 8-1-(4) 和程式清單 8-1-(5)，並將中間層的 activation 從 'sigmoid' 變更為 'relu'（(A)）。

In
```
# 程式清單 8-1-(8)
np.random.seed(1)
from keras.models import Sequential
from keras.layers import Dense, Activation
from keras.optimizers import Adam

model=Sequential()
model.add(Dense(16, input_dim=784, activation='relu')) # (A)
model.add(Dense(10, activation='softmax'))
model.compile(loss='categorical_crossentropy',
              optimizer=Adam(), metrics=['accuracy'])

startTime=time.time()
history=model.fit(x_train, y_train,  batch_size=1000, epochs=10,
                  verbose=1,  validation_data=(x_test, y_test))
score=model.evaluate(x_test, y_test, verbose=0)
print('Test loss:', score[0])
print('Test accuracy:', score[1])
print("Computation time:{0:.3f} sec".format(time.time() - startTime))
```

Out
```
Train on 60000 samples, validate on 10000 samples
Epoch 1/10
60000/60000 [==============================] - 0s - loss: 1.5426 -
acc: 0.5440 - val_loss: 0.8998 - val_acc: 0.8071
(……中間省略……)
Epoch 10/10
60000/60000 [==============================] - 0s - loss: 0.2574 -
acc: 0.9269 - val_loss: 0.2524 - val_acc: 0.9299
Test loss: 0.252516842544
Test accuracy: 0.9292
Computation time:7.497 sec
```

在我的電腦上，正確率由使用 Sigmoid 時的 89.51% 提高到 92.92%，大約上升了 3%。

然後，執行程式清單 8-1-(7) 定義的 show_prediction()（程式清單 8-1-(9)），就能看到對測試資料進行辨識的情況。

In	# 程式清單 8-1-(9)
	show_prediction()
	plt.show()

Out	# 執行結果見圖 8-7

顯示在右下角的數字是網路的輸出。橫線表示的是識別錯誤的資料

圖 8-7　使用了 ReLU 的二層前饋網路模型的輸出結果

仔細看一下圖 8-7。在前面的 96 個資料中，辨識錯誤的資料減少到 5 個。雖然從資料上來說，正確率僅提升了 3%，但從實際的性能來看，我們能夠實際地感受到這次提升的 3% 是一個巨大的進步。不過不可否認依然存在不足。

那麼這個網路得到的是什麼樣的參數呢？我們可以透過 model.layers[0].get_weights()[0] 存取網路模型中間層的權重參數，透過 model.layers[0].get_weights()[1] 存取偏置參數。此外，把 layers[0] 的部分改為 layers[1]，即可存取輸出層的參數。下面執行程式清單 8-1-(10)，在圖形上顯示中間層的權重參數。

In

```
# 程式清單 8-1-(10)
# 第 1 層的權重的視覺化
w=model.layers[0].get_weights()[0]
plt.figure(1, figsize=(12, 3))
plt.gray()
plt.subplots_adjust(wspace=0.35, hspace=0.5)
for i in range(16):
    plt.subplot(2, 8, i + 1)
    w1=w[:, i]
    w1=w1.reshape(28, 28)
    plt.pcolor(-w1)
    plt.xlim(0, 27)
    plt.ylim(27, 0)
    plt.xticks([], "")
    plt.yticks([], "")
    plt.title("%d" % i)
plt.show()
```

Out

```
# 執行結果見圖 8-8
```

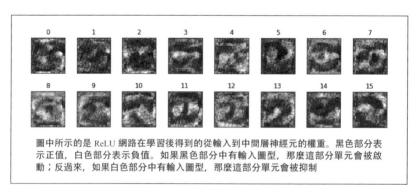

圖中所示的是 ReLU 網路在學習後得到的從輸入到中間層神經元的權重。黑色部分表示正值，白色部分表示負值。如果黑色部分中有輸入圖型，那麼這部分單元會被啟動；反過來，如果白色部分中有輸入圖型，那麼這部分單元會被抑制

圖 8-8　二層前饋網路模型中間層神經元的權重

螢幕上顯示的是像圖 8-8 這樣的奇妙的圖形，我們來仔細看一看。

圖中所示的是從 28×28 的輸入到中間層 16 個神經元的權重。權重的值為正值時表示為黑色，為負值時表示為白色。權重本來是隨機設定的，

所以它的圖形是透過學習得到的。如果黑色部分中有文字的一部分，這個神經元會被啟動；如果白色部分中有文字的一部分，這個神經元會被抑制。比如第 12 個神經元的權重，在圖的中心部分隱隱約約地出現了黑色的看起來像 2 的形狀。這就說明這是一個根據 2 的圖型進行活動的神經元，應該會對 2 的辨識起作用。其他神經元也似乎對某個數字的形狀特徵有反應。

我們已經知道簡單的前饋網路模型的正確率也有約 93%，那麼如何才能使正確率更上一層樓呢？增加中間層的神經元也是一個可行的辦法，不過有更根本的問題需要解決。這個模型實際上忽視了輸入是二維圖型，根本沒有使用二維空間資訊。

對於 28×28 的輸入圖型，在輸入模型前將其展開為一個長度為 784 的向量。像素的排列順序與網路的性能完全無關。舉個例子，即使將所有資料集的圖型位置 (1, 1) 的像素值與位置 (3, 5) 的像素值互換，學習到的模型的正確率也完全相同。無論進行多少次這樣的互換，即使每個圖型已變得面目全非，網路性能依然不變（圖 8-9）。

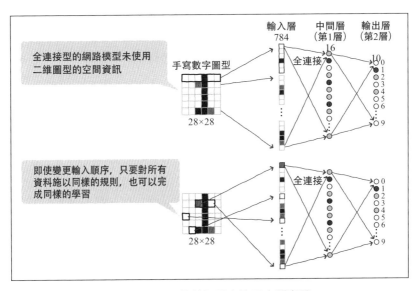

圖 8-9　二層前饋網路未使用空間資訊

這是由於網路構造是全連接型的，所有的輸入元素都是平等關係，相鄰的輸入元素與不相鄰的輸入元素在數學式上完全平等。從這一點可以知道，網路未使用空間資訊。

8.4 空間篩檢程式

那麼具體來說，空間資訊到底是什麼呢？空間資訊是直線、彎曲的曲線、圓形及四邊形等表示形狀的資訊。我們可以使用被稱為空間篩檢程式的影像處理方法來提煉這樣的形狀資訊。

篩檢程式用二維矩陣表示，圖 8-10 顯示的就是一個檢測縱邊的 3×3 篩檢程式的例子。移動圖型，求出圖型的一部分與篩檢程式元素的乘積之和，直到完成在整個圖型上的計算。這樣的計算稱為卷積計算（convolution）。

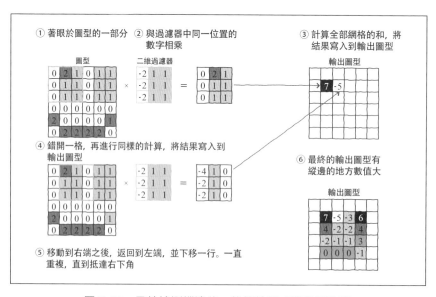

圖 8-10　用於檢測縱邊的二維篩檢程式和卷積計算

設原圖型在位置 (i, j) 的像素值為 $x(i, j)$，3×3 的篩檢程式為 $h(i, j)$，那麼卷積計算得到的值 $g(i, j)$ 為：

$$g(i,j) = \sum_{u=-1}^{1} \sum_{v=-1}^{1} x(i+u, j+v)h(u+1, v+1) \qquad (8\text{-}1)$$

雖然篩檢程式的大小不一定是 3×3，也可以是任意大小，但是像 5×5、7×7 等有中心的奇數大小的篩檢程式會更便於使用。

下面對實際的手寫數字進行卷積計算。為了把圖像資料從一維變為二維的，這裡先重置記憶體。以下重置後，螢幕上會出現確認訊息，輸入 y，然後按確認鍵。

In	%reset

Out	Once deleted, variables cannot be recovered. Proceed (y/[n])?

我們要再次讀取 MNIST 資料，不過這次直接使用「資料索引」× 28×28 的輸入資料（程式清單 8-2-(1)）。設值為 0 ~ 1 的 float 類型。對於 y_test 和 y_train，與前一節同樣地變換為 1-of-K 標記法形式。

In
```
# 程式清單 8-2-(1)
import numpy as np
from keras.datasets import mnist
from keras.utils import np_utils

(x_train, y_train), (x_test, y_test)=mnist.load_data()
x_train=x_train.reshape(60000, 28, 28, 1)
x_test=x_test.reshape(10000, 28, 28, 1)
x_train=x_train.astype('float32')
x_test=x_test.astype('float32')
x_train /= 255
x_test /= 255
num_classes=10
y_train=np_utils.to_categorical(y_train, num_classes)
y_test=np_utils.to_categorical(y_test, num_classes)
```

下面透過程式清單 8-2-(2) 對訓練資料中的第 3 個圖型 "4" 應用檢測縱邊和橫邊的 2 個篩檢程式。篩檢程式在程式 (A) 處和 (B) 處分別被定義為 myfil1 和 myfil2。

In
```python
# 程式清單 8-2-(2)
import matplotlib.pyplot as plt
%matplotlib inline

id_img=2
myfil1=np.array([[1, 1, 1],
                 [1, 1, 1],
                 [-2, -2, -2]], dtype=float)  # (A)
myfil2=np.array([[-2, 1, 1],
                 [-2, 1, 1],
                 [-2, 1, 1]], dtype=float)     # (B)

x_img=x_train[id_img, :, :, 0]
img_h=28
img_w=28
x_img=x_img.reshape(img_h, img_w)
out_img1=np.zeros_like(x_img)
out_img2=np.zeros_like(x_img)

# 篩檢程式處理
for ih in range(img_h - 3 + 1):
    for iw in range(img_w - 3 + 1):
        img_part=x_img[ih:ih + 3, iw:iw + 3]
        out_img1[ih + 1, iw + 1]=\
            np.dot(img_part.reshape(-1), myfil1.reshape(-1))
        out_img2[ih + 1, iw + 1]=\
            np.dot(img_part.reshape(-1), myfil2.reshape(-1))

# -- 顯示
plt.figure(1, figsize=(12, 3.2))
plt.subplots_adjust(wspace=0.5)
plt.gray()
plt.subplot(1, 3, 1)
plt.pcolor(1 - x_img)
plt.xlim(-1, 29)
plt.ylim(29, -1)
plt.subplot(1, 3, 2)
```

```
plt.pcolor(-out_img1)
plt.xlim(-1, 29)
plt.ylim(29, -1)
plt.subplot(1, 3, 3)
plt.pcolor(-out_img2)
plt.xlim(-1, 29)
plt.ylim(29, -1)
plt.show()
```

| Out | # 執行結果見圖 8-11 |

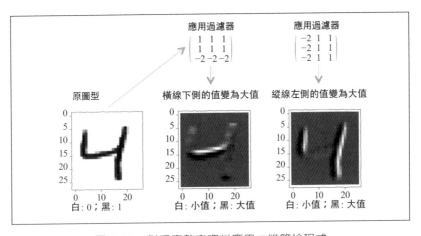

圖 8-11　對手寫數字資料應用二維篩檢程式

輸出的圖型應該是圖 8-11 這樣的。我們在範例中嘗試了辨識縱邊和橫邊的篩檢程式，實際上透過改變篩檢程式數值，還可以實現辨識斜邊、圖型平滑化、辨識細微部分等各種各樣的處理。不過，圖 8-11 中的篩檢程式的設計是所有元素之和為 0。這樣一來，沒有任何空間構造的值全部相同的部分就會被轉為 0，而篩檢程式想要取出的具有構造的部分會被轉為大於 0 的值，最終把 0 作為檢測基準即可，非常方便。

然而，應用篩檢程式之後，輸出圖型的大小比原來小了一圈，這在有些場景下就不太方便。比如在連續應用各種篩檢程式時，圖型會越來越小。針對這個問題，我們可以透過填充（padding）來解決（圖 8-12）。

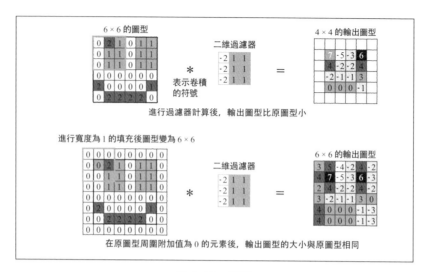

圖 8-12　填充

填充是在應用篩檢程式之前，使用 0 等固定值在圖型周圍附加元素的方法。在應用 3×3 的篩檢程式時，進行寬度為 1 的填充，圖型大小不變。在應用 5×5 的篩檢程式時，進行寬度為 2 的填充即可。

除了填充之外，與篩檢程式有關的參數還有 1 個。之前篩檢程式都是錯開 1 個間隔移動的，但其實錯開 2 個或 3 個，乃至任意的間隔都是可以的。這個間隔被稱為步進值（stride）（圖 8-13）。步進值越大，輸出圖型越小。當透過函數庫使用卷積網路時，填充和步進值會被作為參數傳入。

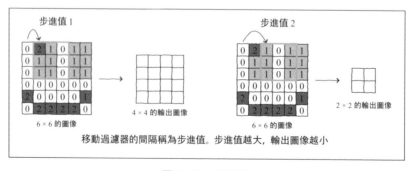

圖 8-13　步進值

8.5 │ 卷積神經網路

現在，我們已經做好了將篩檢程式應用於神經網路的準備。使用了篩檢程式的神經網路稱為卷積神經網路（Convolution Neural Network，CNN）。

透過向篩檢程式嵌入不同的數值，可以進行各種影像處理，而 CNN 可以學習篩檢程式本身。我們先創建 1 個使用了 8 個篩檢程式的簡單的 CNN。如圖 8-14 所示，對輸入圖型應用 8 個大小為 3×3、填充為 1、步進值為 1 的篩檢程式。由於 1 個篩檢程式的輸出為 28×28 的陣列，所以全部輸出合在一起是 28×28×8 的三維陣列，我們把它展開為一維的長度為 6272 的陣列，並與 10 個輸出層神經元全連接。

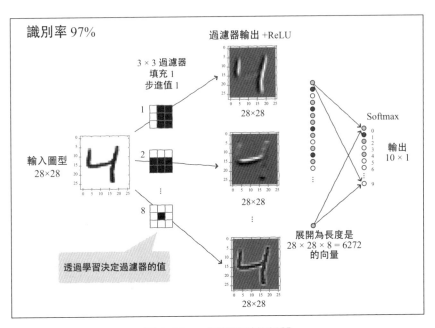

圖 8-14　二層卷積神經網路

下面在程式清單 8-2-(3) 中使用 Keras 實現 CNN。

In

```
# 程式清單 8-2-(3)
np.random.seed(1)
from keras.models import Sequential
from keras.layers import Conv2D, MaxPooling2D
from keras.layers import Activation, Dropout, Flatten, Dense
from keras.optimizers import Adam
import time

model=Sequential()
model.add(Conv2D(8, (3, 3), padding='same',
          input_shape=(28, 28, 1), activation='relu'))  # (A)
model.add(Flatten())                                     # (B)
model.add(Dense(10, activation='softmax'))
model.compile(loss='categorical_crossentropy',
              optimizer=Adam(),
              metrics=['accuracy'])
startTime=time.time()
history=model.fit(x_train, y_train, batch_size=1000, epochs=20,
                  verbose=1, validation_data=(x_test, y_test))
score=model.evaluate(x_test, y_test, verbose=0)
print('Test loss:', score[0])
print('Test accuracy:', score[1])
print("Computation time:{0:.3f} sec".format(time.time() - startTime))
```

Out

```
Train on 60000 samples, validate on 10000 samples
Epoch 1/20
60000/60000 [==============================] -7s-loss: 0.7694-acc:
0.8154 - val_loss: 0.3387 - val_acc: 0.9043
Epoch 2/20
60000/60000 [==============================] -7s-loss: 0.3161-acc:
0.9093 - val_loss: 0.2741 - val_acc: 0.9216
Epoch 3/20
(……中間省略……)
Test loss: 0.0957389078975
Test accuracy: 0.9707
Computation time:226.190 sec
```

下面講解程式清單 8-2-(3) 中新增的部分。首先，在 (A) 處在 model 中增加了卷積層 Conv2D()。

```
model.add(Conv2D(8, (3, 3), padding='same',
          input_shape=(28, 28, 1), activation='relu'))     # (A)
```

第 1 個參數 "8, (3, 3)" 的意思是使用 8 個 3×3 篩檢程式。padding='same' 的意思是增加 1 個使輸出大小不變的填充。input_shape=(28, 28, 1) 是輸入圖型的大小。由於現在處理的是黑白圖型，所以最後的參數為 1。如果輸入是彩色圖型，則需要指定為 3。activation='relu' 的意思是將經過篩檢程式處理後的圖型傳給 ReLU 啟動函數。我們還指定了偏置輸入為預設值。每個篩檢程式被分配 1 個偏置變數。此外，在訓練開始之前，篩檢程式的初值是隨機設定的，而偏置的初值被設定為 0。

卷積層的輸出是四維的，其形式為「(小量大小 , 篩檢程式數量 , 輸出圖型的高度 , 輸出圖型的寬度)」。在把這個資料作為輸入傳給之後的輸出層（Dense 層）之前，必須先將其轉為二維的形式「(小量大小 , 篩檢程式數量 × 輸出圖型的高度 × 輸出圖型的寬度)」。這個轉換透過 model.add(Flatten()) 進行。

在我的電腦上，計算大約花費了 226 秒。正確率居然達到了 97.07%。與上一節的二層 ReLU 網路的正確率 92.97% 相比，改善非常顯著。

由於透過程式清單 8-1-(7) 定義的 show_prediction() 已經被 %reset 了，所以這裡再次執行那段程式進行定義（複製程式清單 8-1-(7) 中「# 主處理」之前的程式，貼上到新的儲存格並執行）。然後執行程式清單 8-2-(4) 中的指令，顯示對測試資料進行辨識的範例。

| In | ```
# 程式清單 8-2-(4)
show_prediction()
plt.show()
``` |

| Out | ```
# 執行結果見圖 8-15
``` |

顯示在右下角的數字是網路的輸出。橫線表示的是識別錯誤的資料

圖 8-15　二層卷積網路模型對測試資料的輸出結果

在這 96 個資料中，辨識錯誤的資料僅有 2 個（圖 8-15）。

下面我們透過程式清單 8-2-(5) 看一下經過學習得到的 8 個篩檢程式。

```
In   # 程式清單 8-2-(5)
     plt.figure(1, figsize=(12, 2.5))
     plt.gray()
     plt.subplots_adjust(wspace=0.2, hspace=0.2)
     plt.subplot(2, 9, 10)
     id_img=12
     x_img=x_test[id_img, :, :, 0]
     img_h=28
     img_w=28
     x_img=x_img.reshape(img_h, img_w)
     plt.pcolor(-x_img)
     plt.xlim(0, img_h)
     plt.ylim(img_w, 0)
     plt.xticks([], "")
     plt.yticks([], "")
     plt.title("Original")
```

```
w=model.layers[0].get_weights()[0]   # (A)
max_w=np.max(w)
min_w=np.min(w)
for i in range(8):
    plt.subplot(2, 9, i + 2)
    w1=w[:, :, 0, i]
    w1=w1.reshape(3, 3)
    plt.pcolor(-w1, vmin=min_w, vmax=max_w)
    plt.xlim(0, 3)
    plt.ylim(3, 0)
    plt.xticks([], "")
    plt.yticks([], "")
    plt.title("%d" % i)
    plt.subplot(2, 9, i + 11)
    out_img=np.zeros_like(x_img)
    # 篩檢程式處理
    for ih in range(img_h - 3 + 1):
        for iw in range(img_w - 3 + 1):
            img_part=x_img[ih:ih + 3, iw:iw + 3]
            out_img[ih + 1, iw + 1]=\
            np.dot(img_part.reshape(-1), w1.reshape(-1))
    plt.pcolor(-out_img)
    plt.xlim(0, img_w)
    plt.ylim(img_h, 0)
    plt.xticks([], "")
    plt.yticks([], "")
plt.show()
```

Out # 執行結果見圖 8-16

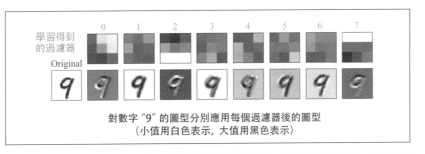

對數字 "9" 的圖型分別應用每個過濾器後的圖型
（小值用白色表示，大值用黑色表示）

圖 8-16　透過二層卷積網路模型的學習得到的篩檢程式及應用篩檢程式後的圖型

結果如圖 8-16 所示。圖中還顯示了對測試資料 x_test 中的第 13 個數字 "9" 的圖型應用篩檢程式的例子。

能夠比較明顯地看出，第 2 個篩檢程式似乎辨識了橫線下側的邊，第 7 個篩檢程式似乎辨識了橫線上側的邊。這種能夠自動學習得到篩檢程式的能力真讓人著迷。

現在大家應該對卷積網路如何讀取二維空間資訊有切身感受了吧？卷積網路不僅能辨識手寫數字，也能用於文字辨識和圖型辨識等。

8.6 ‖ 池化

透過卷積層，我們得以利用二維圖型擁有的特徵，但是在圖型辨識的情況下，模型要儘量不受圖型平移的影響，這一點很重要。假如輸入是一個將手寫數字 "2" 平移後的圖型，即使只平移 1 個像素，各個陣列中的數值也將完全改變。在人眼看來幾乎完全相同的輸入，網路卻會辨識為完全不同的結果。在使用 CNN 時也會碰到這個問題。解決這個問題的一種方法就是池化處理。

圖 8-17 展示的就是 2×2 的最大池化（max pooling）的例子。這種方法著眼於輸入圖型內的 2×2 的小區域，並輸出區域內最大的數值。然後以步進值 2 來平移小區域，重複同樣的處理。最終輸出圖型的長和寬的大小將變為輸入圖型的一半。

最大池化的優點是即使輸入圖型水平或垂直平移，最終得到的輸出圖型也基本不變。在網路中加入池化層之後，對於僅進行了位置平移的圖型，網路就能夠傳回相似的結果。

除了最大池化之外，還有平均池化（average pooling）的方法。這種方法中小區域的輸出值是區域內數值的平均值。

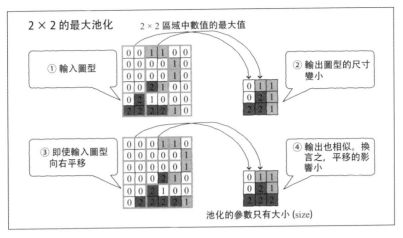

圖 8-17　池化

小區域的大小不一定是 2×2，也可以設定為 3×3、4×4 等任意大小。對應地，步進值也可以任意決定，但一般將步進值與小區域設定為同樣的大小，如小區域大小為 3×3，則步進值為 3；小區域大小為 4×4，則步進值為 4。

8.7 | Dropout

尼蒂斯·斯里瓦斯塔瓦（Nitish Srivastava）、辛頓等人在發表的論文中提出了一種名為 Dropout 的改善網路學習的方法。在許多應用場景中，這個方法都帶來了較好的效果（圖 8-18）。

Dropout 在訓練時以機率 p（$p<1$）隨機選擇輸入層的單元和中間層的神經元，並使其他神經元無效。無效的神經元被當作不存在，然後在這樣的狀態下進行訓練。為每個小量重新選擇神經元，重複這個過程。

訓練完成後，在進行預測時使用全部的神經元。由於在訓練時僅使用了以機率 p 選擇的神經元，所以在預測時使用全部神經元會使輸出變大

（1 / p 倍）。為了更符合邏輯，需要將權重變小，因此在預測時，我們將應用了 Dropout 的層的輸出的權重乘以 p（由於 p 小於 1，所以會變小）。

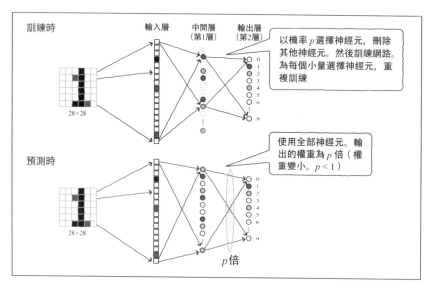

圖 8-18　Dropout

Dropout 方法會分別訓練多個網路，並在預測時取多個網路的平均值，因此具有綜合了多個網路的預測值的效果。

8.8 ‖ 融合了各種特性的 MNIST 辨識網路模型

最後，我們在卷積網路中引入池化和 Dropout，並增加層數，建構一個具備各種特性的網路，如圖 8-19 所示。

首先，第 1 層和第 2 層是連續的卷積層。下面對這個「連續」的含義稍加思考。第 1 層卷積層使用了 16 個篩檢程式，那麼輸出就是 16 張 26×26 的圖型（由於沒有進行填充，所以圖型大小為 26×26）。我們把它看作 $26 \times 26 \times 16$ 的三維陣列的資料。

下一層對這個三維資料進行卷積。1 個 3×3 的篩檢程式實質上被定義為 3×3×16 的陣列。它的輸出為 24×24 的二維陣列（由於沒有進行填充，所以圖型大小為 24×24）。最後的 16 的意思是分別分配了 16 個不同的篩檢程式，在對它們分別進行處理後，將它們的輸出整理。第 2 層卷積層有 32 個這樣的大小為 3×3×16 的篩檢程式。因此，輸出為 24×24×32 的三維陣列。如果不算偏置，那麼用於定義篩檢程式的參數量為 3×3×16×32。

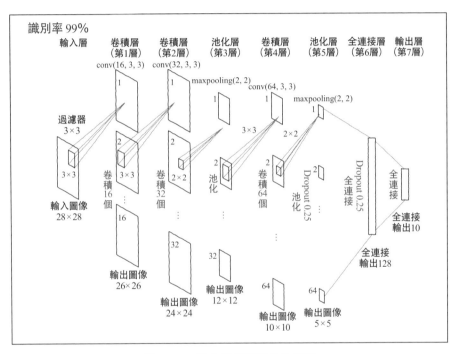

圖 8-19　融合了各種特性的網路

經過第 3 層的 2×2 的最大池化層之後，圖型大小縮小了一半，變為 12×12。之後的第 4 層又是卷積層，該層的篩檢程式有 64 個，參數量為 3×3×32×64。在第 5 層再次進行最大池化之後，圖型大小變為 5×5。之後的第 6 層是神經元數量為 128 個的全連接層，最後的第 7 層是輸出為 10 個的全連接層。第 5 層和第 6 層還引入了 Dropout。

下面的程式清單 8-2-(6) 用於創建如圖 8-20 所示的融合了各種特性的網
路,並訓練網路。

```
# 程式清單 8-2-(6)
import numpy as np
np.random.seed(1)
from keras.models import Sequential
from keras.layers import Dense, Dropout, Flatten
from keras.layers import Conv2D, MaxPooling2D
from keras.optimizers import Adam
import time

model=Sequential()
model.add(Conv2D(16, (3, 3),
          input_shape=(28, 28, 1), activation='relu'))
model.add(Conv2D(32, (3, 3), activation='relu'))
model.add(MaxPooling2D(pool_size=(2, 2)))                # (A)
model.add(Conv2D(64, (3, 3), activation='relu'))
model.add(MaxPooling2D(pool_size=(2, 2)))                # (B)
model.add(Dropout(0.25))                                 # (C)
model.add(Flatten())
model.add(Dense(128, activation='relu'))
model.add(Dropout(0.25))                                 # (D)
model.add(Dense(num_classes, activation='softmax'))

model.compile(loss='categorical_crossentropy',
              optimizer=Adam(),
              metrics=['accuracy'])

startTime=time.time()

history=model.fit(x_train, y_train, batch_size=1000, epochs=20,
                  verbose=1, validation_data=(x_test, y_test))

score=model.evaluate(x_test, y_test, verbose=0)
print('Test loss:', score[0])
print('Test accuracy:', score[1])
print("Computation time:{0:.3f} sec".format(time.time() - startTime))
```

Out

```
Train on 60000 samples, validate on 10000 samples
Epoch 1/20
60000/60000 [==============================] - 64s - loss: 0.6143 -
acc: 0.8118 - val_loss: 0.1179 - val_acc: 0.9645
Epoch 2/20
（……中間省略……）
60000/60000 [==============================] - 64s - loss: 0.0161 -
acc: 0.9945 - val_loss: 0.0210 - val_acc: 0.992

Test loss: 0.0208244939562
Test accuracy: 0.9931
Computation time:1877.519 sec
```

在我的電腦上，計算共花了大約 31 分鐘，正確率為 99.31%。

下面介紹程式清單 8-2-(6) 中新增的部分。(A) 處和 (B) 處透過 model.add(MaxPooling2D(pool_size=(2, 2))) 增加了最大池化層。參數 pool_size=(2, 2) 指定了大小。(C) 處和 (D) 處透過 model.add(Dropout(0.25)) 增加了 Dropout 層。0.25 指的是留下的神經元的比率。

然後我們嘗試輸出對測試資料進行預測的例子（執行 %reset 後，如果還未執行程式清單 8-1-(7) 定義的 show_prediction()，那就先在這裡複製程式清單 8-1-(7) 中「# 主處理」之前的程式，貼上到新的儲存格並執行，然後嘗試執行下面的程式清單 8-2-(7)）。

In

```
# 程式清單 8-2-(7)
show_prediction()
plt.show()
```

Out

```
# 執行結果見圖 8-20
```

顯示在右下角的數字是網路的輸出。網路對這些測試資料全部正確識別

圖 8-20　融合了各種特性的網路對測試資料的輸出結果

網路對前 96 個測試資料沒有辨識錯誤，全部正確（圖 8-20）。之前從未預測正確過的第 1 行中從右邊起第 4 個圖型，也就是看起來凹陷的 "5"，這次終於預測正確了。正確率讓人滿意。

這次的網路是我們為了「嘗試所有的技術」而設計的，事實上應該還可以創建出更加簡單且正確率更高的網路。其實在本書執筆時，一個使用了一般的 Dropout 的簡單模型獲得了對 MNIST 的最高正確率 99.79%。

但是，在處理比 MNIST 圖型大小還要大的自然圖型，以及必須處理多個類別時，層的深化、卷積、池化和 Dropout 等技術必定會發揮更強大的作用。

## 第 9 章

無監督學習

本章我們將踏入僅使用輸入資訊的無監督學習領域。無監督學習包括聚類、降維和異常檢測等，本章將介紹聚類。

9.1 二維輸入資料

本章使用的資料是在第 6 章進行類別分類時用過的二維輸入資料 X，不過無監督學習用不到與之配套的類別資料 T。聚類就是在不使用類別資訊的前提下，把輸入資料中相似的資料分成不同的類別的操作。

圖 9-1 展示了二維資料 X 的分佈，但是沒有根據 T 的資訊以顏色區分。即使不用顏色區分，但仔細觀察，也依然能看出資料分佈有一定規律：上方（x_0=0.5、x_1=1 附近）和右下方（x_0=1、x_1=-0.5 附近）資料各成一塊；左下方的資料點散佈在廣大範圍內，這個區域或許也可以看作一個巨量資料塊。這樣的資料分佈的區塊稱為簇（cluster）。從資料分佈中找到簇，將屬於同一個簇的資料點分配到同一個類別（標籤），將屬於其他簇的資料點分配到另一個類別的操作就是聚類。在本書中，類別只用於表示標籤，簇表示分佈的特徵。不過有時二者也被當作同義字使用。

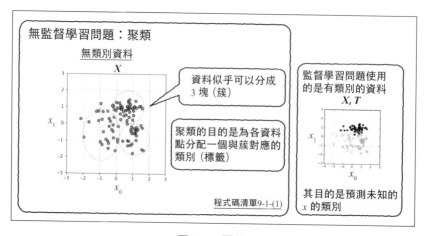

圖 9-1　聚類

那聚類有什麼用呢？屬於同一個簇的資料點可以看作「相似的」，屬於不同簇的資料點可以看作「不相似的」。如果能對顧客資料（消費金額及購物時間段等）進行聚類，那麼輸出的類別將是家庭主婦或上班族等，顧客將被表示為不同的類別，這樣就可以針對不同的類別實施不同的銷售策略。再看昆蟲的例子，如果採用的昆蟲資料（體重、身長及頭部大小等）中有兩個簇，也許就能從資料中發現昆蟲存在兩個亞種。

聚類演算法有很多種，本章將介紹最常用的 K-means 演算法（9.2 節）和使用混合高斯模型的聚類（9.3 節）。

下面透過程式清單 9-1-(1) 重新創建資料。雖然在輸入資料 X 的生成過程中仍然會同時生成 T3，但我們不使用它。

```
# 程式清單 9-1-(1)
import numpy as np
import matplotlib.pyplot as plt
%matplotlib inline

# 生成資料 -------------------------------
np.random.seed(1)
N=100
K=3
T3=np.zeros((N, 3), dtype=np.uint8)
X=np.zeros((N, 2))
X_range0=[-3, 3]
X_range1=[-3, 3]
X_col=['cornflowerblue', 'black', 'white']
Mu=np.array([[-.5, -.5], [.5, 1.0], [1, -.5]])    # 分佈的中心
Sig=np.array([[.7, .7], [.8, .3], [.3, .8]])      # 分佈的離散值
Pi=np.array([0.4, 0.8, 1])  # 累積機率
for n in range(N):
    wk=np.random.rand()
    for k in range(K):
        if wk < Pi[k]:
            T3[n, k]=1
            break
```

```
    for k in range(2):
        X[n, k]=(np.random.randn() * Sig[T3[n, :] == 1, k]
                + Mu[T3[n, :] == 1, k])

# 用圖形顯示資料 --------------------------------
def show_data(x):
    plt.plot(x[:, 0], x[:, 1], linestyle='none',
            marker='o', markersize=6,
            markeredgecolor='black', color='gray', alpha=0.8)
    plt.grid(True)

# 主處理 --------------------------------
plt.figure(1, figsize=(4, 4))
show_data(X)
plt.xlim(X_range0)
plt.ylim(X_range1)
plt.show()
np.savez('data_ch9.npz', X=X, X_range0=X_range0,
        X_range1=X_range1)
```

Out | # 執行結果見圖 9-1

為了今後重置後也能使用，這裡透過最後一行程式將生成的 X 及表示其
範圍的 X_range0、X_range1 保存到 data_ch9.npz。

9.2 ‖ K-means 演算法

9.2.1 K-means 演算法的概要

下面依次說明這個演算法的步驟（圖 9-2）。

不論是 K-means 演算法，還是 9.3 節要講的混合高斯模型，我們都需要
事先決定要分割的簇數 K。在本例中，我們設 K=3，即分為 3 個簇。

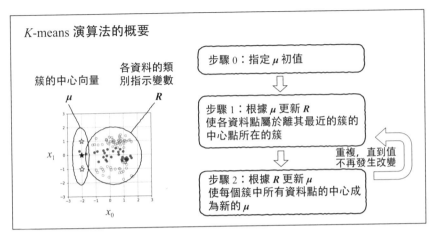

圖 9-2　K-means 演算法

K-means 演算法使用 2 個變數：表示簇的中心位置的中心向量 μ 和表示各資料點屬於哪個簇的類別指示變數 R。

在步驟 0 中，隨意指定簇的中心向量 μ 一個初值，這樣就暫時確定了簇的中心。在步驟 1 中，根據當前的簇的中心向量 μ 確定類別指示變數 R。在步驟 2 中，根據當前的類別指示變數 R 更新 μ。

然後重複步驟 1 和步驟 2，不斷地更新 μ 和 R，直到二者的值不再發生變化。

下面就讓我們詳細看一下每個步驟。

9.2.2　步驟 0：準備變數與初始化

第 k 個簇的中心向量為：

$$\mu_k = \begin{bmatrix} \mu_{k0} \\ \mu_{k1} \end{bmatrix} \tag{9-1}$$

現在的輸入維度是二維的，所以簇的中心向量也是二維向量。在演算法開始時，隨意指定簇的中心向量一個初值。

由於在這個例子中 $K=3$，所以先將 3 個中心向量設為 $\mu_0=[-2, 1]^T$、$\mu_1=[-2, 0]^T$ 和 $\mu_2=[-2, -1]^T$。

類別指示變數 R 是用 1-of-K 標記法表示各資料屬於哪個類別的矩陣，它的元素值為：

$$r_{nk} \begin{cases} 1 & \text{當數據 } n \text{ 屬於 } k \text{ 時} \\ 0 & \text{當數據 } n \text{ 不屬於 } k \text{ 時} \end{cases} \tag{9-2}$$

如果用向量表示資料 n 的類別指示變數，那麼當資料屬於類別 0 時，向量為：

$$r_n = \begin{bmatrix} r_{n0} \\ r_{n1} \\ r_{n2} \end{bmatrix} = \begin{bmatrix} 1 \\ 0 \\ 0 \end{bmatrix}$$

整理了所有資料，並以矩陣形式表示的 R 為：

$$R = \begin{bmatrix} r_{00} & r_{01} & r_{02} \\ r_{10} & r_{11} & r_{12} \\ \vdots & \vdots & \vdots \\ r_{N-1,0} & r_{N-1,1} & r_{N-1,2} \end{bmatrix} = \begin{bmatrix} r_0^T \\ r_1^T \\ \vdots \\ r_{N-1}^T \end{bmatrix} = \begin{bmatrix} 1 & 0 & 0 \\ 0 & 0 & 1 \\ \vdots & \vdots & \vdots \\ 1 & 0 & 0 \end{bmatrix} \tag{9-3}$$

下面用程式實現這一初始化過程（程式清單 9-1-(2)）。

```
# 程式清單 9-1-(2)
# Mu 和 R 的初始化 --------------------------
Mu=np.array([[-2, 1], [-2, 0], [-2, -1]])  # (A)
R=np.c_[np.ones((N, 1), dtype=int), np.zeros((N, 2), dtype=int)] # (B)
```

(A) 處程式定義的 Mu 是整理了 3 個 μ_k 的 3×2 矩陣。(B) 處程式對 R 進行了初始化，設定所有資料都屬於類別 0（為了顯示），但由於 R 是由 Mu 確定的，所以無論怎麼初始化，都不會對後面的演算法結果產生影響。

首先創建在圖形上顯示輸入資料 X 與 Mu、R 的函數（程式清單 9-1-(3)）。

In

```
# 程式清單 9-1-(3)
# 在圖形上顯示資料的函數 --------------------------
def show_prm(x, r, mu, col):
    for k in range(K):
        # 繪製資料分佈
        plt.plot(x[r[:, k] == 1, 0], x[r[:, k] == 1, 1],
                marker='o',
                markerfacecolor=X_col[k], markeredgecolor='k',
                markersize=6, alpha=0.5, linestyle='none')
        # 以 " 星形標記 " 繪製資料的平均值
        plt.plot(mu[k, 0], mu[k, 1], marker='*',
                markerfacecolor=X_col[k], markersize=15,
                markeredgecolor='k', markeredgewidth=1)
    plt.xlim(X_range0)
    plt.ylim(X_range1)
    plt.grid(True)

# ----------------------------
plt.figure(figsize=(4, 4))
R=np.c_[np.ones((N, 1)), np.zeros((N, 2))]
show_prm(X, R, Mu, X_col)
plt.title('initial Mu and R')
plt.show()
```

Out

```
# 執行結果見圖 9-3
```

執行結果如圖 9-3 右半部分所示。

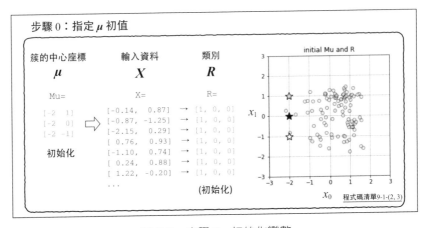

圖 9-3　步驟 0：初始化變數

9.2.3 步驟 1：更新 R

下面更新 R，方法是「使各資料點屬於離其最近的中心點所在的簇」。首先對第 1 個（$n=0$）資料點 [-0.14, 0.87] 分析一下（圖 9-4）。

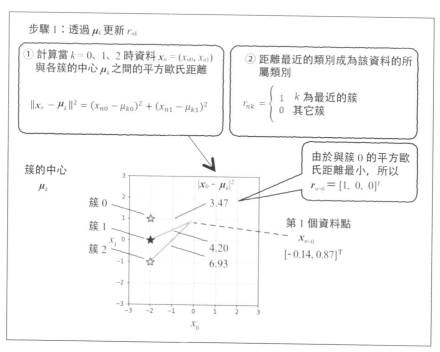

圖 9-4　步驟 1：更新第 1 個資料（$n=0$）的 r_n

第 1 個資料點與各個簇的中心的平方歐氏距離為：

$$\| x_n - \mu_\kappa \|^2 = (x_{n0} - \mu_{k0})^2 + (x_{n1} - \mu_{k1})^2 \quad (k = 0, 1, 2) \tag{9-4}$$

x_n 與 μ_k 之間的距離應該是對式 9-4 取平方根後的值，但我們現在並不想知道具體的距離是多少，只要知道資料點離哪個簇最近即可，所以這裡省略平方根的計算，直接比較平方歐氏距離來確定最近的簇。

計算結果顯示，資料點距離簇 0、1、2 的平方歐氏距離分別為 3.47、4.20、6.93，距離最近的是簇 0，因此有 $r_{n=0}=[1, 0, 0]^\mathsf{T}$。

對所有資料執行這個過程（程式清單 9-1-(4)）。

In

```
# 程式清單 9-1-(4)
# 確定 r (Step 1) -----------
def step1_kmeans(x0, x1, mu):
    N=len(x0)
    r=np.zeros((N, K))
    for n in range(N):
        wk=np.zeros(K)
        for k in range(K):
            wk[k]=(x0[n] - mu[k, 0])**2 + (x1[n] - mu[k, 1])**2
        r[n, np.argmin(wk)]=1
    return r


# ---------------------------
plt.figure(figsize=(4, 4))
R=step1_kmeans(X[:, 0], X[:, 1], Mu)
show_prm(X, R, Mu, X_col)
plt.title('Step 1')
plt.show()
```

Out

```
# 執行結果見圖 9-5
```

透過這個過程，資料點將被分配到各個類別（圖 9-5 右）。

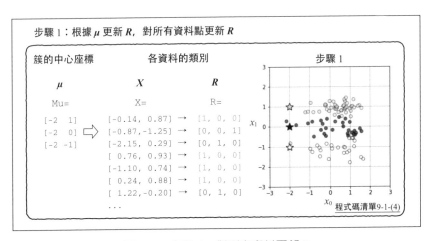

圖 9-5　步驟 1：對所有資料更新 R

9.2.4 步驟 2：更新 μ

下面更新 μ，方法是「使每個簇中的資料點的中心成為新的 μ」。

首先看屬於 $k=0$ 的資料，即屬於 $r_n=[1, 0, 0]^{\mathrm{T}}$ 類別的資料點，分別求出每個維度的平均值：

$$\mu_{k=0,0} = \frac{1}{N_k} \sum_{n \text{ in cluster } 0} x_{n0} \ , \ \mu_{k=0,1} = \frac{1}{N_k} \sum_{n \text{ in cluster } 0} x_{n1} \tag{9-5}$$

求和符號下方是 n in cluster 0，寫法有些怪，它的意思是求屬於簇 0 的資料 n 的和。對 $k=1$、$k=2$ 進行同樣的處理後，步驟 2 結束。為了使上式除了支持 $k=0$ 之外，還支持 $k=1$、$k=2$ 的情況，這裡修改，修改後為：

$$\mu_{k,0} = \frac{1}{N_k} \sum_{n \text{ in cluster } k} x_{n0} \ , \ \mu_{k,1} = \frac{1}{N_k} \sum_{n \text{ in cluster } k} x_{n1} \quad (k = 0, 1, 2) \tag{9-6}$$

注意其中的 $\mu_{0,0}$ 和 $\mu_{0,1}$ 變成了 $\mu_{k,0}$ 和 $\mu_{k,1}$。

下面透過程式清單 9-1-(5) 求 μ，並將結果顯示出來。

In
```python
# 程式清單 9-1-(5)
# 確定 Mu (Step 2) ----------
def step2_kmeans(x0, x1, r):
    mu=np.zeros((K, 2))
    for k in range(K):
        mu[k, 0]=np.sum(r[:, k] * x0) / np.sum(r[:, k])
        mu[k, 1]=np.sum(r[:, k] * x1) / np.sum(r[:, k])
    return mu


# ----------------------------
plt.figure(figsize=(4, 4))
Mu=step2_kmeans(X[:, 0], X[:, 1], R)
show_prm(X, R, Mu, X_col)
plt.title('Step2')
plt.show()
```

Out
```
# 執行結果見圖 9-6
```

我們仔細看一下圖 9-6 中的結果。

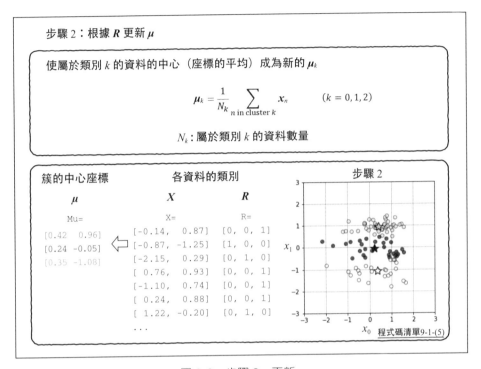

圖 9-6　步驟 2：更新 μ

從圖中可以看出，μ_k 朝著每個分佈的中心進行了移動。

至此，演算法要進行的計算就介紹完畢了，接下來就是重複步驟 1 和步驟 2 的處理，直到變數的值不再變化。在本例中，經過 6 次重複，變數就不再變化了（程式清單 9-1-(6)）。

In
```
# 程式清單 9-1-(6)
plt.figure(1, figsize=(10, 6.5))
Mu=np.array([[-2, 1], [-2, 0], [-2, -1]])
max_it=6 # 重複次數
for it in range(0, max_it):
    plt.subplot(2, 3, it + 1)
    R=step1_kmeans(X[:, 0], X[:, 1], Mu)
    show_prm(X, R, Mu, X_col)
    plt.title("{0:d}".format(it + 1))
    plt.xticks(range(X_range0[0], X_range0[1]), "")
    plt.yticks(range(X_range1[0], X_range1[1]), "")
    Mu=step2_kmeans(X[:, 0], X[:, 1], R)
plt.show()
```

Out
執行結果見圖 9-7

我們仔細看一下圖 9-7 中的結果。從圖中可以看出，μ_k 慢慢向 3 個簇的中心移動，每個簇被分配了不同的類別。

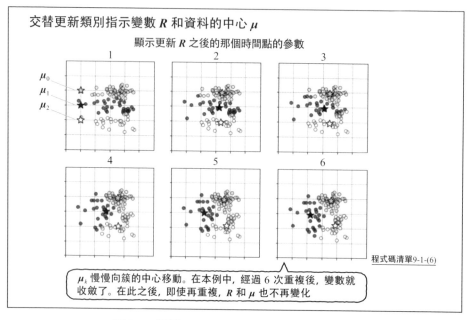

圖 9-7　透過 K-means 演算法進行聚類的過程

9.2.5 失真度量

我們已經了解了 *K*-means 演算法,那麼,有沒有像之前的監督學習的誤差函數那樣,隨著訓練的進行誤差逐漸減小的目標函數呢?

實際上,對 *K*-means 演算法來說,可以把求所有資料點距其所屬簇的中心的平方歐氏距離之和的函數作為目標函數,以下式所示。我們稱這個值為失真度量(distortion measure):

$$J = \sum_{n \text{ in cluster } 0} \| \boldsymbol{x}_n - \boldsymbol{\mu}_0 \|^2 + \sum_{n \text{ in cluster } 1} \| \boldsymbol{x}_n - \boldsymbol{\mu}_1 \|^2 + \sum_{n \text{ in cluster } 2} \| \boldsymbol{x}_n - \boldsymbol{\mu}_2 \|^2 \tag{9-7}$$

利用求和符號使該式更優雅:

$$J = \sum_{k=0}^{2} \sum_{n \text{ in cluster } k} \| \boldsymbol{x}_n - \boldsymbol{\mu}_k \|^2 \tag{9-8}$$

如果用上只在資料 *n* 所屬的簇中為 1,在其他簇中為 0 的變數 rnk,那麼該式會更優雅:

$$J = \sum_{n=0}^{N-1} \sum_{k=0}^{K-1} r_{nk} \| \boldsymbol{x}_n - \boldsymbol{\mu}_k \|^2 \tag{9-9}$$

失真度量真的會單調遞減嗎?我們來確認一下。程式清單 9-1-(7) 定義了計算失真度量的 distortion_measure(),並將 R 和 Mu 恢復為初值。

```
In
# 程式清單 9-1-(7)
# 目標函數 ------------------------------------
def distortion_measure(x0, x1, r, mu):
    # 只限二維輸入
    N=len(x0)
    J=0
    for n in range(N):
        for k in range(K):
            J=J + r[n, k] * ((x0[n] - mu[k, 0])**2
                             + (x1[n] - mu[k, 1])**2)
    return J
```

```
# ---- test
# ---- Mu 和 R 的初始化
Mu=np.array([[-2, 1], [-2, 0], [-2, -1]])
R=np.c_[np.ones((N, 1), dtype=int), np.zeros((N, 2), dtype=int)]
distortion_measure(X[:, 0], X[:, 1], R, Mu)
```

Out 771.70911703348781

執行程式，做一個簡單的測試，顯示的輸出是參數為初值時的失真度量。

使用這個函數，計算 *K*-means 演算法在每次重複過程中的失真度量（程式清單 9-1-(8)）。

In
```
# 程式清單 9-1-(8)
# Mu 和 R 的初始化
N=X.shape[0]
K=3
Mu=np.array([[-2, 1], [-2, 0], [-2, -1]])
R=np.c_[np.ones((N, 1), dtype=int), np.zeros((N, 2), dtype=int)]
max_it=10
it=0
DM=np.zeros(max_it) # 保存失真度量的計算結果
for it in range(0, max_it): # K-means 演算法
    R=step1_kmeans(X[:, 0], X[:, 1], Mu)
    DM[it]=distortion_measure(X[:, 0], X[:, 1], R, Mu) # 失真度量
    Mu=step2_kmeans(X[:, 0], X[:, 1], R)
print(np.round(DM, 2))
plt.figure(2, figsize=(4, 4))
plt.plot(DM, color='black', linestyle='-', marker='o')
plt.ylim(40, 80)
plt.grid(True)
plt.show()
```

Out # 執行結果見圖 9-8

我們仔細看一下圖 9-8 中的結果。從圖中可以看出，每次重複步驟 1 和步驟 2，失真度量都緩慢減小，在第 6 次重複時，值停在了 46.86，這表示 μ 和 R 的值不再變化。

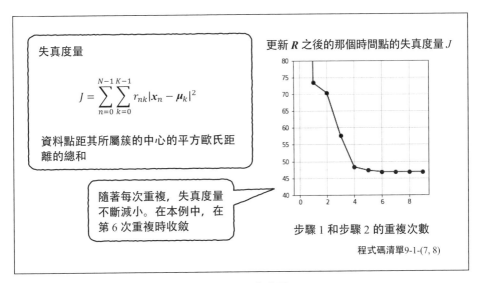

失真度量

$$J = \sum_{n=0}^{N-1} \sum_{k=0}^{K-1} r_{nk} |x_n - \mu_k|^2$$

資料點距其所屬簇的中心的平方歐氏距離的總和

隨著每次重複，失真度量不斷減小。在本例中，在第 6 次重複時收斂

更新 R 之後的那個時間點的失真度量 J

步驟 1 和步驟 2 的重複次數

程式碼清單9-1-(7, 8)

圖 9-8　失真度量

透過 K-means 演算法得到的解與初值有關。如果在演算法開始時設定不同的 μ 的初值，可能會導致結果發生改變。所以在實際工作中，通常從多個不同的 μ 開始計算，然後從得到的結果中選擇失真度量最小的結果。

此外，在本例中，μ 是一開始就確定了的，R 的值也可以一開始就確定下來。在這種情況下，計算過程就變為隨機確定一個 R 的值，然後根據 R 的值去求 μ。

9.3 混合高斯模型

接下來我們介紹使用混合高斯模型的聚類。

9.3.1 以機率為基礎的聚類

K-means 演算法一定會將資料點分配到某個類別中。因此，無論是在簇 0 的中心的資料點 A 還是在簇 0 的邊緣的資料點 B，二者都會被分配同樣的 $r=[1, 0, 0]^T$（圖 9-9）。

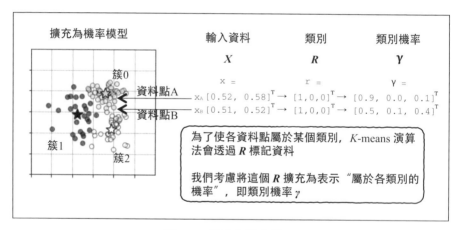

圖 9-9　擴充為機率模型

如何在數值化時引入不確定性呢？比如「資料點 A 的確屬於簇 0，但資料點 B 既有可能屬於簇 0，也有可能屬於簇 2」這種不確定性。

讀到這裡讀者應該都知道怎麼做了，如同第 6 章介紹的那樣，引入機率的概念即可。

比如，資料點 A 屬於簇 0 的機率為 0.9，屬於簇 1 和簇 2 的機率分別為 0.1 和 0.0。我們使用 γ_A 將機率表示為：

$$\gamma_{A} = \begin{bmatrix} \gamma_{A0} \\ \gamma_{A1} \\ \gamma_{A2} \end{bmatrix} = \begin{bmatrix} 0.9 \\ 0.0 \\ 0.1 \end{bmatrix} \tag{9-10}$$

由於資料點必定屬於某個簇,所以 3 個機率之和為 1。

而位於簇 0 邊緣的資料點 B 屬於簇 0 的機率就相對較低,可以表示為:

$$\gamma_{B} = \begin{bmatrix} \gamma_{B0} \\ \gamma_{B1} \\ \gamma_{B2} \end{bmatrix} = \begin{bmatrix} 0.5 \\ 0.1 \\ 0.4 \end{bmatrix} \tag{9-11}$$

我們已經多次提到過「屬於簇 k 的機率」,那麼這句話到底是什麼意思呢?讓我們稍微深入思考一下。

假設現在使用的二維輸入資料 $x=[x_0,\ x_1]^{\mathrm{T}}$ 表示昆蟲的體重和身長(圖 9-10)。

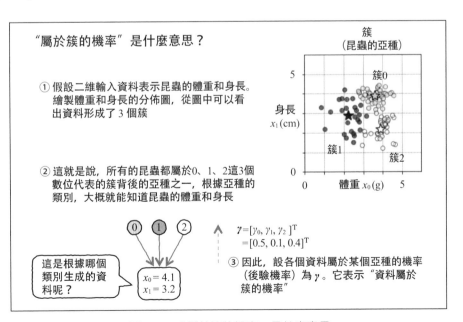

圖 9-10 「屬於簇的機率」是什麼意思

不斷擷取並記錄認為是「同一種昆蟲」的體重和身長資料，當資料量達到 200 隻後進行繪圖，從圖中可以看出，資料形成了 3 個簇。

這可以這樣解釋：我們擷取的外觀相同的昆蟲，其實至少存在 3 個亞種。所有的昆蟲都屬於某個亞種，可以認為亞種決定了昆蟲的體重和身長。由於存在 3 個簇，這就暗示著簇的背後存在著 3 個亞種。這種無法直接觀測得到卻又對資料產生影響的變數稱為潛在變數（latent valiable）或隱變數（hidden valiable）。

我們可以使用 1-of-K 標記法，用三維向量定義以下潛在變數：

$$\mathbf{z}_n = \begin{bmatrix} z_{n0} \\ z_{n1} \\ z_{n2} \end{bmatrix} \tag{9-12}$$

如果資料 n 屬於類別 k，那麼只有 z_{nk} 為 1，其他元素為 0。如果第 n 個資料屬於類別 0，那麼 $z_n=[1, 0, 0]^T$；如果屬於類別 1，那麼 $z_n=[0, 1, 0]^T$。在用矩陣整理表示所有資料時，用大寫字母 Z 表示。這個變數與 K-means 演算法中的 R 大致相同。這裡是為了強調它是一個潛在變數，所以才故意用 Z 表示。

以這個觀點為基礎，資料 n 屬於類別 k 的機率 γ_{nk} 就相當於資料 x_n 的昆蟲屬於類別 k 的亞種的機率：

$$\gamma_{nk} = P(z_{nk} = 1 | \mathbf{x}_n) \tag{9-13}$$

我們可以直截了當地說：無法觀測的 Z 的推測值就是 γ。Z 表示昆蟲屬於哪個類別這一事實，所以值為 0 或 1。而 γ 是機率性質的推測值，所以值為 0 ~ 1 的實數值。由於 γ 含有「向某個簇貢獻多少」之意，所以稱為負擔率（responsibility，譯註：有些文獻譯為吸引度）。

總而言之，以機率為基礎的聚類指的就是以機率 γ 的形式推測資料背後隱藏的潛在變數 Z。

9.3.2 混合高斯模型

為了求負擔率 γ，我們引入機率模型混合高斯模型（Gaussian Mixture Model，GMM）（圖 9-11）。

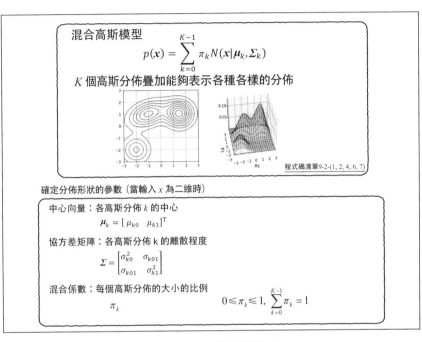

圖 9-11　混合高斯模型

混合高斯模型是多個在 4.7.9 節介紹的二維高斯模型疊加而成的模型：

$$p(\boldsymbol{x}) = \sum_{k=0}^{K-1} \pi_k N(\boldsymbol{x}|\boldsymbol{\mu}_k, \ \boldsymbol{\Sigma}_k) \tag{9-14}$$

$N(x \mid \mu_k, \Sigma_k)$ 表示平均值為 μ_k、協方差矩陣為 Σ_k 的二維高斯函數。K 個擁有不同的平均值和協方差矩陣的二維高斯函數疊加而成的分佈如式 9-14 所示。

圖 9-11 顯示的是當 $K=3$ 時混合高斯模型的例子。從圖中可以看出，這是 3 個中心和分佈的離散程度不同的高斯分佈疊加後的形狀。

模型的參數包括表示各高斯分佈的中心的中心向量 μ_k、表示分佈的離散的協方差矩陣 Σ_k，以及表示各高斯分佈大小的比例的混合係數 π_k。混合係數是 $0 \sim 1$ 的實數，k 個係數之和必須為 1：

$$\sum_{k=0}^{K-1} \pi_k = 1 \qquad (9\text{-}15)$$

下面讓我們創建表示這個混合高斯模型的函數。

首先，從重置 Jupyter Notebook 的記憶體開始。

| In | `%reset` |

| Out | `Once deleted, variables cannot be recovered. Proceed (y/[n])? y` |

首先透過程式清單 9-2-(1) 載入 9.1 節創建的資料 X 及其範圍 X_range0、X_range1。

| In |
```
# 程式清單 9-2-(1)
import numpy as np

wk=np.load('data_ch9.npz')
X=wk['X']
X_range0=wk['X_range0']
X_range1=wk['X_range1']
```

然後定義高斯函數 gauss(x, mu, sigma)（程式清單 9-2-(2)）。

| In |
```
# 程式清單 9-2-(2)
# 高斯函數 ---------------------------
def gauss(x, mu, sigma):
    N, D=x.shape
    c1=1 / (2 * np.pi)**(D / 2)
    c2=1 / (np.linalg.det(sigma)**(1 / 2))
    inv_sigma=np.linalg.inv(sigma)
    c3=x - mu
    c4=np.dot(c3, inv_sigma)
```

```
        c5=np.zeros(N)
        for d in range(D):
            c5=c5 + c4[:, d] * c3[:, d]
        p=c1 * c2 * np.exp(-c5 / 2)
        return p
```

這個高斯函數 gauss(x, mu, sigma) 的參數 x 是 $N \times D$ 的資料矩陣，mu 是長度為 D 的中心向量，sigma 是 $D \times D$ 的協方差矩陣。我們試著定義 $N=3$、$D=2$ 的資料矩陣 x，以及長度為 2 的 mu 和 2×2 的 sigma，並代入 gauss(x, mu, sigma)，這樣一來，函數將傳回與這 3 個資料對應的函數值（程式清單 9-2-(3)）。

In
```
# 程式清單 9-2-(3)
x=np.array([[1, 2], [2, 1], [3, 4]])
mu=np.array([1, 2])
sigma=np.array([[1, 0], [0, 1]])
print(gauss(x, mu, sigma))
```

Out
```
[ 0.15915494  0.05854983  0.00291502]
```

下面定義疊加多個高斯函數的混合高斯模型 mixgauss(x, pi, mu, sigma)（程式清單 9-2-(4)）。

In
```
# 程式清單 9-2-(4)
# 混合高斯模型   ---------------------
def mixgauss(x, pi, mu, sigma):
    N, D=x.shape
    K=len(pi)
    p=np.zeros(N)
    for k in range(K):
        p=p + pi[k] * gauss(x, mu[k, :], sigma[k, :, :])
    return p
```

輸入資料 x 是 $N \times D$ 矩陣，混合係數 pi 是長度為 K 的向量，至於中心向量 mu，這次以 $D \times K$ 矩陣的形式一次性地指定 K 個高斯函數的中心。同樣地，令協方差矩陣 sigma 為 $D \times D \times K$ 的三維陣列變數，從而一口

氣指定 *K* 個高斯函數的協方差矩陣。隨便代入一些具體的數值，看一看
結果（程式清單 9-2-(5)）。

In
```
# 程式清單 9-2-(5)
# test -------------------------------
x=np.array([[1, 2], [2, 2], [3, 4]])
pi=np.array([0.3, 0.7])
mu=np.array([[1, 1], [2, 2]])
sigma=np.array([[[1, 0], [0, 1]], [[2, 0], [0, 1]]])
print(mixgauss(x, pi, mu, sigma))
```

Out
```
[ 0.09031182  0.09634263  0.00837489]
```

介面上輸出了與輸入的 3 個資料相對應的值。那麼，這個函數的圖形是
什麼樣的呢？下面創建繪製混合高斯模型圖形的函數。程式清單 9-2-(6)
創建了顯示等高線的函數 show_contour_mixgauss() 和顯示三維立體圖形
的函數 show3d_mixgauss()。

In
```
# 程式清單 9-2-(6)
import matplotlib.pyplot as plt
from mpl_toolkits.mplot3d import axes3d
%matplotlib inline

# 以等高線的形式顯示混合高斯 ----------------------
def show_contour_mixgauss(pi, mu, sigma):
    xn=40   # 等高線的解析度
    x0=np.linspace(X_range0[0], X_range0[1], xn)
    x1=np.linspace(X_range1[0], X_range1[1], xn)
    xx0, xx1=np.meshgrid(x0, x1)
    x=np.c_[np.reshape(xx0, xn * xn, 1), np.reshape(xx1, xn * xn, 1)]
    f=mixgauss(x, pi, mu, sigma)
    f=f.reshape(xn, xn)
    f=f.T
    plt.contour(x0, x1, f, 10, colors='gray')
    xn=40   # 等高線的解析度
    x0=np.linspace(X_range0[0], X_range0[1], xn)
```

```
x1=np.linspace(X_range1[0], X_range1[1], xn)
xx0, xx1=np.meshgrid(x0, x1)
x=np.c_[np.reshape(xx0, xn * xn, 1), np.reshape(xx1, xn * xn, 1)]
f=mixgauss(x, pi, mu, sigma)
f=f.reshape(xn, xn)
f=f.T
ax.plot_surface(xx0, xx1, f, rstride=2, cstride=2, alpha=0.3,
                color='blue', edgecolor='black')

# 在三維立體圖形中顯示混合高斯 --------------------------
def show3d_mixgauss(ax, pi, mu, sigma):
```

下面隨意設定參數，繪製混合高斯模型的圖形（程式清單 9-2-(7)）。

In

```
# 程式清單 9-2-(7)
# test ----------------------------------
pi=np.array([0.2, 0.4, 0.4])
mu=np.array([[-2, -2], [-1, 1], [1.5, 1]])
sigma=np.array(
    [[[.5, 0], [0, .5]], [[1, 0.25], [0.25, .5]], [[.5, 0], [0, .5]]])

Fig=plt.figure(1, figsize=(8, 3.5))
Fig.add_subplot(1, 2, 1)
show_contour_mixgauss(pi, mu, sigma)
plt.grid(True)

Ax=Fig.add_subplot(1, 2, 2, projection='3d')
show3d_mixgauss(Ax, pi, mu, sigma)
Ax.set_zticks([0.05, 0.10])
Ax.set_xlabel('$x_0$', fontsize=14)
Ax.set_ylabel('$x_1$', fontsize=14)
Ax.view_init(40, -100)
plt.xlim(X_range0)
plt.ylim(X_range1)
plt.show()
```

Out

```
# 執行結果見圖 9-11 上
```

繪製的圖形如圖 9-11 上半部分所示。大家可以修改參數值，看看圖形如何變化，以加深了解。

9.3.3 EM 演算法的概要

至此，準備工作就完成了，下面讓我們使用前面介紹的混合高斯模型進行聚類操作。這裡將透過 EM 演算法（Expectation-Maximization algorithm，最大期望演算法）使混合高斯模型一點一點地擬合資料，從而求出負擔率 γ。這個演算法可以認為是 9.2 節介紹的 K-means 演算法的擴充。

首先來看一下 EM 演算法的概要（圖 9-12）。

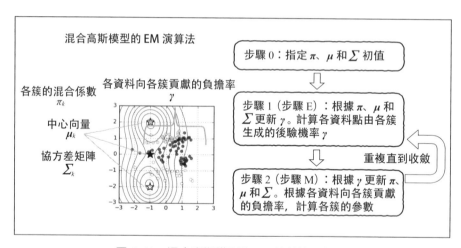

圖 9-12　混合高斯模型的 EM 演算法：概要

K-means 演算法透過中心向量 μ 標記各簇，而混合高斯模型的特徵值不只透過中心向量 μ，還透過協方差矩陣描述各簇的離散程度，並透過混合係數 π 描述各簇的大小的區別。另外，聚類的輸出也不同，K-means 演算法的輸出是用 1-of-K 標記法表示的 R，而混合高斯模型的輸出是代表資料屬於各簇的機率的負擔率 γ。

演算法從對 π、μ 和進行初始化 Σ（步驟 0）開始，在步驟 1 中使用當前時間點的 π、μ 和 Σ 求 γ，這稱為 EM 演算法的步驟 E。在接下來的步驟 2 中，使用當前時間點的 γ 求 π、μ 和 Σ，這稱為 EM 演算法的步驟 M。重複這兩個步驟，直到參數收斂為止。

9.3.4 步驟 0：準備變數與初始化

下面透過程式實際地實現這個演算法。首先透過程式清單 9-2-(8) 完成變數的初始化及參數的圖形顯示。

```
In    # 程式清單 9-2-(8)
      # 初始設定 ------------------------------------
      N=X.shape[0]
      K=3
      Pi=np.array([0.33, 0.33, 0.34])
      Mu=np.array([[-2, 1], [-2, 0], [-2, -1]])
      Sigma=np.array([[[1, 0], [0, 1]], [[1, 0], [0, 1]], [[1, 0], [0, 1]]])
      Gamma=np.c_[np.ones((N, 1)), np.zeros((N, 2))]

      X_col=np.array([[0.4, 0.6, 0.95], [1, 1, 1], [0, 0, 0]])

      # 資料的圖形展示 ------------------------------------
      def show_mixgauss_prm(x, gamma, pi, mu, sigma):
          N, D=x.shape
          show_contour_mixgauss(pi, mu, sigma)
          for n in range(N):
              col=gamma[n,0]*X_col[0]+gamma[n,1]*X_col[1]+gamma[n,2]*X_
      col[2]
              plt.plot(x[n, 0], x[n, 1], 'o',
                      color=tuple(col), markeredgecolor='black',
                      markersize=6, alpha=0.5)
          for k in range(K):
              plt.plot(mu[k, 0], mu[k, 1], marker='*',
                      markerfacecolor=tuple(X_col[k]), markersize=15,
                      markeredgecolor='k', markeredgewidth=1)
```

```
    plt.grid(True)

plt.figure(1, figsize=(4, 4))
show_mixgauss_prm(X, Gamma, Pi, Mu, Sigma)
plt.show()
```

Out # 執行結果見圖 9-13

我們仔細看一下圖 9-13 中的結果。由於中心向量的初值相互接近，所以 3 個高斯函數重疊，呈現出垂直較長的山形分佈。

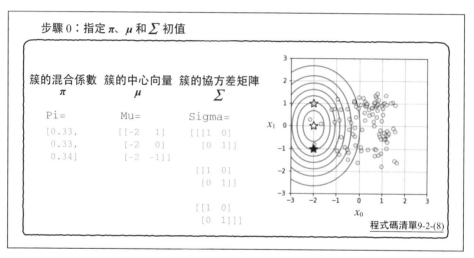

圖 9-13　混合高斯模型的 EM 演算法：初始化

9.3.5　步驟 1（步驟 E）：更新 γ

接下來是步驟 1（步驟 E）（圖 9-14）。

更新所有的 n 和 k 組合的負擔率 γ：

$$\gamma_{nk} = \frac{\pi_k N(\boldsymbol{x}_n | \boldsymbol{\mu}_k, \boldsymbol{\Sigma}_k)}{\sum_{k'=0}^{K-1} \pi_{k'} N(\boldsymbol{x}_n | \boldsymbol{\mu}_{k'}, \boldsymbol{\Sigma}_{k'})} \tag{9-16}$$

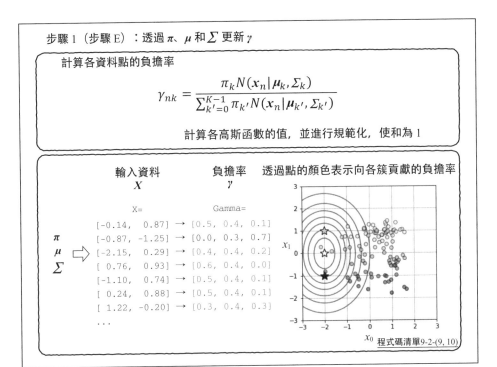

圖 9-14　混合高斯模型的 EM 演算法：步驟 1（步驟 E）

下面對式 9-16 的含義説明。

著眼於某個資料點 n，求在這個資料點的各個高斯函數的高度 $a_k=\pi_k N(\boldsymbol{x}_n|\mu_k, \Sigma_k)$。然後，為了使 k 個值之和為 1，將高度除以 a_k 的總和 $\sum_{k'=0}^{K-1} a_{k'}$，並把得到的規範化的值作為 γ_{nk}。高斯函數的值越大，負擔率也越大，可以説這種更新方法與人們的直覺一致。

透過程式清單 9-2-(9) 定義用於進行步驟 E 的函數 e_step_mixgauss 並執行。

```
In    # 程式清單 9-2-(9)
      # 更新 gamma（E Step）------------------
      def e_step_mixgauss(x, pi, mu, sigma):
          N, D=x.shape
```

```
    K=len(pi)
    y=np.zeros((N, K))
    for k in range(K):
        y[:, k]=gauss(x, mu[k, :], sigma[k, :, :])  # KxN
    gamma=np.zeros((N, K))
    for n in range(N):
        wk=np.zeros(K)
        for k in range(K):
            wk[k]=pi[k] * y[n, k]
        gamma[n, :]=wk / np.sum(wk)
    return gamma

# 主處理 --------------------------------
Gamma=e_step_mixgauss(X, Pi, Mu, Sigma)
```

執行程式清單 9-2-(10)，顯示結果。

In
```
# 程式清單 9-2-(10)
# 顯示 --------------------------------
plt.figure(1, figsize=(4, 4))
show_mixgauss_prm(X, Gamma, Pi, Mu, Sigma)
plt.show()
```

Out # 執行結果見圖 9-14

介面上將顯示如前面的圖 9-14 所示的圖形，更新後的負擔率以顏色的漸
變進行顯示。

9.3.6 步驟 2（步驟 M）：更新 π、μ 和 Σ

接下來是步驟 2（步驟 M）。首先求資料向每個簇貢獻的負擔率之和 N_k：

$$N_k = \sum_{n=0}^{N-1} \gamma_{nk} \tag{9-17}$$

式 9-17 就相當於 K-means 演算法的屬於各簇的資料數量。根據式 9-16 更新混合係數 π_k：

$$\pi_k^{\text{new}} = \frac{N_k}{N} \tag{9-18}$$

由於 N 是所有資料的數量，所以混合係數是簇內資料數量在整體中所佔的比例，可以說這也是符合直覺的。

然後，更新中心向量 μ_k：

$$\boldsymbol{\mu}_k^{\text{new}} = \frac{1}{N_k} \sum_{n=0}^{N-1} \gamma_{nk} \boldsymbol{x}_n \tag{9-19}$$

式 9-19 是向某個簇貢獻的負擔率的加權資料的平均值。它相當於 K-means 演算法的步驟 2，即求簇內資料的平均值。

最後更新高斯分佈的協方差矩陣：

$$\boldsymbol{\Sigma}_k^{\text{new}} = \frac{1}{N_k} \sum_{n=0}^{N-1} \gamma_{nk} (\boldsymbol{x}_n - \boldsymbol{\mu}_k^{\text{new}})(\boldsymbol{x}_n - \boldsymbol{\mu}_k^{\text{new}})^{\mathrm{T}} \tag{9-20}$$

需要注意的是，式 9-20 使用了式 9-19 中求得的 $\boldsymbol{\mu}_k^{\text{new}}$。

式 9-20 求的是向某個簇貢獻的負擔率的加權資料的協方差矩陣，它的做法類似於在使用高斯函數擬合資料時求協方差矩陣。

透過程式清單 9-2-(11) 定義用於進行步驟 M 的函數 m_step_mixgauss 並執行。

```
In     # 程式清單 9-2-(11)
       # 更新 Pi、Mu 和 Sigma（M Step）------------
       def m_step_mixgauss(x, gamma):
           N, D=x.shape
           N, K=gamma.shape
           # 計算 pi
           pi=np.sum(gamma, axis=0) / N
```

```
    # 計算 mu
    mu=np.zeros((K, D))
    for k in range(K):
        for d in range(D):
            mu[k, d]=np.dot(gamma[:, k], x[:, d]) / np.sum(gamma[:, k])
    # 計算 sigma
    sigma=np.zeros((K, D, D))
    for k in range(K):
        for n in range(N):
            wk=x - mu[k, :]
            wk=wk[n, :, np.newaxis]
            sigma[k, :, :]=sigma[k, :, :] + gamma[n, k] * np.dot(wk,
wk.T)
        sigma[k, :, :]=sigma[k, :, :] / np.sum(gamma[:, k])
    return pi, mu, sigma

# 主處理 --------------------------------
Pi, Mu, Sigma=m_step_mixgauss(X, Gamma)
```

然後，顯示程式的結果（程式清單 9-2-(12)）。

In
```
# 程式清單 9-2-(12)
#顯示 --------------------------------
plt.figure(1, figsize=(4, 4))
show_mixgauss_prm(X, Gamma, Pi, Mu, Sigma)
plt.show()
```

Out
```
#執行結果見圖 9-15
```

介面上會顯示如圖 9-15 所示的圖形。從圖中可以看出，表示中心向量的星形標記一下子移動到簇的中心了。

然後只需重複步驟 E 和步驟 M 就行了。下面的程式清單 9-2-(13) 將參數恢復到初值後重複了 20 次，並顯示了中間過程（這裡修改了中心向量的初值，使其能夠覆蓋分佈範圍）。

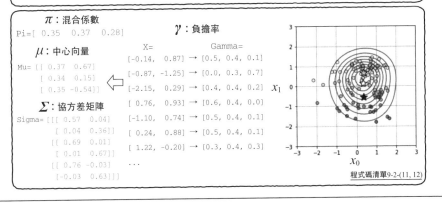

步驟 2（步驟 M）：透過 γ 更新 $\boldsymbol{\pi}$、$\boldsymbol{\mu}$ 和 $\boldsymbol{\Sigma}$

① 計算包含在各簇內的資料（實際有效）的數量 N_k

$$N_k = \sum_{n=0}^{N-1} \gamma_{nk}$$

② 計算新的 π_k^{new} 和 $\boldsymbol{\mu}_k^{\text{new}}$

$$\pi_k^{\text{new}} = \frac{N_k}{N} \qquad \boldsymbol{\mu}_k^{\text{new}} = \frac{1}{N_k} \sum_{n=0}^{N-1} \gamma_{nk} \boldsymbol{x}_n$$

③ 計算新的 $\boldsymbol{\Sigma}_k^{\text{new}}$（使用在 ② 計算出的 $\boldsymbol{\mu}_k^{\text{new}}$）

$$\boldsymbol{\Sigma}_k^{\text{new}} = \frac{1}{N_k} \sum_{n=0}^{N-1} \gamma_{nk} (\boldsymbol{x}_n - \boldsymbol{\mu}_k^{\text{new}})(\boldsymbol{x}_n - \boldsymbol{\mu}_k^{\text{new}})^{\mathsf{T}}$$

圖 9-15　混合高斯模型的 EM 演算法：步驟 2（步驟 M）

In

```
# 程式清單 9-2-(13)
Pi=np.array([0.3, 0.3, 0.4])
Mu=np.array([[2, 2], [-2, 0], [2, -2]])
Sigma=np.array([[[1, 0], [0, 1]], [[1, 0], [0, 1]], [[1, 0], [0, 1]]])
Gamma=np.c_[np.ones((N, 1)), np.zeros((N, 2))]

plt.figure(1, figsize=(10, 6.5))
max_it=20   # 重複次數

i_subplot=1;
for it in range(0, max_it):
    Gamma=e_step_mixgauss(X, Pi, Mu, Sigma)
    if it<4 or it>17:
        plt.subplot(2, 3, i_subplot)
        show_mixgauss_prm(X, Gamma, Pi, Mu, Sigma)
```

```
        plt.title("{0:d}".format(it + 1))
        plt.xticks(range(X_range0[0], X_range0[1]), "")
        plt.yticks(range(X_range1[0], X_range1[1]), "")
        i_subplot=i_subplot+1
    Pi, Mu, Sigma=m_step_mixgauss(X, Gamma)
plt.show()
```

Out | # 執行結果見圖 9-16

我們仔細看一下如圖 9-16 所示的結果。

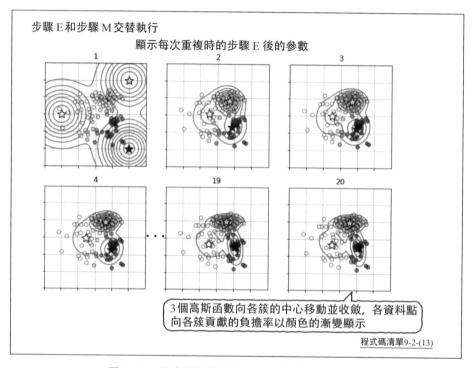

圖 9-16 混合高斯模型的 EM 演算法的收斂過程

介面上會顯示如圖 9-16 所示的參數的變化。最終 3 個星形代表的中心向量固定在各簇的中心附近。與 K-means 演算法不同的是,各資料與簇的所屬關係是透過負擔率這個機率形式表示的。這個結果以資料點的顏色表示。從圖中可以看出，在簇邊界附近的資料顏色是相鄰顏色的中間顏色。

與 *K*-means 演算法相同的是，聚類的結果因參數初值的不同而不同。在實踐中，往往會嘗試不同的初值，選擇其中最好的結果。

在評估聚類結果的好壞程度時，*K*-means 演算法使用失真度量，而混合高斯模型則使用接下來要說明的似然。

9.3.7 似然

混合高斯模型是表示資料的分佈 $p(x)$ 的模型。第 6 章介紹的分類問題涉及了邏輯回歸模型，它是表示 $p(t|x)$ 這個對於指定的 x，資料為某個分類的機率的模型，所以它與透過聚類演算法處理分類問題時用到的模型是不同的。另外，EM 演算法是為了使混合高斯模型擬合輸入資料 X 的分佈而對參數進行更新的演算法：在輸入資料密集的地方設定高斯函數，在輸入資料稀疏的地方降低分佈的值，最終結果是各高斯分佈表示不同的簇。

那麼 EM 演算法到底對什麼進行最佳化呢？目標函數到底是什麼呢？答案是第 6 章介紹過的似然。也就是說，從「輸入資料 *X* 是由混合高斯模型生成的」這個角度思考，以 *X* 被生成的機率（似然）最高為目標去更新參數。

本書對透過 EM 演算法更新參數的規則沒有進行任何證明，而是直接列出了結論，其實它是根據最大似然法推導出來的（參考 *Pattern Recognition and Machine Learning*、9.2.2 節）。

似然是所有資料點 *X* 由模型生成的機率：

$$p(X|\boldsymbol{\pi},\boldsymbol{\mu},\boldsymbol{\Sigma}) = \prod_{n=0}^{N-1}\prod_{k=0}^{K-1}\pi_k N(\boldsymbol{x}_n|\boldsymbol{\mu}_k,\boldsymbol{\Sigma}_k) \tag{9-21}$$

取對數之後的對數似然為：

$$\log p(\boldsymbol{X}|\boldsymbol{\pi},\boldsymbol{\mu},\boldsymbol{\Sigma}) = \sum_{n=0}^{N-1}\left\{\log\sum_{k=0}^{K-1}\pi_k N(\boldsymbol{x}_n|\boldsymbol{\mu}_k,\boldsymbol{\Sigma}_k)\right\} \qquad (9\text{-}22)$$

由於對似然和對數似然最佳化時要進行最大化，所以將式 9-22 乘以 -1 後得到的負對數似然定義為誤差函數 $E(\boldsymbol{\pi},\mu,\Sigma)$：

$$E(\boldsymbol{\pi},\boldsymbol{\mu},\boldsymbol{\Sigma}) = -\log p(\boldsymbol{X}|\boldsymbol{\pi},\boldsymbol{\mu},\boldsymbol{\Sigma}) = -\sum_{n=0}^{N-1}\left\{\log\sum_{k=0}^{K-1}\pi_k N(\boldsymbol{x}_n|\boldsymbol{\mu}_k,\boldsymbol{\Sigma}_k)\right\} \qquad (9\text{-}23)$$

接下來再次將參數恢復為初值，看一下誤差函數 $E(\pi, \mu, \Sigma)$ 是否隨著演算法的每一輪而單調遞減。首先透過程式清單 9-2-(14) 定義誤差函數。

```
# 程式清單 9-2-(14)
# 混合高斯的目標函數 ----------------------
def nlh_mixgauss(x, pi, mu, sigma):
    # x: NxD
    # pi: Kx1
    # mu: KxD
    # sigma: KxDxD
    # output lh: NxK
    N, D=x.shape
    K=len(pi)
    y=np.zeros((N, K))
    for k in range(K):
        y[:, k]=gauss(x, mu[k, :], sigma[k, :, :])  # KxN
    lh=0
    for n in range(N):
        wk=0
        for k in range(K):
            wk=wk + pi[k] * y[n, k]
        lh=lh + np.log(wk)
    return -lh
```

下面透過程式清單 9-2-(15) 繪製誤差函數變化的圖形。

| In |

```
# 程式清單 9-2-(15)
Pi=np.array([0.3, 0.3, 0.4])
Mu=np.array([[2, 2], [-2, 0], [2, -2]])
Sigma=np.array([[[1, 0], [0, 1]], [[1, 0], [0, 1]], [[1, 0], [0, 1]]])
Gamma=np.c_[np.ones((N, 1)), np.zeros((N, 2))]

max_it=20
it=0
Err=np.zeros(max_it)   # 失真度量
for it in range(0, max_it):
    Gamma=e_step_mixgauss(X, Pi, Mu, Sigma)
    Err[it]=nlh_mixgauss(X,Pi,Mu,Sigma)
    Pi, Mu, Sigma=m_step_mixgauss(X, Gamma)

print(np.round(Err, 2))
plt.figure(2, figsize=(4, 4))
plt.plot(np.arange(max_it) + 1,
Err, color='k', linestyle='-', marker='o')
#plt.ylim([40, 80])
plt.grid(True)
plt.show()
```

| Out | # 執行結果見圖 9-17 右

我們仔細看一下圖 9-17 中的結果。

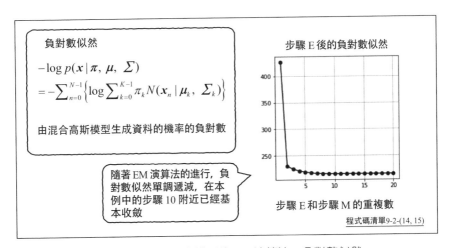

圖 9-17　混合高斯模型的 EM 演算法：負對數似然

從圖中可以看出，負對數似然逐漸減小，在步驟 10 附近已經基本收斂。在實際工作中，透過計算負對數似然，既可以檢查演算法是否正常執行，也可以將其作為重複計算的結束條件。

另外，與前面介紹的方法一樣，我們可以嘗試使用多個初值進行聚類，將其中負對數似然最小的結果作為最好的結果。

至此，第 9 章的內容就結束了。本章介紹了如何透過 K-means 演算法和混合高斯模型求解無監督學習的聚類問題。

## 第 10 章

本書小結

為了便於讀者在最短時間內了解本書的內容，本章複習了重要的概念和數學式，讀者可將其當作學習後的速查表使用。數學式和圖的編號沿用了其在各章中的編號。

▨ 回歸和分類（第 5 章章首）

監督學習的問題可以細分為回歸和分類問題。回歸是將輸入轉為連續數值的問題，而分類是將輸入轉為類別（標籤）的問題。

▨ D 維線性回歸模型（5.3.1 節）

D 維線性回歸模型是解決回歸問題時使用的最簡單的模型：

$$y(\boldsymbol{x}) = w_0 x_0 + w_1 x_1 + \cdots + w_{D-1} x_{D-1} + w_D \tag{5-37}$$

根據 y 的輸出，預測與 D 維輸入 $\boldsymbol{x} = [x_0, x_1, \cdots, x_{D-1}]^\mathrm{T}$ 對應的目標資料 t。當 $D=1$ 時，為直線模型；當 $D=2$ 時，為平面模型。

▨ 均方誤差（5.3.2 節）

所謂均方誤差，是指對模型的預測 y 與目標資料 t 之差的平方和取的平均值。它是回歸的目標函數：

$$J(\boldsymbol{w}) = \frac{1}{N} \sum_{n=0}^{N-1} (y(\boldsymbol{x}_n) - t_n)^2 \tag{5-40}$$

▨ D 維線性回歸模型的解析解（5.3 節）

對於線性回歸模型，我們可以透過下面的數學式以解析方法求出使目標函數（均方誤差）最小的 w：

$$\boldsymbol{w} = (\boldsymbol{X}^\mathrm{T} \boldsymbol{X})^{-1} \boldsymbol{X}^\mathrm{T} \boldsymbol{t} \tag{5-60}$$

這裡的 w 是參數向量：

$$\boldsymbol{w} = \begin{bmatrix} w_0 \\ w_1 \\ \vdots \\ w_{D-1} \\ w_D \end{bmatrix}$$

X 是加入了值永遠為 1 的虛擬輸入後得到的矩陣，資料如下所示：

$$\boldsymbol{X} = \begin{bmatrix} x_{0,0} & x_{0,1} & \cdots & x_{0,D-1} & 1 \\ x_{1,0} & x_{1,1} & \cdots & x_{1,D-1} & 1 \\ \vdots & \vdots & \ddots & \vdots & \vdots \\ x_{N-1,0} & x_{N-1,1} & \cdots & x_{N-1,D-1} & 1 \end{bmatrix}$$

t 是目標資料的向量：

$$\boldsymbol{t} = \begin{bmatrix} t_0 \\ t_1 \\ \vdots \\ t_{N-1} \end{bmatrix}$$

▨ 線性基底函數模型（5.4 節）

解決回歸問題時所用的模型叫作線性基底函數模型，可用於表示曲線和曲面：

$$y(\boldsymbol{x}, \boldsymbol{w}) = \sum_{j=0}^{M} w_j \phi_j(\boldsymbol{x}) = \boldsymbol{w}^{\mathrm{T}} \boldsymbol{\phi}(\boldsymbol{x}) \tag{5-66}$$

這裡的 w 是參數向量：

$$\boldsymbol{w} = \begin{bmatrix} w_0 \\ w_1 \\ \vdots \\ w_M \end{bmatrix}$$

是基底函數的向量：

$$\boldsymbol{\phi} = \begin{bmatrix} \phi_0 \\ \phi_1 \\ \vdots \\ \phi_M \end{bmatrix}$$

使用高斯函數的基底函數 ϕ_j 的數學式是：

$$\phi_j(x) = \exp\left\{-\frac{(x-\mu_j)^2}{2s^2}\right\} \tag{5-64}$$

注意，最後的 ϕ_M 是輸出值永遠為 1 的虛擬基底函數。

▨ 線性基底函數模型的解析解（5.4 節）

對於線性基底函數模型，我們可以透過下式以解析方法求出使均方誤差最小的 w：

$$\boldsymbol{w} = (\boldsymbol{\Phi}^\mathrm{T}\boldsymbol{\Phi})^{-1}\boldsymbol{\Phi}^\mathrm{T}\boldsymbol{t} \tag{5-68}$$

這裡的 $\boldsymbol{\Phi}$ 是設計矩陣：

$$\boldsymbol{\Phi} = \begin{bmatrix} \phi_0(\boldsymbol{x}_0) & \phi_1(\boldsymbol{x}_0) & \cdots & \phi_M(\boldsymbol{x}_0) \\ \phi_0(\boldsymbol{x}_1) & \phi_1(\boldsymbol{x}_1) & \cdots & \phi_M(\boldsymbol{x}_1) \\ \vdots & \vdots & \ddots & \vdots \\ \phi_0(\boldsymbol{x}_{N-1}) & \phi_1(\boldsymbol{x}_{N-1}) & \cdots & \phi_M(\boldsymbol{x}_{N-1}) \end{bmatrix} \tag{5-70}$$

▨ 過擬合（過度學習）（5.5 節）

過擬合指的是這種現象：雖然模型能極佳地擬合資料點，誤差也夠小，但在資料點範圍之外，模型函數會發生變形，對新的資料的預測變差（圖 5-15）。

▨ 留出驗證（5.5 節）

留出驗證是解決過擬合問題的一種方法：將資料分為訓練資料和測試資

料，使用訓練資料確定模型的參數，然後使用測試資料對這些參數（或模型）計算評估值（均方誤差）。如果在測試資料上的誤差很小，就可以判斷沒有發生過擬合。

☑ K 折交叉驗證（5.5 節）

將資料分割為 K 份進行留出驗證，將其中 1 份作為測試資料，其餘作為訓練資料。更換測試資料，重複執行 K 次同樣的驗證，取每次評估值的平均值作為模型的評估值。

☑ 留一交叉驗證（5.5 節）

將 N 個資料分割為 N 份進行 K 折交叉驗證。該方法適用於資料特別少的場景。

☑ 似然（6.1.3 節）

似然是指模型生成資料的機率（合情合理的程度）。

☑ 最大似然估計（6.1.3 節）

該方法用於找出使似然最大（使資料生成的機率最高）的參數。

☑ 邏輯回歸模型（6.1.4 節）

雖然名字裡有「回歸」二字，卻是用於二元分類的模型。當輸入為一維時，模型的數學式是：

$$y = \sigma(a) = \frac{1}{1 + \exp(-a)} \tag{6-10}$$

$$a = w_0 x + w_1$$

模型的輸出 y 是 0 ～ 1 的實數，表示屬於哪個類別的機率。該模型沒有解析解，因而需要使用下面的梯度法求出參數。

☑ 邏輯回歸模型的梯度法（6.1.6 節）

這是以平均交叉熵誤差為目標函數的梯度法，其數學式是：

$$w_0(\tau+1) = w_0(\tau) - a\frac{\partial E}{\partial w_0}$$

$$w_1(\tau+1) = w_1(\tau) - a\frac{\partial E}{\partial w_1}$$

其中的偏導數項是：

$$\frac{\partial E}{\partial w_0} = \frac{1}{N}\sum_{n=0}^{N-1}(y_n - t_n)x_n \tag{6-32}$$

$$\frac{\partial E}{\partial w_1} = \frac{1}{N}\sum_{n=0}^{N-1}(y_n - t_n) \tag{6-33}$$

☑ 平均交叉熵誤差 其 1（6.1.5 節）

作為邏輯回歸模型的目標函數，可以求出似然的負的對數，用於梯度法：

$$E(\boldsymbol{w}) = -\frac{1}{N}\log P(\boldsymbol{T}|\boldsymbol{X}) = -\frac{1}{N}\sum_{n=0}^{N-1}\{t_n\log y_n + (1-t_n)\log(1-y_n)\} \tag{6-17}$$

☑ 三元分類邏輯回歸模型（6.3.1 節）

雖然名字裡有「回歸」二字，卻是用於三元分類的模型。

模型的輸出 y_k 表示資料屬於類別 $k=0, 1, 2$ 的機率：

$$y_k = \frac{\exp(a_k)}{u} \tag{6-43}$$

其中的 a_k 是對各類別 $k=0, 1, 2$ 的輸入總和：

$$a_k = \sum_{i=0}^{D} w_{ki}x_i \tag{6-41}$$

u 的數學式是：

$$u = \sum_{k=0}^{K-1} \exp(a_k) \tag{6-42}$$

該式沒有解析解，因而需要使用下面的梯度法求出參數。

▨ 三元分類邏輯回歸模型的梯度法（6.3.3 節）

這是以平均交叉熵誤差為目標函數的梯度法，其數學式是：

$$w_{ki}(\tau + 1) = w_{ki}(\tau) - \alpha \frac{\partial E}{\partial w_{ki}}$$

其中的偏導數項是：

$$\frac{\partial E}{\partial w_{ki}} = \frac{1}{N} \sum_{n=0}^{N-1} (y_{nk} - t_{nk}) x_{ni} \tag{6-51}$$

▨ 平均交叉熵誤差 其 2（6.3.2 節）

作為多分類邏輯回歸模型的目標函數，可以是似然的負的對數的平均值形式：

$$E(\boldsymbol{W}) = -\frac{1}{N} \log P(\boldsymbol{T}|\boldsymbol{X}) = -\frac{1}{N} \sum_{n=0}^{N-1} \sum_{k=0}^{K-1} t_{nk} \log y_{nk} \tag{6-50}$$

目標變數 t_{nk} 只在所屬的類別 k 為 1，在其餘類別都為 0，這種表示方法稱為 1-of-K 標記法。

▨ 神經元模型（7.1.2 節）

神經元模型是神經細胞的模型。由於它相等於邏輯回歸模型，所以單一神經元可以用於二元分類，多個神經元可以組合為神經網路。

根據輸入 $\boldsymbol{x}=[x_0, x_1, \cdots, x_D]^{\mathrm{T}}$ 輸出 y：

$$y = \frac{1}{1 + \exp(-a)} \tag{7-6}$$

這裡的 a 是輸入總和：

$$a = \sum_{i=0}^{D} w_i x_i \qquad (7\text{-}5)$$

☑ 二層前饋神經網路（7.2.1 節）

二層前饋神經網路是將 D 維輸入資料 x 分類為 K 個類別的模型。

中間層的輸入總和是：

$$b_j = \sum_{i=0}^{D} w_{ji} x_i \qquad (7\text{-}14)$$

中間層的輸出是：

$$z_j = h(b_j) \qquad (7\text{-}15)$$

輸出層的輸入總和是：

$$a_k = \sum_{j=0}^{M} v_{kj} z_j \qquad (7\text{-}16)$$

輸出層的輸出是：

$$y_k = \frac{\exp(a_k)}{\sum_{l=0}^{K-1} \exp(a_l)} \qquad (7\text{-}17)$$

該式沒有解析解，因而需要使用誤差反向傳播法求出參數。

☑ 誤差反向傳播法（7.2.5 節）

所謂誤差反向傳播法，指的是使用網路輸出中包含的誤差資訊，按照從輸出層權重到輸入層權重的順序更新參數的方法。將梯度法應用在前饋神經網路中，就可以自然而然地推導出誤差反向傳播法：

$$\delta_k^{(2)} = (y_k - t_k) h'(a_k) \qquad (7\text{-}35)$$

$$\delta_j^{(1)} = h'(b_j) \sum_{k=0}^{K-1} v_{kj} \delta_k^{(2)} \qquad (7\text{-}49)$$

$$v_{kj}(\tau+1) = v_{kj}(\tau) - \alpha\delta_k^{(2)}z_j \qquad (7\text{-}41)$$

$$w_{ji}(\tau+1) = w_{ji}(\tau) - \alpha\delta_j^{(1)}x_i \qquad (7\text{-}45)$$

注意，式 7-41 和式 7-45 是當資料只有 1 個時的更新規則。對 N 個資料進行更新的規則請參見圖 7-21。

▨ 隨機梯度法（8.2 節）

所謂隨機梯度法，指的是只使用部分資料近似地計算目標函數（誤差函數）梯度的方法，比純粹的梯度法計算速度快。由於該方法以稍微偏離真正的梯度方向（就像受到了雜訊的影響一樣）的方式來更新參數，所以有可能從純粹的梯度法容易陷入的局部解中脫身。

▨ ReLU 啟動函數（8.3 節）

ReLU 啟動函數是人們為了改善學習停滯問題而設計的用於代替 Sigmoid 函數的啟動函數：

$$h(x) = \begin{cases} x & x > 0 \\ 0 & x \ \ 0 \end{cases}$$

▨ 卷積神經網路（8.5 節）

卷積神經網路是使用了提煉空間資訊的空間篩檢程式的神經網路，可以自行學習空間篩檢程式的參數。

▨ 池化（8.6 節）

池化是一種讓網路不受輸入圖型平移影響的技術，包括最大池化法和平均池化法。

▨ Dropout（8.7 節）

Dropout 是一種防止神經網路過擬合、提高精度的方法。在每次訓練時，隨機選擇神經元的部分連接並使其無效，然後訓練網路。

☑ 無監督學習（9.1 節）

與監督學習不同，無監督學習只使用輸入資料 X 進行學習（不使用類別資料 T），包括聚類、降維和異常檢測等問題。

☑ 聚類（9.1 節）

所謂聚類，指的是將相似資料分配到同一個類別的問題。

☑ *K*-means 演算法（9.2 節）

K-means 演算法是解決聚類問題的最基本的方法，其步驟如下所示。

步驟 0：指定簇的中心向量 μ 初值
步驟 1：根據 μ 更新類別指示變數 R
步驟 2：根據 R 更新 μ

重複步驟 1 和步驟 2，直到收斂為止。

☑ 混合高斯模型（9.3.2 節）

混合高斯模型是透過疊加多個二維高斯函數來表現各種輸入資料 x 的分佈的模型，用於聚類。

$$p(\boldsymbol{x}) = \sum_{k=0}^{K-1} \pi_k N(\boldsymbol{x}|\boldsymbol{\mu}_k, \ \boldsymbol{\Sigma}_k) \qquad (9\text{-}14)$$

☑ 混合高斯模型的 EM 演算法（9.3.3 節）

EM 演算法是以基率為基礎進行類別分類的方法，其步驟如下所示。

步驟 0：指定簇的混合係數 π、中心向量 μ 和協方差矩陣 Σ 初值
步驟 E：根據 π、μ 和 Σ 更新負擔率 γ
步驟 M：根據 γ 更新 π、μ 和 Σ

重複步驟 E 和步驟 M，直到收斂為止。

後記

感謝你一直讀到了最後。我在第 1 章中說過，我認為了解數學式的最大秘訣是「在小的維度上思考問題」。本書以這個方針為基礎，不厭其煩地重點探討了一維和二維資料的情況。雖然這樣做會使得內容平淡無奇，但是在深入了解了低維的情況之後，再去了解 D 維的情況就會比較輕鬆。我想建構理論的先賢們應該也是先從一維和二維的情況開始思考並加以複習，最後才推導出了 D 維的通用公式。

此外，本書不僅使用了 MNIST 資料，還使用了人工資料。雖然人工資料讓人覺得沒什麼意思，但在驗證演算法是否正常執行時，了解真正的資料分佈是非常有用的。此外，能夠自由地改變資料特性也非常有用。今後，在自學並驗證演算法時，建議大家先從人工資料開始實驗。

本書覆蓋的範圍只是機器學習中最基礎的部分。即使如此，這些知識也足夠我們去解決許多實際問題。不過，機器學習的世界裡還有許許多多強大又有趣的模型等待大家去發掘。在監督學習的世界中，我們可以更多地引入機率的理論；在無監督學習的世界中，如果我們學會了生成資料的模型，也許就可以讓機器去畫畫、創作音樂。如果掌握了強化學習，就可以讓機器人像生物一樣動起來。

在讀完本書之後，如果你產生了挑戰畢肖普等人的專業機器學習教材的想法，那將是我最高興的事情。

☑ 致謝

衷心感謝在沖繩科學技術大學院大學一起學習機器學習的諸位在本書執筆過程中對我的幫助。尤其是大塚誠，他教了我很多關於機器學習和 Python 的知識，與他之間的無數次討論加深了我的了解，在此表示感謝！

版權聲明